本专著由国家自然科学基金项目（项目号：61503162，51505193）、江苏省自然科学基金项目（项目号：BK20150473）支持。

PEN TU JI QI REN GUI JI YOU H

喷涂机器人轨迹优化技术研究

◎陈 伟 著

·广州·

图书在版编目（CIP）数据

喷涂机器人轨迹优化技术研究 / 陈伟著．—广州：中山大学出版社，2016.10
ISBN 978-7-306-05787-7

Ⅰ．①喷… Ⅱ．①陈… Ⅲ．①喷漆机器人—自动化技术—研究 Ⅳ．①TP242.3

中国版本图书馆 CIP 数据核字（2016）第 187986 号

喷涂机器人轨迹优化技术研究
pen tu ji qi ren gui ji you hua ji shu yan jiu

出 版 人：徐 劲
策划编辑：陈 露
责任编辑：范正田
封面设计：汤 丽
责任校对：江旭玉
责任技编：汤 丽
出版发行：中山大学出版社
电 话：编辑部 020-84111996，84113349，84111997，84110779
发行部 020-84111998，84111981，84111160
地 址：广州市新港西路 135 号
邮 编：510275 传 真：020-84036565
网 址：http://www.zsup.com.cn E-mail：zdcbs@mail. sysu.edu.cn
印 刷 者：虎彩印艺股份有限公司
规 格：787mm × 1092mm 1/16 17 印张 214 千字
版次印次：2016 年 10 月第 1 版 2017 年 7 月第 2 次印刷
定 价：50.00 元

如发现本书因印装质量影响阅读，请与出版社发行部联系调换

摘要

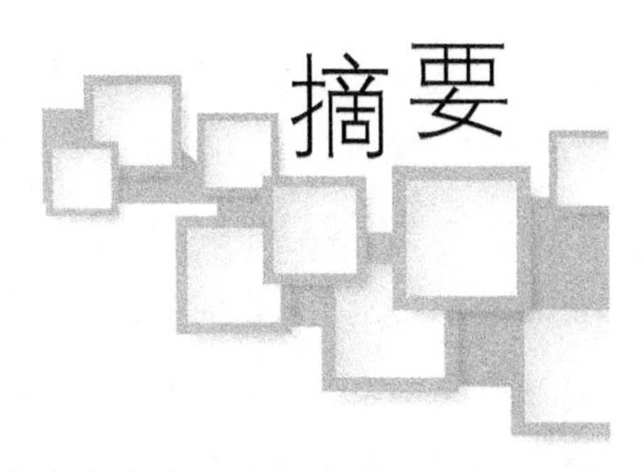

喷涂机器人是一种重要的先进涂装生产装备，在国内外广泛应用于汽车等产品的涂装生产线。喷涂机器人的喷涂效果与物体表面形状、喷涂过程参数等诸多因素有关。为了达到新的喷涂作业标准，实现高效、低成本的生产目标，对新喷涂建模的分析以及高性能喷涂机器人轨迹优化算法、控制策略的研究已成为国内外学者们关注的热点。目前，由于工业制造行业的发展，出现了越来越多表面形状复杂的工件，原有的喷涂模型以及轨迹优化理论已经不能适应新的生产要求。因此，将新的数学方法应用于喷涂机器人轨迹优化研究中，并在此基础上提出一些新的精度高、效率高的机器人轨迹优化算法，从而推动喷涂机器人离线编程技术的发展是非常有必要的。本书在国家自然科学基金项目（61503162，51505193）和江苏省自然科学基金项目(BK20150473)的支持下，比较深入和全面地对喷涂机器人轨迹优化技术中的难点问题和关键问题进行了研究，研究内容主要由以下几个部分构成：

第一，针对工业生产中喷涂工件复杂多样的特点，提出了三种适用于不同场合且实用性较强的喷涂工件曲面造型方法：一种是基于平面片连接图 FPAG 的曲面造型方法，该方法先对曲面进行三角网格划分，再将划分后的三角面连接成平面片，最后使用基于平面片连接图 FPAG 的合并算法将各个平面片连接成为较大的片。第二种是基于点云切片技术的曲面造型方法，该方法主要分为总体算法描述、切片层数的确定、切片数据的分离、切片数据计算、多义线重构五个部分。第三种是喷涂工件 Bézier 曲面造型方法，该方法又分为 Bézier 张量积曲面造型和 Bézier 三角曲面造型两种，实例验证结果表明 Bézier 张量积曲面造型方法和 Bézier 三角曲面造型方法均是有效的，且计算实时性较好。

第二，提出了从规划喷涂路径角度优化喷涂轨迹、提高喷涂质量的思想。根据喷涂机器人实际工作的需要，提出两种喷涂机器人空间路径规划方法：一种是基于分片技术的喷涂机器人空间路径规划，该方法主要是应用于复杂曲面上的路径规划，将复杂曲面分片问题表示为一个带约束条件的单目标优化问题，并给出相应的分片算法，再建立每一片喷涂路径的评价函数，并以此为依据来规划喷涂路径，从而为获得更佳的优化轨迹并得到更好的喷涂效果提供了基础；另一种是基于点云切片技术的喷涂机器人空间路径规划，该方法通过设定切片方向和切片层数，对点云模型进行切片处理，得到切片多义线后对其平均采样，然后估算所有采样点的法向量，最后利用偏置算法获取喷涂机器人空间路径。实验结果表明，这两种方法都比较实用，且计算速度较快，能够在保证喷涂机器人喷涂效率的同时，达到更佳的喷涂效果。

第三，提出了平面和规则曲面上喷涂机器人轨迹优化方法。在写出平面或规则曲面的函数表达式后，研究了三种涂层累积速率数学模型：β 分布模型、无限范围模型和有限范围模型。以采样点上的涂层厚度方差最小为优化目标，对沿指定空间路径的喷涂机器人喷枪轨迹优化问题进行研究；然后根据约束条件的不同将喷枪轨迹优化问题分成一般约束条件和指定空间路径两类；最后详细分析了指定空间路径的喷枪轨迹优化问题的求解方法，并进行了仿真实验。

第四，针对实际工业生产中许多喷涂工件形状复杂，喷涂时会遇到多个喷涂面且各个喷涂面的法向量夹角都比较大的问题，提出了面向三维实体的喷涂机器人空间轨迹优化方法。利用实验方法建立一种简单的涂层累积速率数学模型，并采用基于平面片连接图 FPAG 的曲面造型方法对三维实体进行分片；规划出每一片上的喷涂路径后，以离散点的涂层厚度与理想涂层厚度的方差为目标函数，在每一片上进行喷涂轨迹的优化，并按照两片交界处空间路径方向的不同分 PA-PA、PA-PE、PE-PE 三种情况研究了两片交界处的喷涂轨迹优化情况，仿真实验结果表明两片交界处的喷涂空间路径为 PA-PA 时涂层厚度均匀性最佳；采用哈密尔顿图形法表示各个分片上的喷涂轨迹优化组合问题，分别采用 GA 算法、ACO 算法、PSO 算法对其进行求解，并通过仿真实验验证了各个算法的可行性。最后，在自行设计的喷涂机器人离线编程实验平台上进行了喷涂实验，并对几种算法结果进行了比较。实验结果表明，提出的面向三维实体的喷涂机器人轨迹优化方法完全能满足涂层厚度均匀性的要求；而使用 PSO 算法虽然需要消耗少量的系统运算执行时间，但与其他算法相比更加节约喷涂时间，显著提高了喷涂效率。

第五，针对范围在十几米内，各局部法向量方向差异不大的自由曲面或复杂曲面上的喷涂问题，提出了曲面上的喷涂机器人空间轨迹优化方法。首先研究了自由曲面上的喷涂轨迹优化方法：采用实验方法建立了表达式较简单的涂层累积速率模型后，通过分析喷涂过程中各个可控参数对喷涂效果的影响，建立自由曲面上涂层厚度数学模型；在此基础上生成喷涂机器人空间路径，得出轨迹优化设计是带约束条件的多目标优化问题，并选取时间最小和涂层厚度方差最小作为目标函数，应用带权无穷范数理想点法进行求解；仿真实验和喷涂实验表明，该算法完全符合预设的喷涂质量和喷涂效率的要求。其次，研究了曲面上的静电喷涂机器人轨迹优化问题，在利用实验方法得到静态喷涂涂料空间分布的径向厚度剖面函数后，推导出一种新型、实用的静电旋转喷杯（ESRB）涂层累积模型；以某品牌汽车车身为喷涂对象进行静电喷涂实验研究，并对喷涂结果进行了分析和讨论。

第六，研究了Bézier曲面上的喷涂机器人轨迹优化方法。首先对Bézier曲面进行分析后，提出了利用测地曲率寻找最优喷涂机器人初始轨迹的方法；然后建立了Bézier曲面上的喷涂模型，给出了Bézier曲面上某一点的涂层厚度数学表达式；在找出Bézier曲面等距面的离散点列阵后，使用3次Cardinal样条曲线和Hermite样条曲线插值方法，规划出喷涂空间路径；最后沿指定的喷涂空间路径，以涂层厚度方差最小和喷涂时间最短为优化目标，给出带约束条件的喷涂机器人轨迹多目标优化问题的数学表达式，并采用理想点法进行求解，从而获得了Bézier曲面上的喷涂机器人优化轨迹。实例验证结果和喷涂实验结果证明了所提方法的有效性和实用性，且喷涂路径的走向对喷涂效果和效率有重要影响。

第七，针对复杂曲面面积大、分片多，喷涂设备离线编程系统执行慢、效率低等问题，提出了一种基于Bézier方法的复杂曲面喷涂机器人轨迹优化方法。运用Bézier三角曲面造型技术对复杂曲面造型后，找出复杂曲面等距面上的离散点列；在提出指数平均Bézier曲线定义及性质后，结合其调控灵活的特点，将其运用于复杂曲面喷涂机器人空间路径生成算法中；然后沿指定喷涂路径提出一种新的复杂曲面上的喷涂轨迹优化方法。喷涂实验结果表明，运用指数平均Bézier曲线后不仅提高了喷涂路径规划过程中的灵活性和“柔性”，而且大大简化了复杂曲面上喷涂作业的步骤，满足喷涂效果的同时提高了喷涂效率；在针对大面积复杂曲面工件进行喷涂作业时，使用该方法进行匀速喷涂效果会更好。

第八，研究了高压静电喷涂机器人轨迹优化方法。利用流体力学相关知识，给出了高压静电喷涂过程中的四种数学模型：空气场湍流模型、静电场模型、静电喷涂雾滴轨迹模型和静电旋转喷杯模型。针对高压静电喷涂过程中可调参数多、路径曲线局部调控性差等问题，提出了一种新的高压静电喷涂机器人路径规划方法。在构建一组新的基作为 T-Bézier 基后，提出了 T-Bézier 曲线定义及性质；利用该曲线拟合工件曲面等距面上的离散点列阵，再反求曲线的控制顶点，从而生成基于 T-Bézier 曲线的静电喷涂空间路径。通过有限元分析软件 ANSYS 进行仿真实验，验证了各种数学模型的正确性。以某品牌汽车车身为喷涂对象，使用 ABB 高压静电喷涂机器人进行喷涂实验，实验中沿指定路径采用涂料流量优化控制方法进行匀速喷涂，最后对实验结果进行了分析和讨论，证明了所提方法的有效性。

关键词：喷涂机器人，轨迹优化，曲面造型，路径规划，Bézier 曲线曲面，自由曲面，复杂曲面

目录

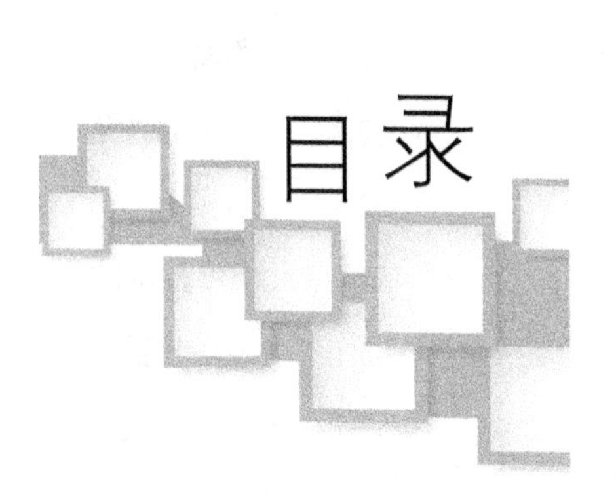

第1章　绪　论

1.1　研究背景和意义

机器人是综合了人的特长和机器特长的一种拟人的机械电子装置，既有人对环境状态的快速反应和分析判断能力，又有机器持续工作时间长、精确度高、抗恶劣环境的能力，从某种意义上说它也是机器进化过程的产物。机器人技术是综合了计算机、控制论、机构学、信息和传感技术、人工智能、仿生学等多学科而形成的高新技术，是当代研究十分活跃、应用日益广泛的领域[1-2]。

在所有自动喷涂设备中，最为常用的就是喷涂机器人（spray painting robot），它是在经过编程系统编程后，伺服电机驱动机械臂的各个关节进行运动，通过末端执行器自动喷出涂料或者是其他加工材料的工业机器人。国外对喷涂机器人的研究较早，目前已进入了产业化阶段。在我国，喷涂机器人系统方面的研究起步较晚，现在国内的制造企业在生产中基本上还是引进国外喷涂机器人。2015年最新统计资料显示，现阶段国外进口的喷涂机器人已经占到国内市场80%以上，瑞士ABB，日本发那科、安川，德国库卡四家公司合计占据约60%的市场份额。

喷涂机器人又叫喷漆机器人，是可进行自动喷漆或喷涂其他材料的工业机器人。喷涂机器人主要由机器人本体、计算机和相应的控制系统组成，液压驱动的喷涂机器人还包括液压油源，如油泵、油箱和电机等。喷涂机器人多采用5或6自由度关节式结构，手臂有较大的运动空间，并可做复杂的轨迹运动，其腕部一般有2~3个自由度，可灵活运动。较先进的喷涂机器人腕部采用柔性手腕，既可向各个方向弯曲，又可转动，其动作类似人的手腕，能方便地通过较小的孔伸入工件内部，喷涂其内表面。喷涂机器人广泛用于汽车、仪表、电器、搪瓷等工艺生产部门。喷涂机器人主要有以下几个优点[3-5]：（1）柔性好，工作范围大，升级可能性大，可实现内表面及外表面喷涂，在汽车制造行业中可实现多品种车型的混线生产，如轿车、旅行车、皮卡等车型混线生产。（2）喷涂质量和材料使用率高，仿形喷涂轨迹精确，可提高外观喷涂质量；降低喷涂量和清洁溶剂的用量。（3）易于操作和维护，并可离线编程，大大缩短现场调试时间；使用接插件结构和模块化设计，可实现快速安装和更换元器件，极大地缩短维修时间，便于维护保养。（4）设备利用率高，喷涂机器人的利用率可达95%。图1.1是应用在汽车制造工业中的喷涂机器人。

图1.1　喷涂机器人在汽车制造工业中的应用

以前的喷涂机器人多采用人工示教编程方式，示教编程在技术实现上比较简单，但费力、效率低下且精度差。目前，离线编程方式已经成为喷涂机器人中最为常用的编程方式。在喷涂机器人离线编程系统中，先对喷涂工件进行造型，再通过建立合适的喷涂模型并对末端执行器运动轨迹进行优化，从而保证涂层厚度的均匀性，减少涂料总量，降低喷涂成本，提高喷涂效率，最后在离线编程系统中进行仿真并将程序下载到喷涂机器人中进行喷涂作业。

目前，喷涂机器人在国内外广泛应用于汽车等产品的涂装生产线。对于诸如汽车、电器及家具等产品，其表面的喷涂效果对产品质量有相当大的影响。产品表面的色泽在相当程度上取决于涂层厚度的均匀度，如果表面的涂层厚度不均匀，会引起表面不光洁，并出现边缘涂料的流挂和涂料橘皮现象，而且涂层过厚的地方在使用过程中会出现皲裂。因此，涂层均匀度是一个很重要的指标，在保证最小涂层厚度的情况下，均匀的涂层厚度可以减少涂料总量，降低喷涂成本。在工业生产中，涂装作业一直以来都是一道比较粗放的工序，成本高、效率低且环境污染大。在静电喷涂技术出现以前，空气喷涂的涂料转移率仅在30%左右。而高压静电喷涂效率很高，涂料利用率可以达到80%。但是高压静电喷涂中的影响因素非常多，包括静电电压、旋杯转速、旋杯与工件间距、工件曲率、涂料雾粒直径、空气场压力、静电场大小、带电雾粒密度、雾滴电荷量，等等。而对高压静电喷涂的研究涉及数学、控制学、计算机学、电子学、流体力学、机械学等多门学科的交叉。因此，如何建立精确的多变量因素影响下的高压静电旋杯喷涂模型是一件非常困难的事情。目前，国内对高压静电旋杯喷涂模型的理论研究基本上是空白的。而国外在此领域的理论研究中，基本上都是忽略了许多参量对喷涂模型的影响，只是在考虑了静电电压等一些主要因素的基础上，建立起来了比较粗糙的静电喷涂模型。除此之外，工件表面涂层均匀度也是一个很重要的指标，它是反映喷涂效果优与劣的重要参数。在保证工件表面达到最小涂层厚度的情况下，均匀的涂层厚度不仅可以减少涂料总量，降低生产成本，还可以提高产品的品质，并减少排放到环境中的涂料总量，减轻环境污染。据统计，2015 年我国生产汽车 2300 多万辆，已成为世界上最大的汽车生产国。仅就汽车行业而言，通过提高涂层的均匀性，减少每个工件表面的涂料量，从经济角度来看，潜在的利润相当大；同时如果能相应地减少排放到喷涂车间环境中的涂料总量，也可减轻环境污染。近年来，随着人们对产品质量的追求和对环保的重视，这方面的意义更是凸显出来。因此，如何通过优化喷涂机器人轨迹达到涂层厚度均匀，减少涂料用量和环境污染是值得深入研究的问题。

一直以来，我国对于喷涂机器人轨迹优化方面的研究起步较晚，并且研究的深度和广度也不及国外，喷涂机器人及编程系统的技术水平也较低，在实际使用中的效果也不理想。现在国内企业在生产中基本上还是引进国外喷涂机器人，这些进口的喷涂机器人能基本满足目前涂装生产线的工艺要求，但核心技术严格保密，并且在喷涂作业中仍存在一些不足。例如，ABB 公司的喷涂机器人离线编程系统只能将整个喷涂轨迹分成有限段直线轨迹，每段直线上喷涂时各个参数均保持常量，在曲面上喷涂时会使涂层厚度差异增大，无法达到最佳喷涂效果；另外，机器人在不规则平面上喷涂时往往不能获得较好的喷涂效果，在球面上喷涂则效果更差；而对于形状更为复杂的工件，喷涂质量与喷涂效率更是难以保证，往往需要采取人工补喷，费时、费力、费成本。需要特别指出的是，随着工业生产水平的发展，在喷涂船舶分段等大型复杂曲面工件的任务中，原有的喷涂方法所表现出来的能力明显不足。在喷涂大型复杂曲面工件作业中可以通过对某些任务进行适当分解，使设备分别并行地完成不同的子任务，从而加快任务执行速度，提高工作效率；可以将系统中的个体按照各自不同的优化目标进行轨迹优化，提高喷涂效果；可以提供更多任务解决方案，降低系统造价与复杂度，等等[6]。然而，在现在实际的工业生产中，喷涂机器人进行作业时只是简单地将大型工件分为几个独立的区域，再使用喷涂设备对这几个独立区域分别进行轨迹优化后进行喷涂作业。这样的复杂曲面上的喷涂轨迹优化方法虽然可以基本上满足喷涂需要，但是，该方法执行步骤较多，操作较为麻烦且会耗费大量系统时间，效率偏低，当复杂曲面面积较大或分片较多时，该方法的问题更为严重。因此，怎样增加轨迹优化过程中的灵活性，简化复杂曲面上喷涂作业的过程，保证在能够满足喷涂效果的同时减少喷涂时间，是需要进一步研究的问题。

由此可见，随着工业水平的发展，喷涂机器人在工业生产中的应用已经越来越广泛，但是原有的喷涂机器人喷涂模型以及轨迹优化理论已经不能适应越来越高的生产要求。为了达到新的喷涂作业标准，实现高效、低成本的生产目标，对新喷涂建模的分析以及高性能喷涂机器人轨迹优化算法、控制策略的研究已成为国内外学者们关注的热点。

1.2 国内外喷涂机器人发展现状

1.2.1 国外喷涂机器人发展现状

1951 年，美国 Austin Motors Longbridge 公司开始尝试利用简单的 3 轴机器人定点自动涂装汽车外身。1958 年，美国 Morris Motors Cowley 公司成功安装了一条高产出的涂装生产线，把所有的汽车外身的涂装工作交给 3 台 3 轴机器人完成。那时由于受机器人自由度和汽车内身形状复杂度高等因素的限制，3 轴机器人还不能对汽车内身进行涂装作业。到了 20 世纪 70 至 80 年代，随着第二代多轴机器人的研制工作取得很大进展，欧美等国的汽车涂装线，已使用多轴机器人对车身内部难以到达的地方进行涂装作业，并朝着喷涂车间无人化的目标迈进了一大步。例如，挪威 Trallfa 公司（现已被 ABB 公司合并）在 80 年代推出了柔性机器人喷涂系统 TRACS。

进入 21 世纪以后，随着各项科学技术的长足发展，喷涂机器人的应用也更为广泛。目前，欧美、日本等发达国家或地区在喷涂机器人离线编程技术、仿真技术、控制技术等方面积累了大量实验数据和生产经验，对生产线上喷涂机器人的设计与制造已进入了产业化阶段。这其中比较有代表性的就是总部位于瑞士的 ABB 公司以及日本 FANUC、安川、三菱等公司生产制造的喷涂机器人。图 1.2 为 ABB 公司的喷涂机器人。

图 1.2　ABB 喷涂机器人

国际工业机器人制造巨头 ABB 公司是全世界最大的喷涂机器人制造商，该公司生产的喷涂机器人在全世界应用也最为广泛。从技术角度来说，ABB 喷涂机器人主要拥有以下先进技术：

（1）从控制技术方面来看，ABB 喷涂机器人采用高速工艺控制技术 IPS，使机器人拥有卓越的运动控制能力，其工作节拍时间与行业标准相比可缩减 25%，节省涂料，极具环保效益；ABB 喷涂机器人控制系统中配备启动自诊断、全面工艺诊断、故障日志快速过滤等功能，大幅缩短了故障查找、诊断时间；ABB 喷涂机器人以高动力学特性和高加速度能力为基础，具有高度柔性，能够灵活应对各种形状工件规格变化。

（2）从编程软件方面来看，ABB喷涂机器人配有特有的仿真与离线编程软件Robot Studio，可在办公室内完成机器人编程，无须中断生产。机器人程序可提前准备就绪，提高整体生产效率。Robot Studio以ABB Virtual Controller为基础，与机器人在实际生产中运行的软件完全一致，可以提取工件的某条轮廓来直接生成轨迹，只要是Robot Studio中可识别的工件边缘或曲线，均能以其为基础自动生成轨迹。另外，ABB喷涂机器人配置喷涂工作站监控软件RobView5。RobView5是一款PC软件工具，提供单/多机器人喷涂系统管理、喷涂工艺流程全线可视化及喷涂机器人工作站操作、监控等功能。基本版RobView 5可与所有喷涂机器人绑定，是一款经济实用的图形用户界面，适合预算偏紧的项目。RobView 5还可通过增添选件的方式进行升级扩展，也是大型高级系统的理想选择。

（3）从轨迹规划技术方面来看，ABB喷涂机器人在轨迹规划方面具有先进的“无缝”编程技术及“连续停留”技术。一般情况下，将一个大表面的工件分成许多小部分来进行喷涂会增加旋杯或喷枪重新定位的时间，而“无缝”编程消除了各喷涂行程之间的拼缝，减少了喷涂节拍时间。例如，用两台机器人喷涂一个汽车发动机盖板，在一边一台的情况下，每个机器人需要13.2秒，总的节拍时间为26.4秒，使用同样的施工参数，仅用一台机器人从任何一边来喷涂将只需22.8秒[7]。另外，在通常的喷涂作业中，机器人喷涂工艺是基于带有各轨迹导引的平行轨迹，由于在导引段及反方向返回时，机器人必须减速，导引段一般位于喷涂区域之外，这样大量涂料将喷涂在导引区域。采用“连续停留”技术的具有高加速度能力的机器人，不会在拐角或拐弯处降低速度，极大地缩短了各轨迹的导引时间，使得整个节拍时间几乎完全为喷涂时间。由于旋杯或喷枪几乎从没有离开被喷涂表面，涂料的消耗也相应减少。

（4）外围设备方面来看，一方面，ABB喷涂机器人配备了Phototherm

激光传感器，在对汽车整车进行喷涂并闪蒸后，立即测量涂层厚度，利用Phototherm激光传感器对全车18个点进行测量。一旦厚度不达标，问题部位将重新砂磨，车身退回重喷。另一方面，在2010年，ABB喷涂机器人系统推出了基于GPRS的无线远程服务新技术。通过无线远程服务系统，可以远程锁定机器人发生故障那一刻的所有故障信息，并可远程备份机器人的程序，结合ABB所独有的离线仿真模拟软件，分析并解决机器人的故障。除此之外，ABB喷涂机器人配有独特的高速静电旋杯技术，使得涂料流量更高、涂膜质量更好，以及喷幅控制更灵活。ABB喷涂机器人高速静电旋杯的设计能力为目前普通旋杯技术的两倍。强大的空气涡轮机能够在高速旋转下对高流量涂料进行雾化，该产品既适合于水性漆喷涂，也适合于溶剂性喷涂。

近十几年来，日本FANUC、安川、三菱等公司研制出的喷涂机器人在世界范围内也有一定的应用。这些日本公司生产的喷涂机器人最大的特点是具有高强度的手臂与最先进的伺服技术，可以有效提高各轴的运动速度以及加减速性能。机器人腕部轴内采用独立的驱动机构设计，实现了轻巧、紧凑的内置电缆的机械手臂，使机器人在狭小的空间以及高密度的环境下的喷涂作业得以有效实现。另外，在轨迹规划技术方面，日本的喷涂机器人也有一些独特技术。例如，FANUC喷涂机器人采用了三角形及X形喷涂轨迹，这种喷涂轨迹有别于一般的水平往复轨迹或螺旋式轨迹，而是在工件表面单边喷涂时采用X形轨迹，在上下边喷涂时采用三角形轨迹；从理论上说，该喷涂方式可以得到更均匀的涂层厚度且更节约时间[3]。再例如，三菱重工开发的新一代涂装机器人——“MRP-5000”系列，配套使用了在汽车等产品的高档涂装中所必需的旋转式静电喷杯，只需输入所用涂料的信息、要求达到的膜压值以及涂装件的形状、起始位置等信息后，即可自动计算出最佳的涂料喷出量及涂装速度，自动生成针对整个涂装对象的喷涂轨迹。总体而言，虽然日本的喷涂机器人在世界上有一定的应用市场，但这些喷涂机器人主要还是以人工示教为主，而其离线编程方式较为复杂，且不能够灵活应对各种形状工件规格的变化，与ABB喷涂机器人相比在机器人轨迹优化技术水平与节省涂料方面有一定的差距。

1.2.2 国内喷涂机器人发展现状

中国机器人研究开始于20世纪70年代，但由于基础条件薄弱、关键技术与部件不配套、市场应用不足等种种原因，未能形成真正的具有竞争力的产品。20世纪80年代中期，在国家科技攻关项目的支持下，中国机器人研究开发进入了一个新阶段，形成了中国机器人发展的一次高潮。以焊接、喷涂、搬运等为主的机器人，使用了以交流伺服驱动器、谐波减速器、薄壁轴承为代表的元部件，并且在机器人本体设计制造技术、控制技术、系统集成技术和应用技术等方面都取得显著成果[7]。从20世纪80年代末到90年代，国家863计划把机器人列为自动化领域的重要研究课题，系统地开展了机器人基础科学、关键技术与机器人元部件、目标产品、先进机器人系统集成技术的研究及机器人在自动化工程上的应用。在机器人视觉、力觉、触觉、声觉技术，以及多传感器信息融合控制技术、遥控加局部自主系统控制机器人、智能装配机器人等方面的开发应用都开展了不少工作，有了一定的发展基础。

但总的来看，我国的喷涂机器人技术及其工程应用的水平和国外比还有不小的差距，主要差距表现在产品质量及性能、技术水平及品种、新产品开发、产品在国内外市场竞争力等几个方面[8-9]。1991年，北京机械工业自动化研究所研究开发出我国第一条机器人自动喷漆线——东风系列驾驶室多品种混流机器人自动喷漆生产线；进入21世纪后，该研究所的科研小组又开发出了新一代适应轿车涂装工艺要求的软仿形自动喷涂系统；

随后几年，该研究所在喷涂机器人产品中先后开发出 PJ 系列电液伺服喷涂机器人和 EP 系列电动喷涂机器人等[10]。这些喷涂机器人采用多关节式或直角坐标式的结构型，使用交流伺服或步进电机驱动，可以进行平移、镜像、可编程 TCP 等程序变换。这些机器人能基本满足喷涂要求，但主要只能涂装一些形状规则且外形变化不大的产品，而且耗漆量相对比较高，离线编程方式不够人性化。而国内的一些著名高校，例如哈尔滨工业大学、上海交通大学、天津大学、南京理工大学等都曾相继开发出了喷涂机器人样机，有些已少量投入实际应用，但都未能形成批量生产[11-12]。国内在喷涂机器人研究上获得的比较有代表性的成果主要有：哈尔滨工业大学对大型油罐内壁喷涂机器人技术的研究[13-14]，上海交通大学对大桥钢缆等特殊对象喷涂机器人与检测方面的研究[15]，天津大学对某型号发动机进气道狭小腔体内的机器人自动喷涂技术研究[16-17]，湖北汽车学院结合东风汽车公司的喷涂生产线对喷涂机器人控制系统及涂装线上零件的识别技术的研究[18]，北京机械工业自动化研究所对机器人喷涂机器人系统及自动喷涂线的开发与工程应用研究等[10]。可以说，虽然国内在喷涂机器人开发技术上取得一些成果，但总体上仍处于逐步研究完善的阶段，而机器人运动编程技术基本都是以示教再现编程为主，在喷涂机器人离线编程技术研究方面，主要是靠跟踪国外技术来进行喷涂机器人轨迹规划技术及喷枪喷矩建模研究。对于具有较大柔性的，能应用于多品种、大批量工件生产的数控喷涂机器人的开发尚在研究阶段。

1.3 喷涂机器人轨迹优化与离线编程技术研究概述

1.3.1 基本知识

以前喷涂机器人编程中最普遍的方法是“人工示教法”。示教时使机器人手臂运动的方法有两种，一种是用示教盒上的控制按钮发出各种运动指令；另一种是由工人握住安装有固定喷枪的机器人前臂进行喷涂实验，同时由控制机器人的计算机记录下机器人各关节参数的变化，使得机器人随后能独立地重复沿原先的轨迹运动。这种轨迹记忆再现方法是一种连续路径控制方式，这种方法简单易行，但存在不可克服的缺点[19-21]：（1）喷涂机器人轨迹是凭工人的经验和大量的实验获得的，由于喷涂效果（如涂层厚度的均匀性、喷涂时间等）与物体表面形状及喷枪参数等诸多因素有关，因此单凭人工经验无法选择出最佳喷涂轨迹，所以喷涂效果最多只是人工水平；（2）大量的喷涂费时、费力、费物，涂料大量消耗，也加重了环境污染，在喷涂大面积工件（如汽车车身）时，表现得尤为突出；（3）人工示教过程中，机器人不能使用，且工人处于有害环境中。

随着各国对环保和劳保的日益重视，同时也为了进一步提高产品质量和生产效率，人们开始寻求喷涂机器人离线编程方法，期望利用计算机自动寻找出能产生最佳喷涂效果的机器人末端执行器运动轨迹，再将轨迹最终转换成机器人的运动程序。喷涂机器人离线编程系统中最核心的部分由喷涂机器人轨迹生成模块、喷涂机器人运动轨迹生成模块、喷涂机器人程序生成模块三部分构成。后两个模块基本属于一般工业机器人离线编程系统中的常规模块，而喷涂机器人轨迹优化模块则有一定的特殊性，远比一般的工业机器人复杂。需要特别指出的是，离线编程系统中的喷涂机器人轨迹生成模块其实就是获取并优化机器人末端执行器的运动轨迹，而本文中所要重点讨论和研究的其实就是喷涂机器人轨迹优化模块中的能够适用于各种情况的末端执行器喷涂轨迹优化算法。

机器人喷涂作业中，若要给每个给定工件找到一条最优化的机器人喷涂轨迹，首先需要知道工件表面上每一点的涂层累积速率（微米/秒）。由于涂层累积速率决定了被涂工件表面上涂层厚度分布，因此研究喷涂机器人轨迹优化的第一步就是要建立喷涂模型。实际生产中，由于喷涂参数极为繁多且喷涂工件又具有多样性与复杂性，故要建立既精确又比较实用的喷涂模型并不是一件容易的事情。在喷涂的过程中，除了喷涂距离、末端执行器角度、机器人移动速度、被涂工件表面形状等主要因素对喷涂作业有影响外，还有许多客观因素会影响喷涂的特性，这些因素分别是外界空气压力、环境温度、涂料容器的压力、末端执行器喷射压力，涂料的一些参数诸如涂料稀释剂的量、涂料的温度和流动速度、涂料转移率、雾粒直径、沉积图案等。因此，如果需要精确地考虑上述这些因素，则很难用数学表达式表示喷涂模型，而且在一般的喷涂实验中也很难精确地设定和测量这些参数。因此，考虑到喷涂作业的实用性，在研究中必须要假定非主要参数的值是固定不变的，而只考虑一些对喷涂效果影响较大的一些参数的变化。

喷涂机器人轨迹优化主要有两个目标：第一是尽可能使工件表面上的涂层厚度均匀；第二是使喷涂时间最短。由于要使工件表面的涂层厚度均匀，而喷涂作业时工件表面形状的变化会导致工件上每一点获得涂料的概率不同，并且在工件表面上一点的喷涂时间越长该点的涂层厚度越厚，因此喷涂机器人在工件表面上就不能匀速喷涂，而必须在某些部位加快速度，在某些部位减慢速度。例如，对于工件的边缘部位，获得涂料的概率相应要比工件上的其他部位少，故在对其进行喷涂时就要减慢速度。因此，在喷涂机器人轨迹优化的过程中可以考虑两种轨迹优化方法。第一种方法是假设已指定了喷涂机器人空间路径，即喷涂机器人沿一条指定的空间路径进行喷涂作业，这种情况下，喷涂机器人轨迹优化问题的目标就转化为如何找出机器人沿指定空间路径的最优时间序列，即机器人以什么样的速度沿指定空间路径进行喷涂作业时，工件表面上的涂层厚度最均匀。另一种方法是并不指定机器人空间路径，故此类优化问题更为一般，但其可行空间轨迹是以时间为参变量的六维矢量的集合（喷涂机器人末端执行器的位置和姿态分别用一个三维矢量表示），因此求最优解要比第一种方法复杂，且计算速度慢。考虑到问题研究的实用性，本文采用的是第一种喷涂机器人轨迹优化方法。这里需要特别指出的是，从上述两种轨迹优化方法的角度来看，喷涂机器人的优化轨迹其实可以看成由两个因素组成：一是喷涂路径，二是喷涂机器人移动速度。

另外，从喷涂方法来看，现在主要有空气喷涂法、高压无气喷涂法、加热喷涂法、静电喷涂法等几种方法，这几种喷涂方法中使用最多的喷涂工具就是喷枪。但是，随着静电喷涂法的广泛应用，高压静电旋转喷杯作为一种较新型的喷涂工具，其应用场合也越来越多。因此，本书将喷枪和高压静电旋转喷杯统称为机器人末端执行器。但是在某些场合下，如果某些轨迹优化方法只能用于喷枪，则本书在表述时会直接指明喷涂工具为喷枪。事实上，喷枪和高压静电旋转喷杯主要区别在于二者的喷涂模型不同，而对于很多喷涂路径规划方法和轨迹优化方法二者都是适用的。

1.3.2 喷涂机器人离线编程系统简介

喷涂机器人离线编程系统的结构主要包含以下六大模块[22]：工件造型模块、参数设置模块、喷涂机器人轨迹生成模块、机器人运动轨迹生成模块、分析仿真模块和机器人程序生成模块（如图1.3）。下面对其功能以及各模块间的关系做简单介绍。

1.3.2.1 工件曲面造型模块

对于平面或规则曲面，可直接写出其表达式。对于自由曲面或复杂曲面，则需要用特殊方法对曲面进行造型（本文第2章中会详细叙述）。经过造型后，系统CAD数据库中就存放了物体的CAD数据，为喷涂机器人轨迹生成模块提供了工件数据信息。

1.3.2.2　参数设置模块

用于指定末端执行器张角或转速、静电电压（静电喷涂中使用）、涂料速率通量、喷涂距离、需要的涂层厚度、允许的涂层厚度偏差、喷涂时间等参数，然后被传送到喷涂机器人轨迹生成模块。

1.3.2.3　喷涂机器人轨迹生成模块

该模块主要是喷涂机器人轨迹的生成与优化，它是整个系统的核心。首先根据前两模块所传来的数据与喷涂过程中各种参数，针对不同外形的工件采用不同的方法建立喷涂过程中涂料的空间分布模型并确定喷涂作业的优化目标，然后采用适当的算法求解目标函数的极值，并自动生成能产生最佳喷涂效果的喷涂机器人轨迹。用户还可以在此模块中设定喷涂机器人末端执行器的走向，然后由此模块对其进行参数优化，输出一条优化的喷涂机器人轨迹。

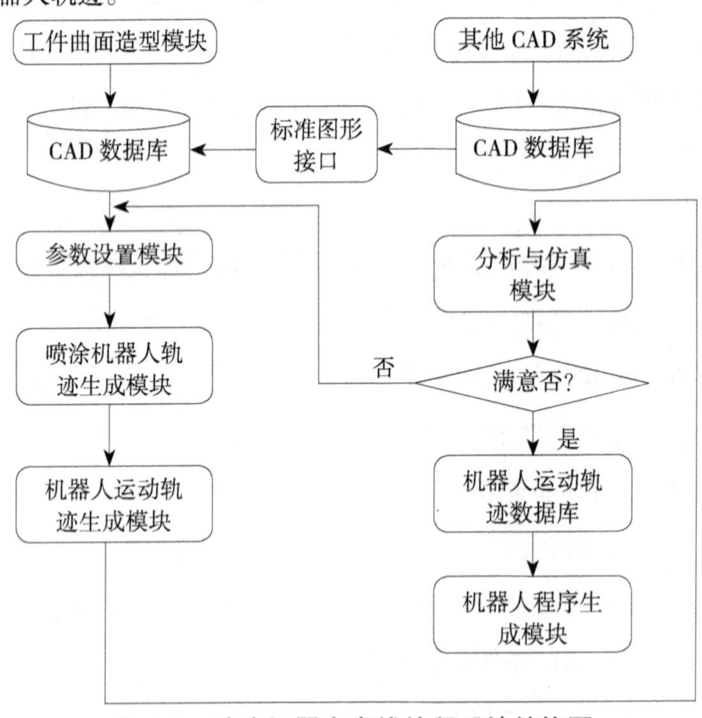

图 1.3　喷涂机器人离线编程系统结构图

1.3.2.4 机器人运动轨迹生成模块

本模块的主要功能是根据机器人逆运动学原理，将上一模块所生成的末端执行器运动轨迹（或机器人手臂末端工具运动轨迹）转换成机器人各关节的运动轨迹，从而为分析仿真模块提供机器人的运动数据。

1.3.2.5 分析仿真模块

本模块是根据前面各模块所传来的工件CAD数据、各种参数、机器人的运动轨迹，图形化显示机器人沿某一轨迹喷涂时工件表面的涂覆情况，并以列表形式给出工件表面上涂层的平均厚度及其偏差数据，也可以用等高线配以不同色彩的方式在计算机屏幕上显示出涂料的空间分布效果图。在此过程中用户可以检查机器人各关节的运动是否满足其约束条件，是否发生机械手碰撞工件的情况，以便反复修改喷涂参数、轨迹，最终得到最佳的喷涂效果，从而可以将机器人的运动轨迹写入轨迹数据库，提交机器人程序生成模块。

1.3.2.6 机器人程序生成模块

完成将机器人的运动轨迹（由机器人运动轨迹生成模块提供）转变成其能识别的程序语言。

1.3.3 国内外研究现状及存在的问题

从20世纪90年代开始，国际上有关喷涂机器人轨迹优化技术的研究就已经出现了大量文献。其中比较有代表性的是美国Antonio等人提出的平面上的喷涂数学模型、喷涂机器人路径规划方法以及空气喷涂轨迹优化方法，该方法以涂层厚度均匀性作为优化目标，给出了平面上的涂层厚度的数学表达式，并得到了实验验证且喷涂效果较好，但是该方法计算步骤和求解过程比较复杂，且数学模型中考虑的参数过多，效率偏低[23-28]。

2000年之后，国际上在此领域比较有代表性的文献主要是美国Chen

Heping 教授和 Sheng Weihua 教授等人的研究论文。Chen Heping 教授及团队对平面上以及规则曲面上的喷涂机器人轨迹优化技术进行了深入的研究，指出喷涂机器人轨迹优化是一个约束多目标优化问题，以涂层均匀性和喷涂时间为优化目标，提出了一些比较实用的基于 CAD 模型的喷涂机器人轨迹优化方法，最后在进行了喷涂实验验证和分析后指出，自由曲面喷涂机器人轨迹优化仍然是一个难点[29-32]。Sheng Weihua 教授主要是深入研究了喷涂机器人空间路径规划方法，对工件曲面采用直接三角划分的方法进行曲面造型之后，以涂层厚度一致性为优化目标，通过优化算法找到两条相邻路径之间的距离参数以及最优匀速喷涂速度，并在曲面上生成喷涂路径，实验结果表明沿此路径匀速喷涂时喷涂效果能够满足要求[33-36]。除此之外，国外近几年有关喷涂机器人轨迹优化技术的文献主要分为以下几类：

（1）研究喷涂过程中各个参数对喷涂效果的影响，建立了新的喷涂模型，并将此模型应用于喷涂机器人轨迹优化。Zhao 等人通过对静电电压、涂料雾粒直径、空气场压力、静电场大小、带电雾粒密度、雾滴电荷量的分析，建立了带辅助空气的静电喷雾模型[37]，该模型有一定的实用价值，但忽略了许多参量对静电喷涂模型的影响，模型中只是考虑了静电电压等一些主要因素，建立起来的静电喷涂模型仍显粗糙。Li 等人研究了静电喷涂过程中各个参数对喷涂效果的影响，采用了一种较精确的喷涂工件上涂层厚度的计算方法，并建立静电喷涂模型[38]。Yu 等人提出了一种新型的可控参量较多的喷涂累积速率模型，并将此模型应用于喷涂轨迹优化中，机器人喷涂实验表明，该模型精度较高，但系统计算效率较低[39]。

（2）提出新的喷涂轨迹优化目标或参数，改善优化方法。Paul 等人在喷涂机器人轨迹优化问题中，以涂料累积过程中工件表面上涂料热量变化最小为优化目标，建立了优化方程并进行了求解，实验证明了该方法在一定的外界环境条件下是有效的[40]。Li 等人利用 ABB 喷涂机器人进行喷涂实验，对喷涂路径的选择方向、起始轨迹选择、末端执行器喷涂角度、机器人关节角速度阈值等一系列关键参数进行优化设置，从而改善了轨迹优化方法，并通过实验证实了各个参数对喷涂效果的影响[41]。Alessandro等人对工件CAD数据进行分析后，通过优化两条相邻喷涂路径之间最小距离参数来规划出最优轨迹[42]。

（3）将新的或改进的优化算法应用于喷涂轨迹规划，提高喷涂质量。喷涂机器人轨迹优化问题中优化目标较多，各目标函数通常不是独立存在的，它们往往耦合在一起且处于相互竞争状态，因此如何有效处理约束函数、研究好的算法搜索是关键问题之一。Li等人采用了一种改进的遗传算法，在选择路径长度最短作为适应度函数后，选取涂层厚度方差最小为优化目标，进行曲面上的机器人喷涂轨迹优化，并进行了喷涂实验研究[43]。该方法可以改善喷涂效果，但不能提高喷涂效率。Xia等人通过优化初始喷涂轨迹，实现了不同约束条件下的轨迹优化算法[44]。Pal等人使用ABB IRB-4400型喷涂机器人进行喷涂实验后，对实验数据进行分析和处理，在此基础上建立喷涂模型并提出了以喷涂时间和涂层厚度均匀性为优化目标的多目标优化算法[45]，该方法建立的喷涂模型比较实用，但轨迹优化方法过程过于复杂，实用性较差。

（4）将喷涂机器人应用于不同行业，并提出适应于该应用领域的新的轨迹优化方法。Camelia等人首次将静电喷涂沉积技术应用在机器人喷涂三氧化钨粉末的生产制造中[46]；Toshiyuki等人提出了一种高效的静电喷涂轨迹优化方法，并应用在了金属工件表面喷釉过程中[47]。

国内从20世纪90年代以来，江苏大学开展了对喷涂机器人喷枪轨迹离线编程方法的研究工作，对喷枪轨迹优化方面的一些基础理论问题进行了分析和探讨，建立了喷涂机器人喷枪漆雾流场分布的数学模型和喷涂的涂层生长模型，构建了评价喷涂效果的目标泛函，着重分析了喷涂距离、

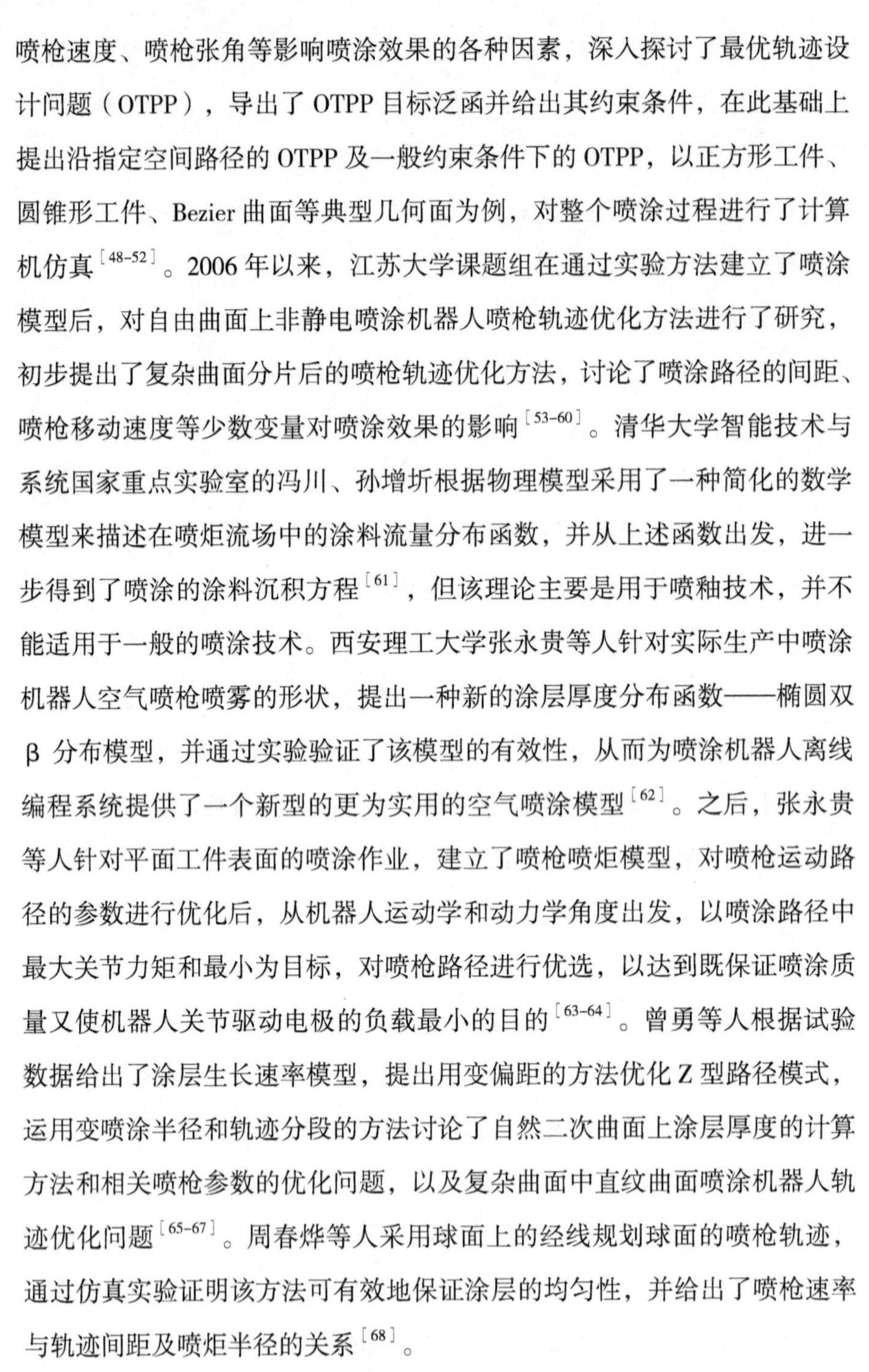

喷枪速度、喷枪张角等影响喷涂效果的各种因素，深入探讨了最优轨迹设计问题（OTPP），导出了OTPP目标泛函并给出其约束条件，在此基础上提出沿指定空间路径的OTPP及一般约束条件下的OTPP，以正方形工件、圆锥形工件、Bezier曲面等典型几何面为例，对整个喷涂过程进行了计算机仿真[48-52]。2006年以来，江苏大学课题组在通过实验方法建立了喷涂模型后，对自由曲面上非静电喷涂机器人喷枪轨迹优化方法进行了研究，初步提出了复杂曲面分片后的喷枪轨迹优化方法，讨论了喷涂路径的间距、喷枪移动速度等少数变量对喷涂效果的影响[53-60]。清华大学智能技术与系统国家重点实验室的冯川、孙增圻根据物理模型采用了一种简化的数学模型来描述在喷炬流场中的涂料流量分布函数，并从上述函数出发，进一步得到了喷涂的涂料沉积方程[61]，但该理论主要是用于喷釉技术，并不能适用于一般的喷涂技术。西安理工大学张永贵等人针对实际生产中喷涂机器人空气喷枪喷雾的形状，提出一种新的涂层厚度分布函数——椭圆双β分布模型，并通过实验验证了该模型的有效性，从而为喷涂机器人离线编程系统提供了一个新型的更为实用的空气喷涂模型[62]。之后，张永贵等人针对平面工件表面的喷涂作业，建立了喷枪喷炬模型，对喷枪运动路径的参数进行优化后，从机器人运动学和动力学角度出发，以喷涂路径中最大关节力矩和最小为目标，对喷枪路径进行优选，以达到既保证喷涂质量又使机器人关节驱动电极的负载最小的目的[63-64]。曾勇等人根据试验数据给出了涂层生长速率模型，提出用变偏距的方法优化Z型路径模式，运用变喷涂半径和轨迹分段的方法讨论了自然二次曲面上涂层厚度的计算方法和相关喷枪参数的优化问题，以及复杂曲面中直纹曲面喷涂机器人轨迹优化问题[65-67]。周春烨等人采用球面上的经线规划球面的喷枪轨迹，通过仿真实验证明该方法可有效地保证涂层的均匀性，并给出了喷枪速率与轨迹间距及喷炬半径的关系[68]。

现阶段，国内外喷涂机器人喷涂模型和轨迹优化技术主要还存在以下问题：

（1）由于喷涂模型与喷涂过程中的多种参数（涂料雾粒直径、涂料浓度、流量等）以及工件表面几何形状、喷涂距离和喷头移动速度密切相关，现有的喷涂模型研究主要集中在二维平面上理想条件下的简化模型，适用于各种曲面上的喷涂模型尚未研究成熟。

（2）现在，随着喷涂机器人的广泛应用，所喷涂的工件种类也是越来越多。而对喷涂工件曲面进行造型是建立喷涂模型以及规划机器人喷涂路径的基础，对获取理想的喷涂机器人优化轨迹也起着至关重要的作用。但是，由于喷涂工件的多样性和外观形状的复杂性，现在尚没有一整套完整的适用于各种喷涂工件的曲面造型方法。因此，如何获取面向不同工件的一套实用性较强的喷涂工件曲面造型方法是需要进一步研究的问题。

（3）喷涂路径的规划是喷涂机器人轨迹优化的基础，而现有的喷涂路径规划工作都过于简单，通常只是对喷涂路径的间距进行优化。如何获得更加可靠和优化的喷涂路径，以获得更佳的喷涂效果和喷涂效率，是需要进一步研究的问题。

（4）现在的喷涂机器人轨迹优化方法应用于二维平面上的喷涂作业时效果较好，但对自由曲面进行喷涂作业的系统还不能进行轨迹优化，存在工作效率低、机器人位置和速度控制精度低、喷涂效果不理想等缺点。另外，曲面上的喷涂机器人轨迹优化算法仍需要进行实验分析和验证。

（5）实际喷涂作业中，会遇到一些小批量的中小型实体工件，这些工件由于体积较小且形状复杂，现在基本上还是靠人工喷涂。这主要是因为由于汽车、造船等行业的需要，使得现在的喷涂机器人轨迹优化研究主要还是集中在面向表面为平面或曲率较小的大型曲面工件上，而面向三维空间体的喷涂机器人轨迹优化方法的研究仍然是一个空白。

（6）目前在编程过程中仍需要专业技术人员参与工件分片，以及每片工件上起始轨迹、路径间距等参数的设定，离线编程系统的自动化程度还不高，不能适应小批量多品种产品的敏捷喷涂作业。

（7）由于喷涂工件的表面结构千变万化，可能简单也可能十分复杂，因此现在还没有一套能够适用于各种喷涂工件的曲面造型方法；现有的复杂曲面上的喷涂轨迹规划方法执行步骤较多，操作较为麻烦且会耗费大量系统时间，效率偏低，面向大型复杂曲面的喷涂机器人设备轨迹优化精度仍不能满足高要求；在静电喷涂作业中，由于影响喷涂效果和效率的参数非常多，这就使得建立较精确的静电喷涂模型并进行静电喷涂轨迹优化的难度非常大。

1.4 主要研究内容

从上一节所提出的问题可以看出，虽然现在国外的喷涂机器人已经进入产业化阶段，达到了最初的设计目的，但仍然存在不少问题。喷涂质量的好坏不仅与周围环境（如环境温度、大气压强以及相对湿度）有关，而且与喷涂过程中末端执行器本身的技术参数、工件表面几何形状、喷涂路径、喷涂距离以及喷涂速度也密切相关。鉴于以上种种因素，要想获得高质量的喷涂效果是很不容易的。为了达到新的喷涂作业标准，实现高效、低成本的生产目标，本书对喷涂机器人轨迹优化中的一些关键技术进行研究，主要包括喷涂工件曲面造型、喷涂空间路径规划、平面和规则曲面上喷涂机器人轨迹优化方法、面向三维实体的喷涂机器人轨迹优化、曲面上的喷涂机器人轨迹优化、Bézier 曲面上的喷涂机器人轨迹优化、静电喷涂机器人轨迹优化过程等问题，从而形成了一套完整的基本上能适用于各种喷涂对象的喷涂机器人轨迹优化方法，为建立新型离线编程系统奠定了基础。全文共分为十章：

第1章概述了课题研究的背景和意义、国内外喷涂机器人研究概况、喷涂机器人轨迹优化技术的发展以及现存的问题等，最后对本文内容做了安排。

第2章研究了喷涂工件曲面造型方法。主要给出了三种适用于不同场合的工件曲面造型方法：第一种是基于平面片连接图FPAG的曲面造型方法；第二种是基于点云切片技术的曲面造型方法；第三种是基于Bézier法的喷涂工件曲面造型方法，该方法能够应用于工件表面形状复杂、曲率变化大，或者精度要求较高的曲面造型中。

第3章研究了喷涂机器人空间路径规划方法。根据喷涂机器人实际工作的需要，提出两种喷涂机器人空间路径规划方法：一种是基于分片技术的喷涂机器人空间路径规划，这种方法主要是应用于复杂曲面上的路径规划的，分为复杂曲面分片和在每一片上进行喷涂路径规划两个步骤；另一种是基于点云切片技术的喷涂机器人空间路径规划，通过设定切片方向和切片层数，对点云模型进行切片处理，得到切片多义线后对其平均采样，然后估算所有采样点的法向量，最后利用偏置算法获取喷涂机器人空间路径。

第4章介绍了平面和规则曲面上喷涂机器人轨迹优化方法。在写出平面或规则曲面的函数表达式后，采用一种实用的喷枪轨迹设计方法，即先指定喷枪的空间路径，在此基础上再进行喷枪轨迹的优化。

第5章研究了面向三维实体的喷涂机器人轨迹优化方法。首先，利用实验方法建立一种简单的涂层累积速率数学模型并对三维实体进行分片；其次，规划出每一片上的喷涂路径后，以离散点的涂层厚度与理想涂层厚度的方差为目标函数，在每一片上进行喷涂轨迹的优化，并重点考虑两片交界处的喷涂轨迹优化；最后将各个分片上的喷涂轨迹进行优化组合，并最终形成完整的三维实体上的喷涂机器人优化轨迹。

第6章首先研究了曲面上的喷涂轨迹优化方法：采用实验方法建立了表达式较简单的涂层累积速率模型后，通过分析喷涂过程中各个可控参数对喷涂效果的影响，建立自由曲面上涂层厚度数学模型；在此基础上生成喷涂机器人空间路径，得出轨迹优化设计是带约束条件的多目标优化问题，选取时间最小和涂层厚度方差最小作为目标函数，应用带权无穷范数理想点法进行求解。其次，研究了曲面上的静电喷涂机器人轨迹优化问题，在利用实验方法得到静态喷涂涂料空间分布的径向厚度剖面函数后，推导出一种新型的实用的ESRB涂层累积模型；以某品牌汽车车身为喷涂对象进行静电喷涂实验研究，对喷涂结果进行了分析和讨论。

第7章通过对Bézier曲面进行分析，由Bézier曲面的特点首先给出了寻找最优喷涂机器人初始轨迹的方法；然后建立了Bézier曲面的喷涂模型，给出了Bézier曲面上某一点的涂层厚度数学表达式；找出Bézier曲面等距面的离散点列阵后，根据精度要求使用3次Cardinal样条曲线和Hermite样条曲线，规划出喷涂路径；最后沿指定喷涂路径，以涂层厚度均匀性和喷涂时间最短为优化目标，并采用数学规划中理想点法进行求解，最终获得了Bézier曲面上的优化轨迹。

第8章提出了一种新的基于Bézier方法的复杂曲面喷涂轨迹优化方法。该方法在运用第2章中提出的Bézier三角曲面造型技术对复杂曲面进行造型之后，采用Bézier曲面等距面离散点列计算方法找出该复杂曲面等距面上的离散点列；再采用基于指数平均Bézier曲线的喷涂空间路径生成方法获取复杂曲面上的喷涂空间路径；然后根据一种新的复杂曲面上的喷涂模型中涂层厚度算法沿指定空间路径优化喷涂轨迹，从而得到完整的复杂曲面上的喷涂优化轨迹。该方法最大的优点就是不需要对复杂曲面进行分片，而是充分利用了指数平均Bézier曲线所特有的灵活的调控性质对喷涂空间路径进行规划。

第9章首先利用流体力学相关知识，研究静电喷涂过程中的四种数学模型：空气场湍流模型、静电场模型、静电喷涂雾滴轨迹模型和静电旋转喷杯模型；再根据静电喷涂的特点，提出一种基于T-Bézier曲线的静电喷涂空间路径生成方法；然后通过有限元分析软件ANSYS进行仿真实验，验证各种数学模型的正确性；以某品牌轿车汽车车身为喷涂对象进行喷涂实验，实验中按照离线编程系统中汽车喷涂规划要求，将实验轿车车身分成三部分进行路径规划，验证所提方法的有效性；最后对实验结果进行了分析和讨论，证明了所提方法的有效性。

第10章为全文总结和展望，总结论文所做的研究工作，并提出一些有待解决的问题。

第2章　喷涂工件曲面造型方法研究

2.1 引　言

喷涂工件曲面造型是进行喷涂机器人轨迹优化的第一步，也是设计喷涂机器人喷涂路径的关键。由于喷涂工件的多样性和复杂性，现在尚没有一整套完整的适用于各种喷涂工件的曲面造型方法。因此，使用一种合适的曲面造型方法，对后面的喷涂机器人喷涂路径规划和轨迹优化工作尤为重要。现阶段，喷涂机器人离线编程系统中能够使用的喷涂工件曲面造型方法，主要有以下三类：

2.1.1　基于参数曲面的造型方法

CAGD（计算机辅助几何设计）中比较流行的参数曲面造型方法有许多种，如Bézier法、B样条法、非均匀有理B样条法（NURBS法）等。这些方法都是以逼近为基础，利用多边形或控制多面形来生成曲线或曲面，这使得曲线和曲面的设计更容易[69, 70]。使用参数曲面方法对工件表面进行造型，主要分为两个步骤：①写出逼近于工件曲面的参数曲面的数学表达式; ②找出这个参数曲面的等距面(目的是要在等距面上规划喷涂路径)。这种方法中，有两个关键因素：第一是参数曲面的数学表达式，其复杂程度能够直接反映出参数曲面逼近的精度；第二是等距面的距离，其大小会直接影响到喷涂质量的好坏。然而，随着工艺技术与机械制造技术的不断提高，现代工业生产中的喷涂工件已经越来越复杂，喷涂作业中经常遇到的涂件，其表面都是雕塑面（自由面）。这种情况下，若是采用基于参数曲面的造型方法，得到的参数曲面表达式精度比较高，但表示形式非常复杂，从而使得这些参数曲面表达式难以应用于生产实际中的喷涂机器人轨迹优化工作。

2.1.2 基于 CAD 模型的曲面造型方法

基于 CAD 模型的曲面造型方法是指在曲面造型之前已经获得了工件的 CAD 模型数据，并能够根据工件的 CAD 模型规划机器人喷涂路径。此类方法主要有两种: 一种是空间模型转换法, 另一种是三角网格划分法[71-73]。空间模型转换法的思路是：将工件 3D 模型转化为 2D 模型，再根据 2D 模型规划出喷涂机器人喷涂路径，并将规划好的喷涂路径转化到 3D 空间中去。三角网格划分法分为两个步骤：①根据工件的 CAD 模型对工件表面进行三角网格划分；②用划分完成后得到的三角网格曲面去逼近原有的工件表面。这两种方法计算速度较快，但是对于需要进行分片处理的复杂曲面工件并不适用，尤其是对于三角网格划分法而言，曲面造型后怎样将喷涂轨迹组合是一个很难解决的问题。

2.1.3 基于工件扫描系统的曲面造型方法

如果没有某一个工件的 CAD 模型数据，或者是实际工件表面形状与 CAD 模型数据不相符，那么就需要对工件进行扫描，从而获得其新的 CAD

数据。现有的基于工件扫描系统的曲面造型方法主要分为两个步骤：①使用扫描系统对工件进行扫描，获得工件表面的CAD模型数据；②使用简单的平面、球形、圆柱或者其他参数曲面逼近工件表面，从而可在这些参数曲面上进行喷涂路径的规划。这种方法计算速度较快，但是同样对于需要进行分片处理的复杂曲面工件并不适用。

综上所述，现在的喷涂机器人系统所使用的工件曲面造型方法主要是以上三类。但是，这三类方法都有局限性：既不适用于曲率变化较大的曲面造型，也不适用于需要进行分片处理的复杂曲面工件造型。对此，本书提出三种喷涂工件曲面造型方法：一种是基于平面片连接图FPAG的曲面造型方法，该方法先对曲面进行三角网格划分，再将划分后的三角面连接成平面片，最后使用基于平面片连接图FPAG的合并算法将各个平面片连接成为较大的片；第二种是基于点云切片技术的曲面造型方法，该方法主要分为总体算法描述、切片层数的确定、切片数据的分离、切片数据计算、多义线重构等五个部分；第三种是喷涂工件Bézier曲面造型方法，该方法又分为Bézier张量积曲面造型和Bézier三角曲面造型两种方法，实例验证结果表明Bézier张量积曲面造型方法和Bézier三角曲面造型方法均是有效的，且计算实时性较好。

2.2 基于平面片连接图FPAG的曲面造型方法

三角网格曲面模型因其对复杂外形产品具有造型快速灵活、拓扑适应性强等特点而广泛应用于产品数字化模型重建、曲面细分造型、快速成型制造及数控加工仿真等领域[74]。现在曲面三角网格划分算法很多，大致可分为映射法和自动网格生成法两类[75]。这里研究的重点并不是三角网格划分算法，而是要着重讨论三角划分后曲面的处理方法。对于工件的三角网格划分，可直接在相应工程应用软件（如 GID7.2）中进行。

基于平面片连接图 FPAG 的曲面造型方法的总体思路是：喷涂工件曲面被三角网格划分后，首先计算出各个三角面（片）的法向量，并根据各个三角面法向量夹角的大小将各个三角面合并为平面片，然后根据平面片的拓扑关系建立平面片连接图 FPAG，最后根据基于 FPAG 的合并算法将各个较小的平面片合并为较大的片，从而为下面的喷涂机器人轨迹优化工作奠定基础。基于平面片连接图 FPAG 的曲面造型方法步骤如图 2.1 所示。

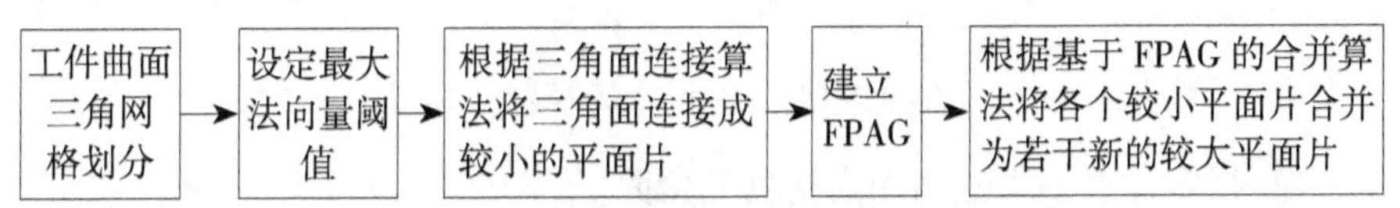

图 2.1　基于平面片连接图 FPAG 的曲面造型方法步骤图

2.2.1　三角面连接成平面片的算法

曲面进行三角网格划分后可以用数学表达式表示为：

$$M=\{T_i: i=1, \cdots, M\} \tag{2.1}$$

这里 T_i 是三角网格中的第 i 个三角片（面），M 是三角网格中三角面的总个数。下面先给出平面片的定义，然后根据此定义具体给出三角面连接成平面片的算法步骤。

定义 2.1: 曲面进行三角网格划分后将一些相邻的三角面连接成片，如果该片是曲面的一部分且其平均法向量 $\vec{n_a}$ 与其最大偏角法向量 $\vec{v_a}$ 之间的夹角小于设定值 θ_{th}，则称该片为一个平面片。

有关定义 2.1 的说明：

（1）该定义中，某片上的平均法向量 $\vec{n_a}$ 计算公式为：

$$\vec{n_a}=\frac{\sum_{i=1}^{p} s_i\,\vec{n_i}}{\sum_{i=1}^{p} s_i}\Bigg/\left\|\frac{\sum_{i=1} s_i\,\vec{n_i}}{\sum_{i=1}^{p} s_i}\right\| \tag{2.2}$$

其中，$\vec{n_i}$ 表示第 T_i 个三角面的法向量，s_i 表示第 T_i 个三角面片的面积，

P 表示该曲面三角划分后三角面的数量。

（2）平面片的最大偏角法向量是指一个片的最大投影面的法向量，用符号$\vec{v_a}$ 表示。其计算方法为：写出一个片的最大投影面面积表达式 $S=\sum_{i=1}S_i\left|\vec{n_i}\cdot\vec{v_a}\right|$，再令$\frac{dS}{d\vec{v_a}}=0$，则可以求出最大投影面的法向量 $\vec{v_a}$。

（3）θ_{th} 称为最大法向量阈值。若设 $\vec{n_a}$ 与 $\vec{v_a}$ 之间的夹角为 θ_{MDA}，则称 θ_{MDA} 为最大法向量偏角，且平面片上必定有：

$$\theta_{MDA}\leqslant\theta_{th}\tag{2.3}$$

综上所述，各个三角面连接成平面片的算法步骤为：

① 指定任意一个三角面为初始三角面。

② 寻找与初始三角面邻近的三角面与初始三角面相连接成一个片。

③ 验证②中连接成的片是否满足平面片的定义，并寻遍与该片相邻的所有新的三角面与该片连接。

④ 寻找尚未连接成片的三角面作为新的初始三角面，重复②③步，直到所有三角面都连接成片。

2.2.2 基于平面片连接图 FPAG 的合并算法

下面具体介绍平面片连接图 FPAG 的定义和基于平面片连接图 FPAG 的合并算法。

定义 2.2：将一个喷涂曲面上的每个平面片表示为一个节点，并且用一个无方向的连接图 $G=(V, E)$ 表示该曲面的拓扑结构，则称无方向的连接图 G 为该喷涂曲面上的平面片连接图（Flat Patch Adjacency Graph，简称 FPAG）。其中，V 表示连接图中的节点，E 表示该组节点组成的图形的边界线，且 $E\subset V\times V$。

由该定义可得出，平面片连接图 FPAG 中任意第 i 个节点 v_i 与该节点所表示的平面片的法向量 $\vec{n_{pi}}$、面积 A_i 以及平面片上的最大法向量偏角

θ_{MDA} 有关。因此，节点 v_i 可表示为 $v_i=\{\overrightarrow{n_{pi}}, A_i, \theta_{MDA}\}$；假设 e_{ij} 为节点 v_i 与节点 v_j 的边，ω（i, j）表示边 e_{ij} 的权值（即每两片的法向量的夹角），则法向量夹角最小的两个片即为 FPAG 中权值 ω（i, j）最小的边。如图 2.2 中所示，某一个曲面被分为 5 个平面片后，其中 A 片与 C 片法向量夹角为 θ，则将该曲面转换为 FPAG 后边 AC 的长度 ω（A，C）= θ。

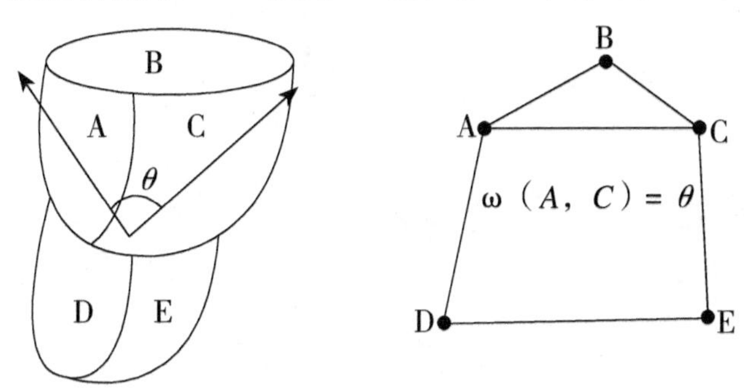

图 2.2　某个分片后的曲面转换为 FPAG

由此，当节点 v_i 与节点 v_j 合并为新的平面片 v_{ij} 后，则该平面片 v_{ij} 可用数学表达式表示为：

$$v_{ij}=v_i+v_j=\{\overrightarrow{n_{pi}}, A_i, \theta_{MDAi}\}+\{\overrightarrow{n_{pi}}, A_i, \theta_{MDAj}\}$$

$$=\left\{\frac{\overrightarrow{n_{pi}}A_i+\overrightarrow{n_{pi}}A_j}{A_i+A_j}, A_{pi}+A_{pj}, \theta_{MDAij}\right\} \tag{2.4}$$

上式中，A_i 与 A_j 分别表示第 i 个和第 j 个平面片的面积，θ_{MDAij} 表示新的平面片的 v_{ij} 最大法向量偏角。

根据定义 2.3 可知，一个平面片连接图 FPAG 具有以下特征：

（1）一个平面片连接图 FPAG 是一个连通图。

（2）当一个平面片连接图 FPAG 中的任一节点合并另外一节点后所得到的新的无方向的连接图仍然是一个 FPAG。

（3）每一次合并过程只能合并平面片连接图 FPAG 中的一个节点。

综上所述，基于平面片连接图 FPAG 的平面片合并算法流程图如图 2.3

所示。图中参数 BV 表示一个大于 $2\theta_{th}$ 的一个任意值。

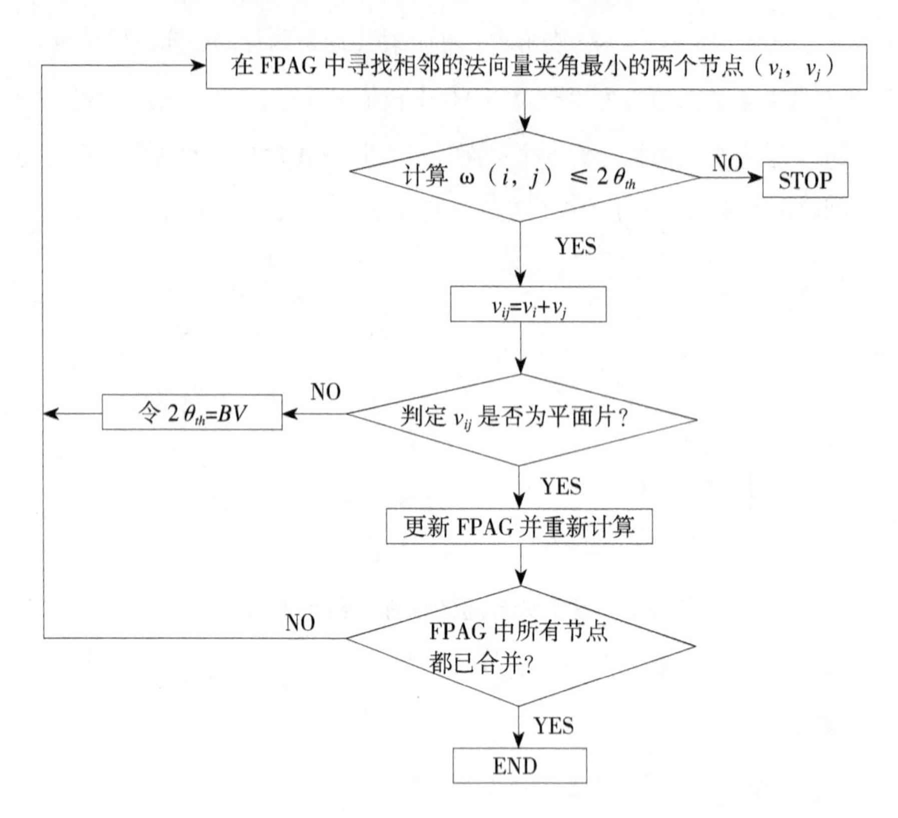

图 2.3　基于平面片连接图 FPAG 的平面片合并算法流程图

2.2.3　应用实例

喷涂工件如图 2.4 所示。在获取工件 CAD 数据后，将工件进行三角网格划分。按照图 2.5 所示构建采样点的网格，则对于任一采样点，以其为顶点的三角面片有 1、2、3 或 6 个，可由此计算出每个采样点的单位法向量 n：$n=\sum_{0}^{5}\sigma_i\vec{n_i}$ 。其中，i 为三角网格中三角面片编号，σ_i 为权重，$\vec{n_i}$ 为该三角面片单位法向量。图 2.6 即为划分完成的工件三角网格图形（允许误差 2mm）。该工件三角网格划分处理后共得到 2720 个三角面，用 C++6.0 语言编写三角面合并算法进行计算，设置最大法向量偏角阈值

$\theta_{th}=\dfrac{\pi}{4}$。该算法计算时间大约2s，得到该工件总共被划分为5片，这5片分别包含三角面个数为：790个、790个、580个、280个、280个。实验结果表明，对于一般性的曲面喷涂工件，基于平面片连接图FPAG的曲面造型方法应用效果较好且计算速度较快，完全满足实际喷涂要求。

图2.4　喷涂工件

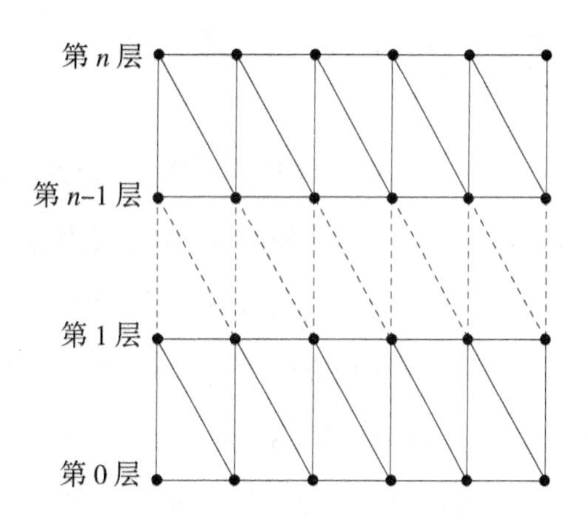

图2.5　采样点三角网络构造

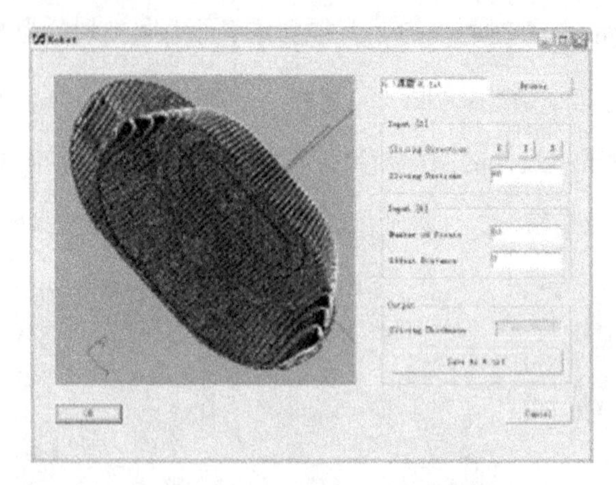

图 2.6　工件三角网络

2.3　基于点云切片技术的曲面造型方法

基于点云切片技术的工件曲面造型方法是一种基于工件扫描系统的曲面造型方法，能够应用于曲率变化大的工件曲面造型。该方法采用的是逆向工程方法重构实物的 CAD 模型，其重构方法如下：通过激光扫描待喷涂工件得到其点云数据，然后对点云数据进行三维重构，进而得到工件的 CAD 模型。

逆向工程（Reverse Engineering，RE）是指用一定的测量手段对实物进行测量，利用所得数据，通过三维几何建模方法，重构实物的 CAD 模型，从而实现产品设计与制造的过程[76, 77]。与传统的设计制造方法不同，逆向工程是在没有产品的设计图纸或图纸不完整，而只有产品模型或实物模型的前提下，利用三维扫描测量仪，快速、准确地测量样品的表面数据，然后通过数据处理、曲线创建和曲面创建，从而建立起数学模型，最后再将数学模型用于产品设计与制造过程[78, 79]。一个完整的逆向工程主要包括数据获取、数据处理、曲面重构三个主要部分，其整体框架模型如图 2.7 所示。

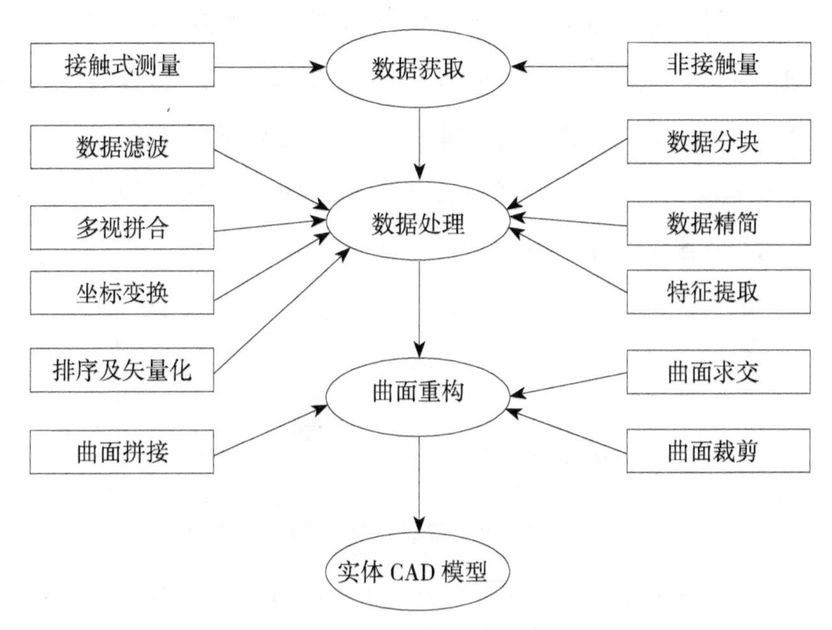

图 2.7 逆向工程的整体框架图

由于在喷涂工件曲面造型工作中，只需借助逆向工程中数据获取和数据处理技术，对预处理后的点云进行切片后，即可提取切片截面轮廓线作为喷涂机器人的初始喷涂路径。因此，本文提出的基于点云切片技术的工件曲面造型方法主要分为数据获取和数据处理两个步骤。

2.3.1 点云切片数据获取

点云切片是通过一组按一定规律分布的平面与点云进行求交，得到一组二维截面轮廓数据。切片平面一般为平行平面，也可以根据曲面特征的性质来合理布置，如轴向切片、旋转切片等。数据点不够密集时，难以保证切片精度；数据点过于密集时，造成数据冗余，又将影响算法效率。点云切片将三维离散数据简化到二维空间中，通过截面点列的排序构建轮廓曲线（多义线）。

逆向工程中点云切片有三种方法，其流程图如图 2.8 所示。第一种方法，通过点云数据生成 CAD 模型，然后转换成三角网格格式（STL）文件，再经过切片后生成切片文件，用于快速原型的生产。这一过程需要熟练的工作人员花费大量时间在 CAD 模型的建立上。第二种方法，由点云数据直接生成 STL 格式文件，其中省去了 CAD 模型的生成过程。第三种方法，由点云数据直接生成切片文件，省去了生成 CAD 模型和 STL 文件的过程。

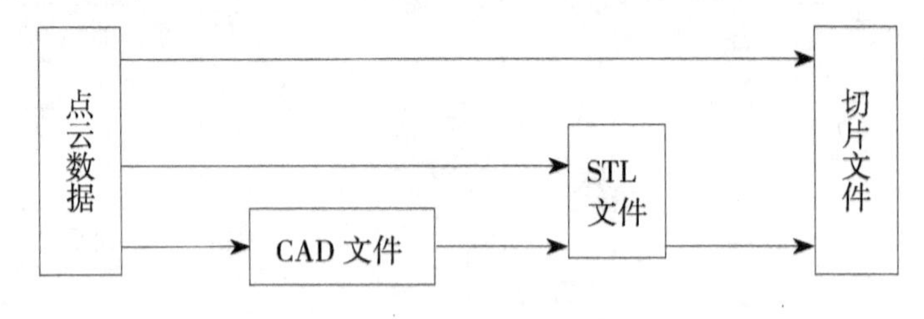

图 2.8　点云切片流程

这三种方法各有利弊。第一种方法中生成的 CAD 模型文件在设计和生产过程中都可能用到，但是 CAD 模型文件的建立需要花费大量的时间，要有熟练的工作人员。第二种方法和第一种方法一样都需要生成 STL 格式文件，这种文件具有数据结构简单、使用方便、兼容性强、显示和求交算法简单等优点，但是这种文件中的每个三角形都需要有三个点和一个法线来表示，造成数据冗余，且这一格式的数据中包含没有被排序和关联的三角形和一些重叠部分和凹坑，可能会导致错误从而使计算时间变长和文件变大。第三种方法节省了大量的时间和减少了错误的发生，但是必须先对点云数据进行简化以提高算法的效率。

本文采用的是第三种方法，即由点云数据直接生成切片数据，然后对切片数据进行处理。该方法主要分为总体算法描述、切片层数的确定、切片数据的分离、切片数据计算、多义线重构等五个部分。

2.3.1.1　总体算法描述

点云是物体表面形状特征信息的空间散乱点的集合，用数学表达式可表示为：$\Omega=\{P_i(x_i, y_i, z_i)\ i=1, 2\cdots n\}$。式中，$\Omega$ 表示一块点云，P_i（x_i，

y_i，z_i）表示点云中的任意一点，n 表示点云总个数。点云切片的实质就是一组平面和点云的求交运算，可描述为：给定一个平面 E，一块点云 Ω，求出 Ω 位于 E 上的轮廓线。然而由于点云的密度总是有限的，点云在平面 E 上的点不可能连成一条完整的轮廓线，故要严格通过 Ω 位于 E 上的点来连成轮廓线是不可能的。

针对上述问题，可采用相邻数据点插值法进行切片处理：给定一个带宽，将平面 E 沿其法矢方向左右等距平移生成平面 E_r 和 E_l，取 E_l 和 E_r 之间的点为计算点来生成无序截面数据点列 D，对 D 中的无序数据点排序后生成轮廓曲线 E。平面 E_l 和 E_r 的间距称之为切片厚度 δ。图 2.9 即为基于相邻数据点插值法的点云切片示意图。

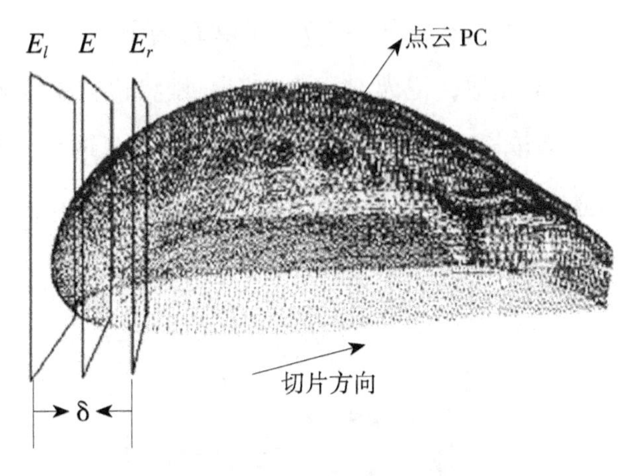

图 2.9　点云切片示意图

2.3.1.2　切片层数的确定

切片层数由工件表面曲率和喷涂直径等因素决定，对于曲率变化较大的工件，可以先计算最小切片厚度，然后以此厚度为参考量进行均匀切片。由此可见，切片厚度 δ 是点云切片中的关键参数之一，但其大小比较难确定。如果取得过大，尤其在曲面曲率变化比较大时，会使造型获得的曲面与实际曲面存在很大的误差；如果取得太小，则切片层数随之增多，不仅会使截面曲线分散成许多小段，难以编辑，而且增加了切片的计算量，降低了切片效率。

为了提高点云切片的质量，合理选取切片厚度，这里采用估测点云密度法来获取切片厚度的方法，该方法首先对点云密度 ρ 进行估测，并用该值作为初始切片厚度，再将其乘以系数 k，作为实际的切片厚度 δ 。算法步骤如下：

（1）从点云 Ω 中取出 n 个随机点作为样本点集，记为 S={P_i，i=1，⋯，n}。

（2）在点云 Ω 内找出与点 P_i 距离最近的 m 个点，并计算其与 P_i 的距离，记为 D_i={d^j_i，j=1，⋯，m}，然后对 S 中所有点进行相同的处理。如图 2.10 所示，最近 m 个点的查找方法为：建立一个以 P_i 为中心，a 为边长的立方体，计算立方体内的点数，记为 M；若 $M<m$，则将边长 a 增加一定的步长（如 t=0.25a，t 为步长；如果 M 比 m 小很多，则步长取大一些），直至 $M \geqslant m$；最后从立方体内的 M 个点中找出距离 P_i 最近的 m 个点，结束查找。

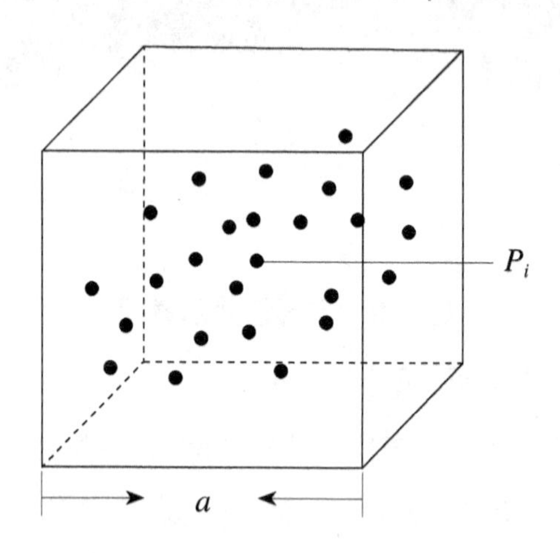

图 2.10　最近 m 个点的查找

（3）估测点云密度。这里用点云数据点间的平均间距表示点云密度，计算公式为：

$$\rho = \frac{\sum_{i=1}^{n}\sum_{j=1}^{m} d_i^j}{n \times m} \tag{2.5}$$

（4）将点云密度乘以一给定系数 k（实验证明 k 取 1~4）可得点云切片厚度 δ：

$$\delta = k \times \rho \tag{2.6}$$

2.3.1.3 切片数据的分离

确定了切片厚度 δ 后，即可求出平面 E_l 和 E_r。假设平面 E_l 和 E_r 之间的“点云带”为 K，则 K 亦被平面 E 分为 K_r 和 K_l。设点云 Ω 中点 P_i（$0 \leqslant i \leqslant n$）到平面 E 的欧氏距离为 d_i，若 $0 \leqslant d_i \leqslant \delta/2$，则 $P_i \in K$；若 $\delta/2 \leqslant d_i < 0$，则 $P_i \in K_r$；$K=K_r \cup K_l$。

点云一般都是属于大规模海量数据，如直接计算点云 Ω 中的每点与平面的距离，且数十个平面先后与点云切片，则需要花费很长的运算时间。为了提高计算效率，可采用基于空间最小包围盒分割抽取采样点的方法进行初始距离运算。点云包围盒是指与坐标平面平行且包含全部点云的立方体，可以通过对点云坐标沿坐标轴方向快速排序后计算得到坐标极值来描述，即 $\{[x_{min}, x_{max}] \times [y_{min}, y_{max}] \times [z_{min}, z_{max}]\}$。在实际应用中，为了避免散乱点位于包围盒表面，可将三个方向的极值以一定的比例放大包围盒。以切片厚度 δ 作为空间栅格的初始尺寸，将包围盒沿 X、Y、Z 轴方向进行等间隔划分，则点云点被包含在不同的空间栅格中。空间栅格按照是否包含点云点分为实格和空格。以实格中心点为采样点，计算其到平面的欧氏距离 d，根据空间栅格与平面的拓扑邻接关系分析，若 $|d| > (\sqrt{3}+1)\delta/2$，则栅格内任一点 $P_i \notin K$；反之计算栅格内点到平面的欧氏距离，则即可分离出属于 K_r 或 K_l 的点云中的点。

2.3.1.4 切片数据计算

这里采用一种求交法计算切片数据。求交法是一种以平面与模型交点来构建多义线的方法，是以平面两侧点云最近点的连线与平面的交点近似表示模型的局部轮廓。图 2.11 为求平面与点云交点的示意图。

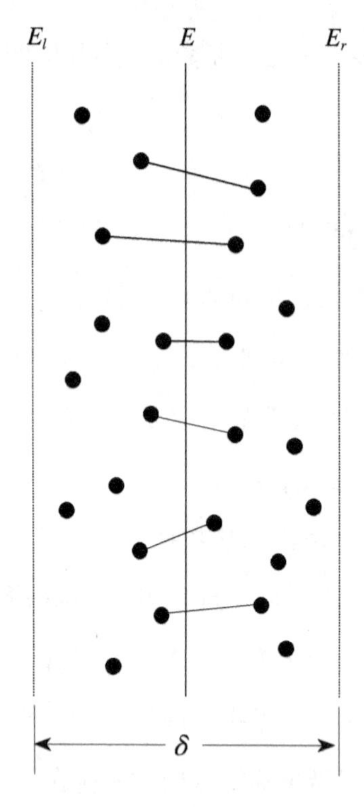

图 2.11　平面与点云求交

在获取切片数据时，求交法需要进行大量的距离和插值计算，实际应用中为了提高算法效率，可通过限定搜索范围的方法减少计算的次数。其算法描述如下：

（1）取 K_l 中任意一点 P_{li}，在 K_r 中找出与其距离最近的点 P_{ri}。为了避免 K_r 间的每一数据点都参与距离运算，这里同样可采用上文所提出的最小包围盒法，即以 P_{li} 为中心，a=0.5 δ 为边长，建立一空间立方体，计算位于立方体内的点数，记为 *num_in*，若 *num_in*=0，将 a 增加步长 t=a，继续搜索，直至 *num_in*>0，否则，结束搜索。最终在限定的搜索范围内，找出与 P_{li} 点距离最近的点 P_{ri}。

（2）采用相同的方法，返回 K_l 中查找与 P_{ri} 最近的点，若比较后发现该点与 P_{li} 是为同一点，则将 P_{li} 和 P_{ri} 记为匹配点对，分别存储至链表 *listE_l* 和 *listE_r* 中，否则，不记录该点，并将点 P_{li} 标识为已遍历。

（3）重复前面两步，直至 K_l 中所有点标识为已遍历。

（4）对于 *listE_l* 和 *listE_r* 中的每一点对 P_{li} 和 P_{ri}，计算线段 $\overline{P_{li}P_{ri}}$ 与平面 E 的交点 P_i（x_i，y_i，z_i），存入链表 *listE* 中，循环结束后，删除链表 *listE_l* 和 *listE_r*。

由点 P_{li} 和 P_{ri} 构建的两点式空间直线方程可表示为：

$$\frac{x-x_{ri}}{x_{li}-x_{ri}}=\frac{y-y_{ri}}{y_{li}-y_{ri}}=\frac{z-z_{ri}}{z_{li}-z_{ri}}=t \tag{2.7}$$

若设切片方向为 Z 轴，则有：

$$\begin{cases} x_i=t\,(x_{li}-x_{ri})+x_{ri} \\ y_i=t\,(y_{li}-y_{ri})+y_{ri} \\ z_i=z_{min}+(0.5+j)\,\delta \end{cases} \tag{2.8}$$

其中，z_{min} 为所有数据点 z 坐标的最小值，j 为该层切片平面的编号，$j\in(0,\cdots,\theta-1)$。

（5）对每层切片重复执行上述步骤，可得点云模型的切片数据链表 listE。

2.3.1.5 多义线重构

实物测量时，往往需要从不同角度和位置加以测量，并将得到的多次数据拼合在同一坐标系下。这样不仅造成数据点冗余，而且破坏了数据点间的拓扑关系，使得点云数据呈现为三维空间中离散无序的海量点集。基于这一点集构建的切片数据也是离散无序的，因此在重建轮廓曲线或多义线之前，应进行切片数据排序。

最近点搜索法按照数据点在轮廓上的邻近关系进行排序，是一种简单、高效的排序方法[90]。本文提出了最近点搜索的改进算法，并将其应用于切片数据的排序。图 2.12 为改进算法的示意图，算法描述如下：

（1）随机取切片数据中一点，作为多义线的起点 P_s，插入到链表 ListS 的表头，并将该点标记为已遍历。

（2）在剩余数据中搜索与 P_s 最近的一点，作为多义线的终点 P_e，插入至 ListS 的表尾，并将该点标记为已遍历。

（3）计算剩下的点 P_i 到 P_s 和 P_e 的距离，分别记为 ds_i 和 de_i。比较两者的大小：若 $ds_i<de_i$，令 $d_i=ds_i$；否则，令 $d_i=de_i$。

（4）若 $d_i=ds_i$，将该点插入 ListS 的表头，作为多义线新的起点 P_s；若 $d_i=de_i$，将该点插入 ListS 的表尾，作为多义线新的终点 P_e，并将该点标记为已遍历。

（5）重复前面几步，直至所有数据都标记为已遍历。

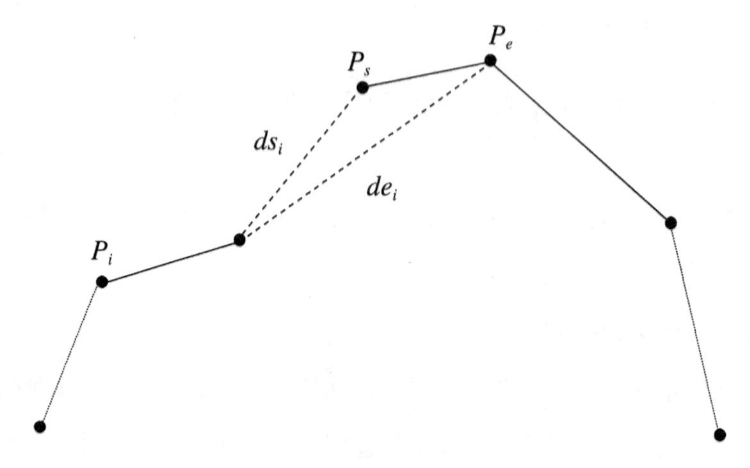

图 2.12　最近点搜索示意图

将轮廓点依次连接起来即可构建截面多义线。多义线 PL 采用下式表示：

$$PL=\{P_i(x_i, y_i, z_j), i=0, \cdots, n\} \qquad (2.9)$$

其中，z_j 为第 j 层切片的 Z 坐标，i 表示该层切片上轮廓点的编号。多

义线的封闭性可以通过定距离阈值△d来判定，若$\|P_sP_e\| \leqslant \triangle d$为封闭轮廓，则有$P_n=P_0$，否则为开轮廓。

该算法较好地实现了截面数据的轮廓跟踪，且效率很高，但对于点云分布不规则的局部特征区域效果不佳，易产生交叉、连接错误等现象，此时可以采用人机交互法修改局部点的连接顺序，得到正确的轮廓多义线。另外，当某一切片含有两条或以上的轮廓曲线时，还需要设置一定的距离阈值，将轮廓曲线分离出来。但是，算法前两步中，起点P_s为切片数据中任意一点，终点P_e为距离P_s最近的一点，$\overrightarrow{P_sP_e}$确定了轮廓多义线的走向，因此生成的一组多义线方向有可能不一致。为了便于后续数据处理，需要对部分多义线的方向进行调整，使每层切片上的数据有相同的排列顺序。

多义线方向的调整与简单多边形方向的判定类似。这里给出一种通过构造一个与平面多边形拓扑同构的、严格凸多边形判定多边形方向的方法，本文用此法来判定切片多义线的方向，将多义线方向都调整为逆时针。图2.13为多义线方向判定的示意图，该算法步骤如下：

（1）遍历多义线PL，计算其在X、Y方向的极大、极小值及其相应的点，按下标从小到大排列分别记为P_i、P_j、P_k、P_l。

（2）定义向量$Z=(0,0,1)$，比较i、j、k、l的大小，将P_i、P_j、P_k、P_l中下标相同的点不计重复并只保留一个。若只剩下两点，转至（3）；若剩下三点，转至（4）；若不存在重复，转至（5）。

（3）设剩下的两点为P_i和P_j，连接P_i及其邻近两点P_{i-1}、P_{i+1}构成△$P_{i-1}P_{i+1}$，计算$flag=\left(\frac{\overrightarrow{P_{i-1}P_i} \times \overrightarrow{P_iP_{i+1}}}{\left\|\overrightarrow{P_{i-1}P_i} \times \overrightarrow{P_iP_{i+1}}\right\|}\right) \cdot Z$，转至（6）。特殊情况：当$i=0$时，若截面多义线封闭，则令$P_{i-1}=P_{n-1}$；如截面多义线不封闭，则令$P_{i-1}=P_n$。

（4）假设剩下的三点为P_i、P_j和P_k，连接三点构成△$P_iP_jP_k$，计算

$$flag=\left(\frac{\overrightarrow{P_iP_j}\times\overrightarrow{P_jP_k}}{\left\|\overrightarrow{P_iP_j}\times\overrightarrow{P_jP_k}\right\|}\right)\cdot Z$$，转至（6）。

（5）连接P_i、P_j、P_k和P_l四点构成一四边形，计算$flag=\left(\frac{\overrightarrow{P_iP_j}\times\overrightarrow{P_jP_k}}{\left\|\overrightarrow{P_iP_j}\times\overrightarrow{P_jP_k}\right\|}\right)\cdot Z$。

（6）若$flag=1$，则PL为逆时针方向，从点P_0开始正向存储数据；若$flag=-1$，则PL为顺时针方向，从点P_n开始反向存储数据。

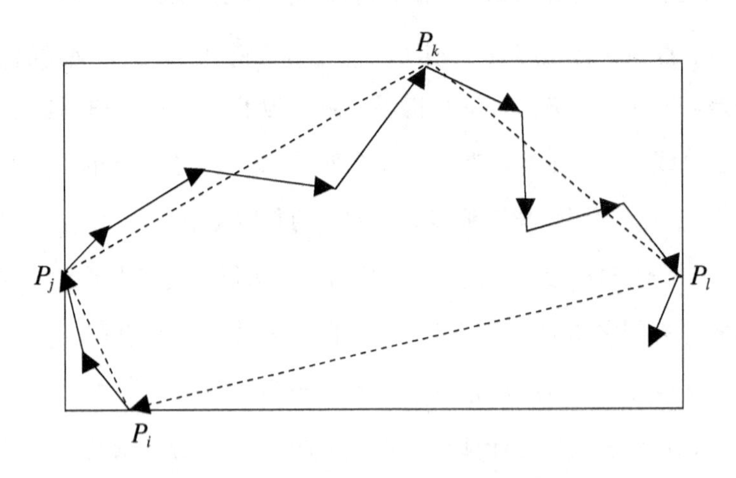

图 2.13　多义线方向的判定示意图

2.3.2　截面数据处理

切片是用一组平面切割而成的，而切片曲线的走向是由切片方向决定。不同的切片方向对应不同的切片曲线组，基于这些切片曲线组所生成的喷涂路径也是不同的。由于曲面上生成的喷涂路径一般都以截面线为基础，因此，对于工件曲面的点云数据，在切片时必须分析点云的相关特征，根据特征的变化来选择合适的切片方向。

首先通过点云曲率分析设计初始切片平面组，再根据切片曲线的拟合误差调整平面方向，直至误差最小时得最终切片方向。该方法根据曲面特征进行切片，优化了切片方向，但优化过程需要花费大量时间，且有一定的适用范围。若点云曲率分布没有明显的曲率带，不宜采用此法。为此引入人机交互，由专家根据经验指定点云的切片方向，以达到理想切片效果，同时提高算法效率。为了便于后续求交运算，通常选择某一坐标轴作为切片方向，这里假设切片方向为 Z 轴 ；若用户定义的切片方向不平行于任意轴，则需要采用坐标变换将点云模型校正。

已知切片方向后，可以对切片厚度进行优化。假设点云在切片方向上的最大跨距为 D_{max}，由切片厚度 δ 可知切片层数为：

$$\theta = \frac{D_{max}}{\delta} \tag{2.10}$$

通常，切片层数 θ 为整数，这里采用四舍五入法取整，然后由上式反求出最终的切片厚度 δ 。

由于点云的质量及切片方法的影响，切片所得的截面数据通常存在冗余、噪声、连接错误等问题，难以直接满足后续操作的需要，故必须对截面数据进行处理。这一过程主要有两个目的：一是减小截面数据的误差，包括数据精简、数据平滑等处理；二是方便后续的匹配和位姿生成，包括离散曲率估算、截面数据分段等处理。截面数据处理主要包括点云数据精简、离散曲率估算、基于特征点的截面数据分段三个步骤。

2.3.2.1 数据精简

随着测量设备和技术的发展，测量结果包含的数据量十分庞大，数据处理量很大，所以需要在精度允许范围内对数据进行精简。点云切片的数据点空间分布与扫描线点云的类似，均为二维平面的有序点列。这里可以采用夹角法对点云数据进行精简。该方法的基本思想是：通过比较相邻三点的夹角与给定角度阈值的关系，删除平滑区域的数据点，保留曲线的尖锐特征，从而实现数据的精简。图 2.14 为夹角法示意图。为了避免反三角函数运算，算法中以夹角的余弦值代替夹角进行数据精简，夹角法具体步骤如下：

（1）设角度阈值为$[\alpha_{min}, \alpha_{mix}]$，计算对应的余弦值，由于$\alpha_{min}$和$\alpha_{mix}$一般为钝角，故$0>\cos(\alpha_{min})>\cos(\alpha_{mix})$。

（2）计算截面数据中相邻三点P_{i-1}、P_i、P_{i+1}，夹角的余弦值$\cos\alpha$：

$$\cos\alpha=\frac{\| P_{i-1}P_i \|^2+\| P_iP_{i+1} \|^2-\| P_{i-1}P_{i+1} \|^2}{2\| P_{i-1}P_i \|\| P_iP_{i+1} \|} \tag{2.11}$$

若$\| P_{i-1}P_i \|$或$\| P_iP_{i+1} \|$为0，则令$\cos\alpha=\cos(\alpha_{mix})$，以解决切片数据中存在重点的问题。若截面多义线封闭，需要计算起点P_0（或终点P_n）处夹角的余弦值，则有$i=(1,\cdots,n-1)$，当$i=0$时，令$P_{i-1}=P_{n-1}$即可求解；若截面多义线不封闭，起点和终点处均不存在夹角，则有$i=(1,\cdots,n-1)$。

（3）若$\cos\alpha\in[\cos(\alpha_{mix}), \cos(\alpha_{min})]$，则删除中间点$P_i$，即$P_i=P_{i+1}, \cdots, P_{n-1}$，$n=n-1$；若$\cos\alpha\notin[\cos(\alpha_{mix}), \cos(\alpha_{min})]$，令$i=i+1$。

（4）若满足终止条件，结束循环，否则，转入（2）继续进行计算。

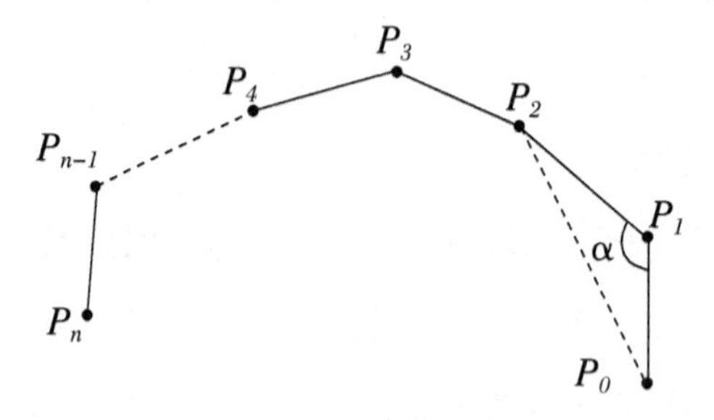

图 2.14　夹角法示意图

2.3.2.2　离散曲率估算

离散曲率估算主要用于截面数据的去噪、特征提取、数据分段等。这里采用圆弧拟合法获取截面数据的离散曲率。为了便于描述，将截面数据的曲率估算分为中间点和端点两种情况进行讨论。

（1）中间点的曲率估算

中间点列 P_1、P_{n-1} 中一点 P_i 的曲率 C_i 由相邻三点 P_{i-1}、P_i、P_{i+1} 确定的圆所决定，如图 2.15 所示，计算公式如下：

$$C_i=\frac{1}{R_i}=\frac{4S_{\triangle P_{i-1}P_iP_{i+1}}}{\|P_{i-1}P_i\|\|P_iP_{i+1}\|\ \|P_{i-1}P_{i+1}\|} \tag{2.12}$$

其中，$S_{\triangle P_{i-1}P_iP_{i+1}}$为带符号的三角形面积，当 P_{i-1}、P_i、P_{i+1} 为逆时针时符号为正，反之为负，可由向量叉乘来判定。带符号的三角形面积计算公式为：

$$S=\sqrt{s(s-\|P_{i-1}P_i\|)(s-\|P_iP_{i+1}\|)(s-\|P_{i-1}P_{i+1}\|)} \tag{2.13}$$

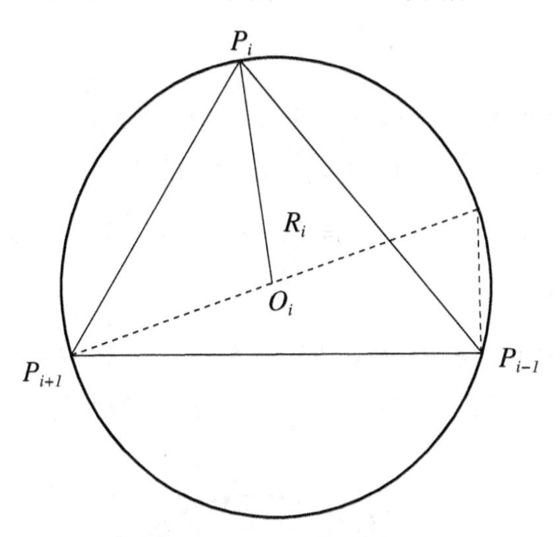

图 2.15　中间点曲率估算

（2）端点 P_0 和 P_n 的曲率估算

若截面多义线封闭，则端点 P_0 与 P_n 为同一点，当 i=0 时，令 $P_{i-1}=P_{n-1}$ 即可用式（2.13）求解 P_0 的曲率；若截面多义线不封闭，端点 P_0 和 P_n 的曲率计算方法为：在两端点切矢量的反方向各添加一点 P_{0-} 和 P_{n+}，分别由 P_{0-}、P_0、P_1 和 P_{n-1}、P_n、P_{n+} 来计算 P_0 和 P_n 的曲率。图 2.16 为端点 P_0 的

曲率估算示意图，单位切矢量$\overrightarrow{t_0}$为：

$$\overrightarrow{t_0}=\frac{\overrightarrow{r_0}\times\overrightarrow{v_0}}{\|\overrightarrow{r_0}\times\overrightarrow{v_0}\|} \tag{2.14}$$

这里，$\overrightarrow{v_0}=\overrightarrow{P_2P_0}\times\overrightarrow{P_1P_0}$；$\overrightarrow{r_0}=\overrightarrow{O_1P_0}$，设圆心 O_1 的坐标为（x_c，y_c），有：

$$\begin{cases}(x_c-x_0)^2+(y_c-y_0)^2=R_1^2\\(x_c-x_1)^2+(y_c-y_1)^2=R_1^2\\(x_c-x_2)^2+(y_c-y_2)^2=R_1^2\end{cases} \tag{2.15}$$

解上式得到：

$$\begin{cases}x_c=\dfrac{a-b+c}{d}\\y_c=\dfrac{f-e-g}{d}\end{cases} \tag{2.16}$$

其中，$a=(x_0+x_1)(x_1-x_0)(y_2-y_1)$，$b=(x_2+x_1)(x_2-x_1)(y_1-y_0)$，$c=(y_0-y_2)(y_1-y_0)(y_2-y_1)$，$d=2[(x_1-x_0)(y_2-y_1)-(x_2-x_1)(y_1-y_0)]$，$e=(y_1+y_0)(y_1-y_0)(x_2-x_1)$，$f=(y_2+y_1)(y_2-y_1)(x_1-x_0)$，$g=(x_0-x_2)(x_1-x_0)(x_2-x_1)$。

沿$\overrightarrow{t_0}$的反方向添加一点 P_{0-}，使其满足 $\|P_{0-}P_0\|<\|P_0P_1\|$，得到相邻三点 P_{0-}、P_0、P_1 后可用式（2.12）求曲率。同理，添加点 P_{n+}，计算 P_n 的曲率。

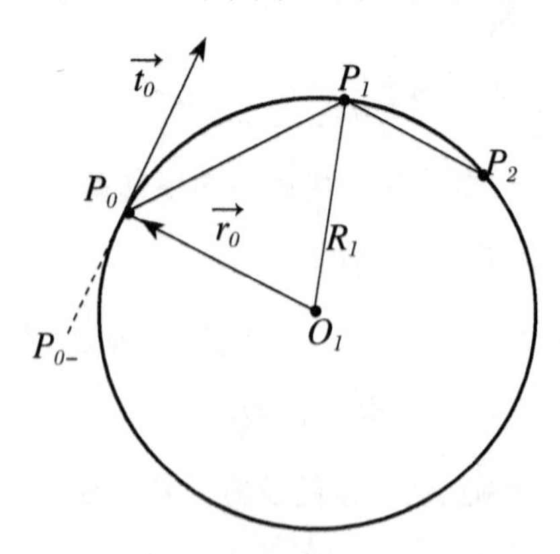

图 2.16 端点 P_0 的曲率估算

2.3.2.3 基于特征点的截面数据分段

曲线的连接点可分为跳跃点（位置不连续点）、尖点（切矢量不连续点）、折痕点（曲率不连续点）、曲率极值点和拐点，统称为特征点，如图 2.17。

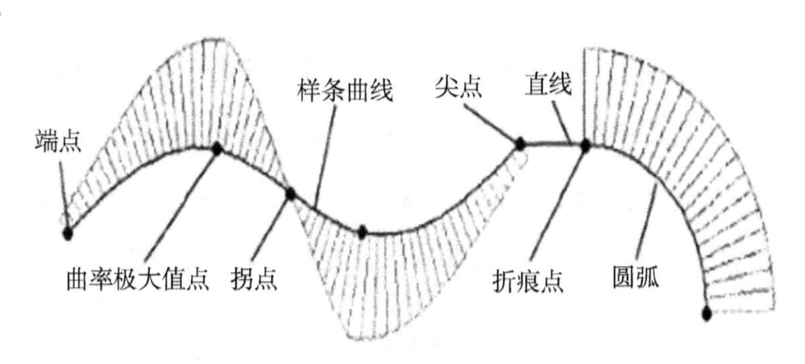

图 2.17 平面曲线特征点

截面特征曲线一般都是满足位置连续或切矢量连续的点，因此截面曲线特征点的提取以这两类点为主。找出截面数据中的特征点，则可以参考这些点将曲线分为多段。应用一阶差分可计算离散曲线 C 在点处的导数：

$$C'(P_j-)=(P_{j-1}-P_{j-2})(P_j-P_{j-2})\frac{\|P_j-P_{j-1}\|+\|P_{j-1}-P_{j-2}\|/2}{\|P_j-P_{j-1}\|/2+\|P_{j-1}-P_{j-2}\|/2} \quad (2.17)$$

$$C'(P_j+)=(P_{j+2}-P_{j+1})(P_{j+2}-P_j)\frac{\|P_{j+1}-P_j\|+\|P_{j+2}-P_{j+1}\|/2}{\|P_{j+1}-P_j\|/2+\|P_{j+2}-P_{j+1}\|/2} \quad (2.18)$$

上式若满足 $\|C_i(P_j-)-C_i(P_j+)\|>L$ 且 $\theta=angle(C'_i(P_j-), C'_i(P_j+))>\alpha$，则数据点为尖点，其中 L 和 α 分别为设定的模长和角度阈值；同理，如果满足 $\|V''_i(P_j-)\|-\|V''_i(P_j+)\|>N$（$N$ 为设定阈值），则认为 P_j 点为 C 上的一阶连续点。

分析现有的基于特征点的曲线自动分段算法不难发现，特征点判别准则有一些阈值或参数需要确定，而由于测量的噪声影响及曲线形状差异，系统无法自动确定这些参数或阈值。因此，人机交互与自动相结合是目前切实可行的方法，即由人工调整阈值大小，系统实时显示对应特征阈值的特征点，然后根据经验确定合适的特征点作为曲线的分段点。

2.3.3 应用实例

以 VC++ 6.0 为开发平台，利用 Open GL 提供的图形库函数设计出了基于点云切片技术的喷涂机器人轨迹优化软件系统。该系统中曲面造型子系统的主要功能包括点云数据的输入与输出、点云切片数据获取、截面数据处理等。图 2.18 给出了该软件中曲面造型子系统的基本框架。

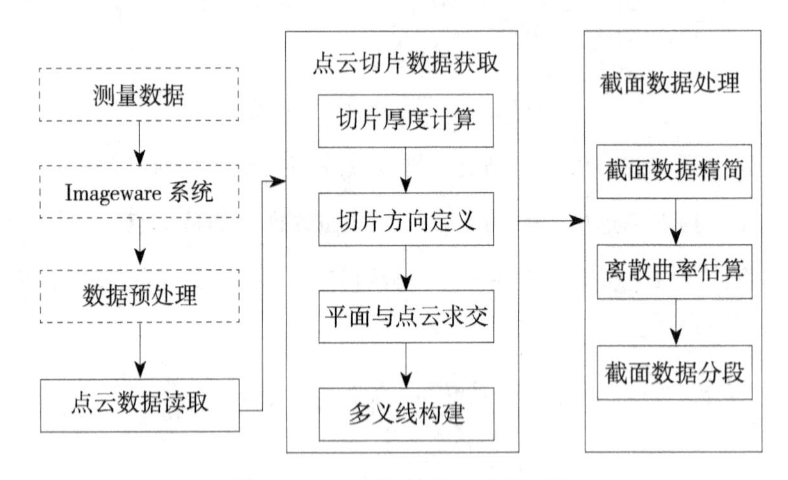

图 2.18　系统的基本框架图

曲面造型子系统各个主要功能介绍如下：

（1）点云数据的输入和输出。针对 *.txt 文件格式，采用 C++ 的输入输出流函数实现任意点云数据的读取和存储。

（2）点云切片数据获取。包含切片厚度计算、切片方向定义、平面与点云求交和多义线构建等功能，实现了点云模型的切片。多义线构建包含切片数据排序和多义线方向调整。

（3）截面数据预处理。包含截面数据精简、离散曲率估算和截面数据分段等功能。

数据测量设备采用德国 GOM 公司 ATOSII 三维光学扫描仪，如图 2.19 所示。喷涂工件为 2.2.3 节中图 2.4 所示的工件。在工件表面贴上一些黑底白点的标签，扫描仪分块扫描工件时，每次至少扫描到三个标签，最后利用扫描仪的点云自动拼合技术得工件点云模型及其文本数据如图 2.20 所示。点云数据预处理在逆向工程软件 Imageware 中实现，主要包括以下四个步骤：

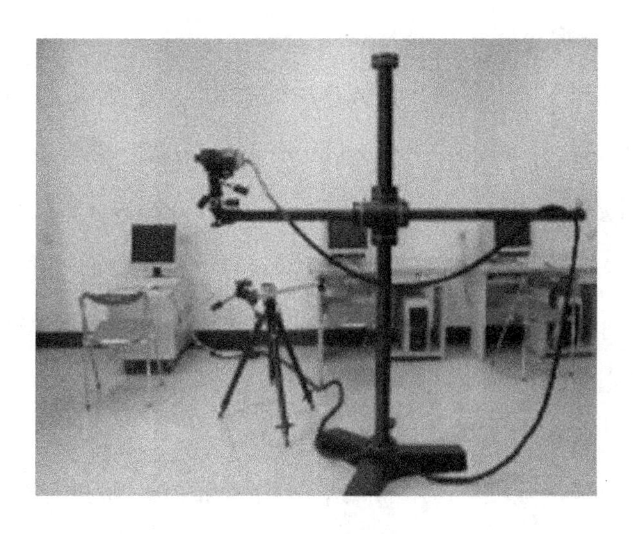

图 2.19 数据测量设备

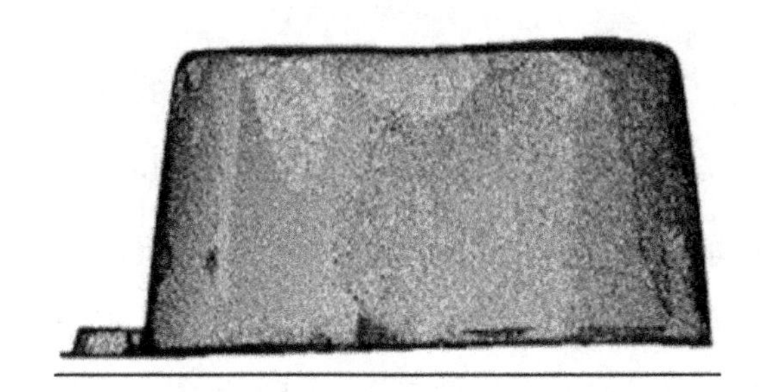

（a）工件点云模型

081118-01_1_4.txt - 记事本

文件(F) 编辑(E) 格式(O) 查看(V) 帮助(H)

```
-411.762 -55.1382 -170.298■-411.343 -54.7494 -170.
.579 16.0124 -187.882■44.0377 132.719 -31.6505■44.
38■39.6373 130.626 -31.1573■39.3103 130.017 -31.01
.5742 128.584 -30.6514■35.8844 128.604 -30.6847■35
34.606 -130.34■-5.72328 -235.461 -130.571■-3.76939
4 -199.838■37.1782 126.183 -29.9015■-434.106 -104.
-109.744 -197.96■-432.117 -109.485 -198.056■47.152
03.136 -144.655■-298.833 -203.544 -144.644■-298.56
3418 125.887 -29.552■-298.997 -200.839 -145.352■-2
973■48.8564 126.086 -29.4116■48.5801 126.38 -29.51
79 -205.145■81.5557 127.045 -28.7186■81.2566 127.0
97■356.055 39.2385 -208.871■355.691 39.2847 -208.8
1 124.948 -28.6341■356.542 35.568 -207.447■65.489
09■78.6473 125.653 -28.3964■80.5522 126.071 -28.50
```

（b）点云文本数据

图 2.20 工件点云模型及其文本数据

2.3.3.1 异常数据去除

根据异常点的分布情况，可选用不同的命令进行去除。当分布较密集时，用 Modify → Extract → Circle-Select Points 圈选删除；当分布较稀疏时，用 Modify → Scan Line → Pick Delete Points 逐点删除；也可用 Create → Points 在异常点处生成新的点云，再用 Modify → Extract → Subtract Cloud from Cloud 减去异常数据。

2.3.3.2 数据插补

在表面凹槽、孔及被遮挡区域会出现遗失点，需要插补。对于扫描线点云或截面数据，用 Modify → Scan Line → Fill Gap 进行线性或非线性插补；而散乱点云数据，用 Construct → Cross Section → Cloud Parallel 生成截面数据，再用 Modify → Scan Line → Fill Gap 补齐数据；亦可用 Construct → Points → Sample Curve 或 Construct → Points → Sample Surface 离散拟合曲线、曲面来生成遗失点集。

2.3.3.3 数据平滑

为了降低或消除噪声，用 Modify → Smooth → Scan 进行平滑处理。若点云有转角变化，还可用 Modify → Smooth → Scan Between Corners 对转折处的数据进行平滑处理。

2.3.3.4 数据精简

数据精简可选用均匀采样法、弦偏差法和空间采样法等，对应的命令为 Modify → Data Reduction → Sample Uniform、Modify → Data Reduction → Chordal Deviation 和 Modify → Data Reduction → Space Sampling。其中，空间采样法通过设定一个距离公差来删减数据，对点云上的重叠区域有较好的精简效果。为了保证后续点云切片的质量，一般采用空间采样法（距离公差为 0.4mm）进行数据精简，保留形状特征的同时，有效地删减了重叠区域的数据。点云数据预处理后得到的塑料盆造型在原型系统中显示如图

2.21 所示。

图 2.21　点云数据预处理后造型

完成点云数据预处理后，即进行点云切片获取和截面数据处理。由于喷涂路径大部分都是相互平行的，因此切片平面可用一组沿切片方向均匀分布的平行平面，切片方向与喷涂路径垂直，它决定了切片曲线的方向。对同一块喷涂区域而言，沿不同方向切片，切片平面的位置和个数随之发生改变，得到不同的切片线组，基于这些截面轮廓线生成的喷涂路径方向也不一样。切片层数需根据工件表面曲率变化、喷涂直径以及工件的尺寸等因素决定，对于曲率变化较大的工件，可用自适应切片技术获取所有切片厚度中最小的值，并以此作为切片厚度进行均匀切片。当选取切片方向为 X 轴，切片层数为 20 时，塑料盆工件的切片如图 2.22 所示；取切片方向为 Y 轴，切片层数为 20，所得塑料盆状物体的切片如图 2.23 所示；选取切片方向为 Z 轴，切片层数为 20，所得塑料盆状物体的切片如图 2.24 所示。由三个方向的等距切片结果可知，由于工件的曲率变化较大，三种切片方向均存在一些盲区，但是三种切片是互补的。

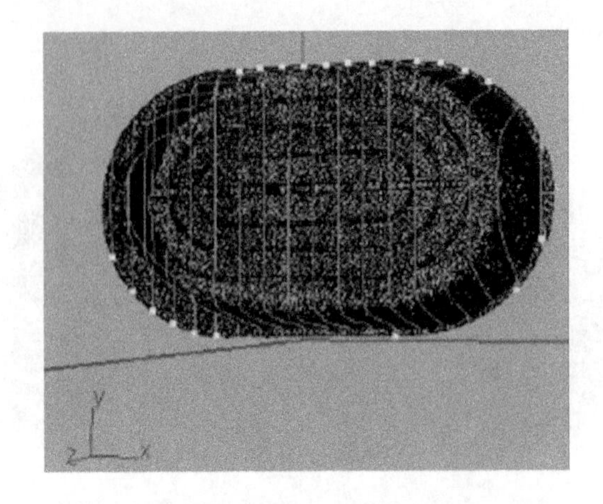

图 2.22　X 轴方向点云切片

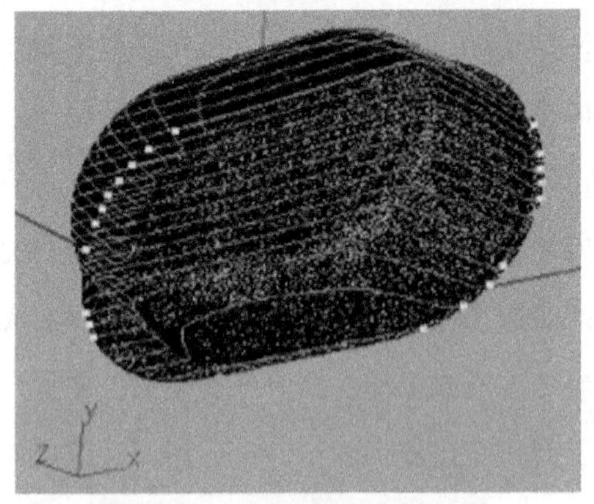

图 2.23　Y 轴方向点云切片

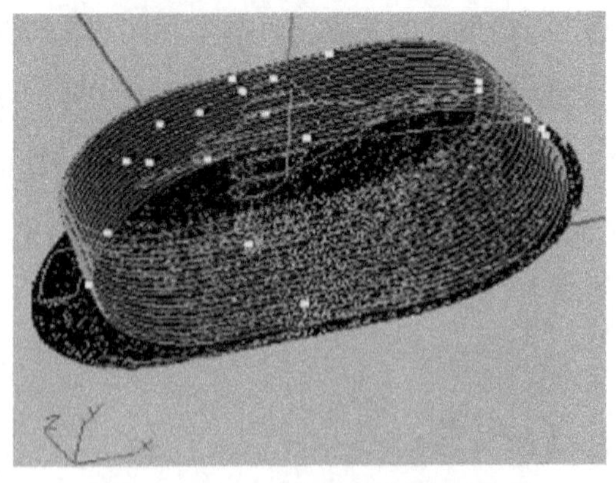

图 2.24　Z 轴方向点云切片

2.4 喷涂工件Bézier曲面造型研究

2.4.1 预备知识

计算机辅助几何设计（CAGD）最早是在1974年由Barnhill和Riesenfeld提出的，发展至今已与多门应用性学科知识交叉渗透，成为了一门新兴的交叉学科与边缘学科[80-81]。CAGD其含义包括曲线、曲面和实体的表示，及其在实时显示条件下的设计，主要围绕图形的实时性和真实感，而它的研究对象为工业产品的几何形状。从表示方法上来看，传统表示方法是基于连续型造型技术的，而近年来以网格细分为特征的离散造型技术却发展势头强劲。近年来，随着计算机软硬件以及网络技术的飞速发展，CAGD的研究和发展出现了几种新的趋势，主要表现在：图形工业和制造工业迈向一体化，集成化和网络化步伐日益加快，计算机图形显示对于真实性、实时性和交互性要求日益增强，由此带来自由型曲线曲面表示方法的研究和开发发生了较大的变化，表示和造型方法更加多元化、高效化，研究领域越来越宽。

1971年，法国人Bézier提出了一种控制多边形定义曲线的方法，把工业产品形状的数学描述技术向前推进了一大步，为曲线曲面造型的进一步发展奠定了坚实的基础，因此Bézier方法在CAGD学科中占有极其重要的地位[82-83]。多年来，国内很多学者一直致力于Bézier曲线曲面领域理论的研究。浙江大学数学系计算机辅助设计与图形学科研组以CAD国家重点实验室为依托，推出研究专著《计算机辅助几何设计》，该专著主要针对Bézier曲线曲面设计及表示方法等开展研究，取得了一系列显著的理论成果[84]。中国科学技术大学数学系以冯玉瑜教授为核心的研究团队在隐式代数曲面、网格细分以及区间Bézier曲线曲面等方面做了大量工作，取得了一批高质量的研究成果[85]。北京航空航天大学在基于偏微分方程（PDE）曲面造型技术、能量优化法造型技术以及小波技术在 Bézier 曲线曲面中的应用等方面开展研究，卓有成效，并推出研究专著《自由曲线曲面造型技术》[86]。另外，中科院计算数学研究所、清华大学、合肥工业大学等也一直致力于 Bézier 曲线曲面造型技术及其保凸性等的研究，并取得了一系列显著成果[87-88]。

从数学学科的角度来看，自由型曲线曲面的设计和表示方法的理论框架主要以插值、逼近、拟合三种分析工具为基础而建立起来的。自由型曲线曲面表示方法的研究自 20 世纪 60 年代就已开始，典型的表示方法有 Ferguson 的矢函数方法、Coons 的 Coons 方法、Schoenberg 的样条函数方法、Bézier 的 B- 网方法、Gordan 和 Riesenfeld 的 B- 样条方法以及 Versprille 的有理 B- 样条方法等。虽然现在 CAGD 中常用的 B 样条和非均匀有理 B 样条（Non-Uniform Rational B-Spline，简称 NURBS）方法有许多突出的优点，以 NURBS 为核心的曲线曲面造型方法在理论与实际应用中逐步趋于成熟，已成为现代曲线曲面造型技术的主流技术，但该方法也有很多不足之处，如需要额外的存储以定义传统的曲线曲面，某些基本算法存在数值不稳定问题，权因子的选取没有统一规则可循，权因子的不合理使用可能毁掉随后的曲面结构等。

近几年来最新的研究成果与研究方向显示，由于 NURBS 方法有诸多缺点，而为了实现自由型曲线曲面更加灵活的交互设计，针对 Bézier 方法的优势，人们又将目光重新转回到了 Bézier 曲线曲面方法中[89-90]。由于 Bézier 曲线具有灵活度高、光滑性好、可控性强等特点，因此近五年来在机器人轨迹优化领域中已经得到了一定应用。

国外在基于 Bézier 曲线的机器人轨迹优化的研究是开始于 2000 年之后，但一些重要文献主要是出现在近几年内。2008 年，Yang 等人在两轮移动机器人轨迹优化工作中提出一种基于改进遗传算法的 Bézier 曲线轨迹优化方法，并进行了仿真实验验证[91]。Choi 等人针对自动机器人小车运动特点，提出了基于 Bézier 曲线的自动机器人小车轨迹规划方法，实验结果表明运用该方法得到的机器人小车运动轨迹效率高且光滑平稳[92]。

2009 年，Jolly 等人在考虑了速度与加速度约束条件后，提出了基于 Bézier 曲线的智能足球机器人轨迹优化方法，实验结果证明足球机器人沿此轨迹运动灵活性极佳，并且该智能机器人系统计算效率高、实时性好[93]。

2010 年，Ren 等人在离线编程系统中利用 Bézier 曲线对仿人机器人进行轨迹规划，并将仿人机器人运用于机器人足球赛中[94]。

2011 年，Hashemi 等人在考虑了速度限制和加速度限制条件后，利用 Bézier 曲线在平面上规划出了双足行走机器人的运动轨迹[95]。Sprunk 等人在离线编程系统中根据用户定义的成本函数，考虑了平台的约束后，利用 Bézier 曲线动态规划移动机器人的运动轨迹，实验结果表明该方法得到的机器人运动轨迹效率比较高且运动效果较好[96]。

2012 年，Liljeback 等人将蛇形机器人移动轨迹定义为由一组控制点构成的可扩展的 Bézier 曲线，并进行了仿真实验研究[97]。Moctezuma 等人研究了利用 Bézier 曲线实现使用标准机械手（工业机器人）规划自由形状运动路径的方法，Bézier 曲线路径中包含了机器人运动的位置点，同时在机器人离线编程系统中使用了 de Casteljau 算法，用这种方法可以通过控制少量的控制顶点得到复杂的机械手运动路径，实验结果表明机器人沿此路径运动效率高且平滑可控[98]。Lin 等人提出以最小转弯半径为约束条件的多移动机器人平滑路径规划方法，该路径是基于 Bézier 曲线控制点生成的最小转弯半径最优路径，仿真结果表明，得到的路径满足路径光滑的最优条件以及最小转弯半径的限制条件，且计算效率较高[99]。

2013 年，Jiao 等人提出了基于 Bézier 曲线的未知环境下移动机器人路径规划方法；该方法利用初始端点和移动机器人的初始位姿，在速度约束条件下得到一系列可行的 Bézier 曲线路径；实验结果表明按照此方法规划路径后，移动机器人具有快速适应环境能力和寻找最优路径能力[100]。Li 等人利用 Bézier 曲线规划出类人机器人书写或绘图轨迹后，将书写或绘图平面运动模式转化成关节角度旋转顺序模式和末端运动速度模式，最后通过实验验证了该方法的可行性[101]。

国内在基于 Bézier 曲线的机器人轨迹优化方面的研究较晚，而近五年比较有代表性的文献也较少。2012 年，周苑等人采用一种改进的遗传算法，分段跟踪机器人轨迹笛卡尔空间规划路径 Bézier 曲线的各部分，使机器人运行平稳，路径圆滑平顺，仿真实验表明改进后的算法效果明显[102]。

2013 年，昝杰等人以自主移动机器人为研究对象，以足球机器人为研究平台，针对足球机器人运动轨迹的实际特点，提出了一种基于 3 次 Bézier 曲线的最优路径规划方法，仿真实验验证了该方法的有效性[103]。

综上所述，由于近几年来许多学者将研究方向又转回到了 Bézier 曲线曲面方法中，因此有关 Bézier 曲线曲面的新方法以及在新的领域中的应用成果不断出现。以上诸多最新文献表明，Bézier 曲面能有效地解决表面形状复杂或曲率变化大的工件几何造型的问题，而 Bézier 曲线所特有的灵活的调控性质使得其在机器人轨迹优化领域中有很大的优势和极为广阔的应用前景。由此来看，研究基于 Bézier 曲线曲面的喷涂机器人轨迹优化新方法是完全可行的。现在新的 Bézier 曲线曲面研究成果不断出现，为喷涂机器人轨迹优化研究提供了方法上的支持，而国内外基于 Bézier 曲线的机器人轨迹优化方法的研究也为本课题的研究提供了方法上和思路上的借鉴。

下面对喷涂工件曲面造型中涉及的 Bézier 曲线曲面相关预备知识做简单介绍。

2.4.1.1 一元 Bernstein 基函数

设 $f(t)$ 在 [0，1] 上有定义，称 $B_n(f)=\sum_{i=1}^{n} f(\frac{i}{n}) B_{i,n}(t)$ 为一元 n 次 Bernstein 多项式，其中 $B_{i,n}(t)=\frac{n!}{i!(n-i)!} t^i (1-t)^{n-i}$，$i$=0、1、L$_n$，$0 \leqslant t \leqslant 1$，称之为 Bernstein 基函数，$\{B_{i,n}(t)\}_{i=0}^{n}$ 是多项式空间 P_n 的一组基，也称为 Bézier 函数，它是 Bézier 曲线曲面表示的基础。它具有如下性质：

（1）正性：

$$\begin{cases} 0<B_{i,n}(t)<1, \quad 0<t<1 \\ B_{i,n}(0)=B_{i,n}(1)=0 \end{cases} \quad i=1, 2, L, n-1 \tag{2.19}$$

$$\begin{cases} 0<B_{0,n}(t), \ B_{n,n}(t)<1, \quad 0<t<1 \\ B_{0,n}(0)=B_{n,n}(1)=1 \\ B_{0,n}(1)=B_{n,n}(0)=0 \end{cases} \tag{2.20}$$

（2）规范性：

$$\sum_{i=0}^{n} B_{i,n}(t)=1 \tag{2.21}$$

（3）对称性：

$$B_{i,n}(t)=\frac{n!}{i!(n-i)!} t^i (1-t)^{n-i}=B_{i,n}(1-t) \tag{2.22}$$

（4）函数递推公式：

$$B_{i,n}(t)=(1-t) B_{i,n-1}(t)+tB_{i-1,n-1}(t) \tag{2.23}$$

递推公式中，超出范围的，例如。

（5）导数递推公式：

$$B'_{i,n}=n[B_{i-1,n-1}(t)-B_{i,n-1}(t)] \tag{2.24}$$

（6）最大值：$B_{i,n}(t)$ 在 $t=\frac{i}{n}$时达到最大值。

（7）分割：

$$B_{i,n}(ct)=\sum_{j=0}^{n}B_{i,j}(c)B_{j,n}(t) \tag{2.25}$$

（8）积分：

$$\int_0^1 B_{i,n}(t)dt=\frac{1}{n+1} \tag{2.26}$$

（9）Bernstein 基函数与幂基函数的关系：

$$\begin{cases} t^i=\sum_{i=j}^{n}\frac{C_i^j}{C_n^j}B_{i,n}(t) \\ B_{i,n}(t)=\sum_{i=j}^{n}(-1)^{i+j}C_n^jC_j^it^i \\ B_{i,n}(t)=\sum_{j=i}^{n}(-1)^{i+j}C_n^jC_{n-i}^{j-i}t^i \end{cases} \tag{2.27}$$

2.4.1.2　Bézier 曲线定义及相关性质

已知空间 $n+1$ 个点 V_i，$i=0$、1、L、n 称 n 次参数曲线段

$$B_{i,n}(t)=\sum_{i=0}^{n}B_{i,n}(t)V_i,\ 0\leqslant t\leqslant 1 \tag{2.28}$$

为 n 次 Bézier 曲线，其中 $B_{i,n}(t)$ 为 Bernstein 基函数，V_i 为 Bézier 曲线的控制顶点。将 V_i（$i=0$，1，L，n）顺序首尾连接，从 V_0 到 V_n 形成的折线称为控制多边形或 Bézier 多边形，基于控制多边形方法的交互设计 Bézier 曲线过程如图 2.25 所示。

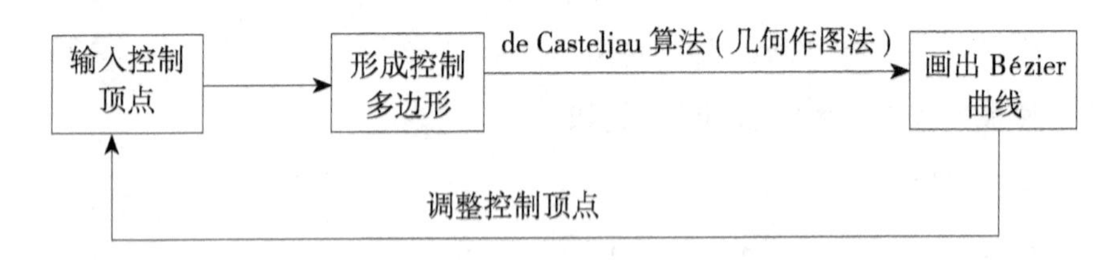

图 2.25　交互设计曲线过程图

由 Bernstein 基函数的性质，零次 Bézier 曲线是一个顶点，一次 Bézier

曲线是连接 V_0 与 V_1 的直线段。二次及二次以上 Bézier 曲线具有如下性质：

（1）平面曲线的保凸性：若 Bézier 多边形凸，则 Bézier 曲线凸。

（2）凸包性：Bézier 曲线在其控制顶点所生成的凸包中。凸包性可以用来判断两条 Bézier 曲线是否相交，若两曲线的控制顶点的凸包不相交，则两曲线肯定不相交。

（3）导数性质：由 $B_n(t)=[(1-t)I+tE]^n V_0$ 可知：

$$B^{(r)}{}_n(t)=\frac{n!}{i!(n-i)!}[(1-t)I+tE]^n \triangle^r V_0$$

$$=\frac{n!}{i!(n-i)!}\sum_{i=0}^{n-r} B_{i,n-r}(t)\,{}^r V_i \qquad (2.29)$$

其中 E、△、I 分别为位移算子、差分算子和单位算子。

（4）端点性质：$B_n(0)=V_0$，$B_n(1)=V_1$，即 Bézier 曲线的首末端点是 Bézier 多边形的首末端点。

$$B'_n(0)=n\triangle V_0=n(V_1-V_0)，B'_n(1)=nE^{n-1}\triangle V_0=n\triangle V_{n-1}=n(V_n-V_{n-1}) \quad (2.30)$$

即 Bézier 多边形的首末折线为 Bézier 曲线在首末端点的切线。

$$B^{(r)}{}_n(0)=\frac{n!}{i!(n-i)!}\triangle^r V_0，B^{(r)}{}_n(1)=\frac{n!}{i!(n-i)!}\triangle^r V_{n-r} \qquad (2.31)$$

即 Bézier 曲线在端点处的 r 阶导矢 $B^{(r)}(t)$ 只与首末 r 条边有关，或者说只与相邻的 $r+1$ 个控制顶点有关。

（5）仿射不变性：在仿射变换下不改变 Bézier 曲线。

（6）“对称性”：$B_n(V_n, V_{n-1}, L, V_0; t)=B_n(V_0, V_1, L, V_n; 1-t)$，即相反顺序的控制顶点定义了同一条 Bézier 曲线，外形相同，仅方向相反。

（7）变差减少性质：任一平面与 Bézier 曲线的交点数小于等于该平面与 Bézier 曲线的控制多边形的交点数。

（8）由于 $B_{i,n}(t)$ 在 $t=\frac{i}{n}$ 时达到最大值，所以移动曲线的第 i 个控制顶点，对曲线上对应参数为 $t=\frac{i}{n}$的点 $B_n\left(\frac{i}{n}\right)$ 处产生最大影响。

2.4.1.3 Bézier 曲面定义及相关性质

$m \times n$ 次 Bézier 曲面可以表示为：

$$B(u,v)=\sum_{i=0}^{m}\sum_{j=0}^{n}B_{i,m}(u)B_{j,n}(v)V_{i,j} \tag{2.32}$$

其中，$B_{i,m}(u)$、$B_{j,n}(v)$分别为 u 向 m 次和 v 向 n 次的 Bernstein 基函数，$V_{i,j}$（$i=0, 1, L, m$; $j=0, 1, L, n$）为曲面的控制顶点或 Bézier 点，控制顶点沿 V 向和向 U 分别构成 $m+1$ 个和 $n+1$ 个控制多边形，一起组成曲面的控制网格或者 Bézier 网格。

Bézier 曲面的性质如下：

（1）Bézier 网格的 4 个角点是 Bézier 曲面的 4 个角点，即

$$B(0,0)=V_{0,0},\ B(1,0)=V_{m,0},\ B(1,0)=V_{0,n},\ B(1,1)=V_{m,n} \tag{2.33}$$

（2）Bézier 网格最外一圈顶点定义 Bézier 曲面的 4 条边界，且在边界处有如下特点：

表 2.1 Bézier 网格边界处特点

	(0, 0)	(1, 0)	(0, 1)	(1, 1)
B	$V_{0,0}$	$V_{m,0}$	$V_{0,n}$	$V_{m,n}$
$\frac{\sigma B}{\sigma u}$	$m\Delta^{1,0}V_{0,0}$	$m\Delta^{1,0}V_{n-1,0}$	$m\Delta^{1,0}V_{0,n}$	$m\Delta^{1,0}V_{m-1,n}$
$\frac{\sigma B}{\sigma v}$	$n\Delta^{0,1}V_{0,0}$	$n\Delta^{0,1}V_{m,0}$	$n\Delta^{0,1}V_{0,n-1}$	$n\Delta^{0,1}V_{m,n-1}$

（3）仿射不变性：在仿射变换下不改变 Bézier 曲面。

（4）“对称性”：相反顺序的控制顶点定义了同一个 Bézier 曲面。

（5）凸包性：Bézier 曲面恒位于其控制顶点所生成的三维凸包中。

（6）移动一个顶点 $V_{i,j}$，曲面上对应 $u=\frac{i}{m}$，$v=\frac{j}{n}$处的点 $B\left(\frac{i}{m},\frac{j}{n}\right)$ 影响最大。

2.4.2 喷涂工件 Bézier 张量积曲面造型方法

使用 Bézier 方法等对曲面进行造型时，需要利用多个控制顶点写出逼近原有曲面的参数曲面数学表达式。而 Bézier 张量积曲面是矩形域上曲面造型方法，为了研究方便，本文使用双三次 Bézier 曲面造型方法。利用该方法可以先在曲面上生成十六个控制顶点，再通过调整这十六个控制顶点来生成所需要的曲面。双三次 Bézier 曲面如图 2.26 所示，该顶点集的矩阵表达式如式（2.34）所示。其中，十六个控制顶点的符号为：A、SAB、SBA、B、SAD、TA、TB、SBC、SDA、TC、TD、SCB、D、SDC、SCD、C。

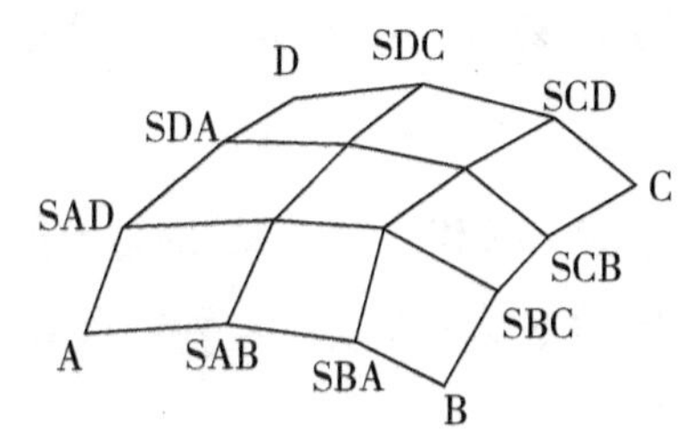

图 2.26　双三次 Bézier 曲面

$$W=\begin{pmatrix} A & SAB & SBA & B \\ SAD & TA & TB & SBC \\ SDA & TC & TD & SCB \\ D & SDC & SCD & C \end{pmatrix} \tag{2.34}$$

为了讨论问题的方便，将上式中定义为矩形域上的双三次 Bézier 曲面特征多边形网格。由此，双三次 Bézier 曲面生成步骤为：

（1）先由式（2.34）中矩阵的四个列阵生成四条三次 Bézier 曲线，分别为：$S_0(u)$、$S_1(u)$、$S_2(u)$ 和 $S_3(u)$，表示为：

$$[S_0(u) \quad S_1(u) \quad S_2(u) \quad S_3(u)] = [(1-u)^3 \quad 3(1-u)^2u \quad 3(1-u)u^2 \quad u^3] \tag{2.35}$$

（2）给定任意变量参数 u，如 $u=u_1$，$u_1 \in [0, 1]$，则可在上述四条曲

线上分别得到点 $S_0(u_1)$、$S_1(u_1)$、$S_2(u_1)$ 和 $S_3(u_1)$，并生成一个新的多边形。由此，生成该多边形 V 向上的一条新的三次 Bézier 曲线 $P(u_1, v)$，其表达式为：

$$P(u_1, v)=[S_0(u) \quad S_1(u) \quad S_2(u) \quad S_3(u)]\begin{pmatrix}(1-v)^3\\3(1-v)^2v\\3(1-v)v^2\\v^3\end{pmatrix} \tag{2.36}$$

取任一 v 值，如 $v=v_1$，$v_1\in[0, 1]$，则可求得曲线 $P(u_1, v)$ 上的一个点 $P(u_1, v_1)$。通过分析易得，点 $P(u_1, v_1)$ 即为该曲面上与参数 (u_1, v_1) 对应的点。

（3）当变量参数 u 和 v 在 [0，1] 上变化时，即可构成一张完整的双三次 Bézier 曲面。若将式（2.36）表示成一般的形式，可以得到下式：

$$P(u_1, v)=[(1-u)^3 \quad 3(1-u)^2u \quad 3(1-u)u^2 \quad u^2]\begin{pmatrix}(1-v)^3\\3(1-v)^2v\\3(1-v)v^2\\v^3\end{pmatrix}$$

$$=UBWB^TV^T \tag{2.37}$$

其中 $U=(u^3 \ u^2 \ u \ 1)$，$V=(v^3 \ v^2 \ v \ 1)$，$u, v\in[0, 1]$，

$$B=\begin{pmatrix}-1 & 3 & -3 & 1\\3 & -6 & 3 & 0\\-3 & 3 & 0 & 0\\1 & 0 & 0 & 0\end{pmatrix}$$

式（2.37）即为生成的双三次 Bézier 张量积曲面表达式。

由上述过程分析可见，Bézier 张量积曲面生成步骤比较简单，在实际

应用中，若是工件曲面几何形状比较简单，则该方法比较适合使用。但是，当面对表面为复杂曲面工件时，该方法精度较差，这时候就需要寻找新的精度较高的曲面造型方法。

2.4.3 喷涂工件 Bézier 三角曲面造型方法

由于 Bernstein 多项式具有许多非常优越的性质，因此现阶段在许多形式的参数多项式曲线曲面中的应用非常广泛[104-106]。本文根据喷涂工件曲面特点，以 Bernstein 多项式为基函数构造出 Bézier 三角曲面，同时将 Bézier 三角曲面网格中每一个三角面（片）称为 B-B（Bézier-Bernstein）三角面；在此基础上，提出 B-B 三角面的合并算法，即先将各个三角面合并为平面片，再根据各个平面片的位置关系建立有向连接图，最后根据合并算法将各个平面片进行合并，为下面的喷涂机器人轨迹优化工作做好准备。

2.4.3.1 Bézier 三角曲面构成

定义 2.1 平面上有一个任意给定的三角形，其顶点按逆时针方向依次为 T_1、T_2、T_3，点 P 为三角形 $T_1T_2T_3$ 所在平面内任意一点，则定义：

$$u_1=\frac{[PT_2T_3]}{[T_1T_2T_3]},\ u_2=\frac{[T_1PT_3]}{[T_1T_2T_3]},\ u_3=\frac{[T_1T_2P]}{[T_1T_2T_3]} \tag{2.38}$$

式（2.38）中，$[T_1T_2T_3]$ 表示三角形 $T_1T_2T_3$ 的有向面积；T_1、T_2、T_3 逆时针时 $[T_1T_2T_3]$ 表示三角形 $T_1T_2T_3$ 的面积，即 $[T_1T_2T_3]=S$；T_1、T_2、T_3 顺时针时 $[T_1T_2T_3]$ 表示三角形 $T_1T_2T_3$ 的面积的相反数，即 $[T_1T_2T_3]=-S$。称（u_1，u_2，u_3）为点 P 的面积坐标，记为 $P=$（u_1，u_2，u_3），也称三角形 $T_1T_2T_3$ 为坐标三角形，见下图 2.27。

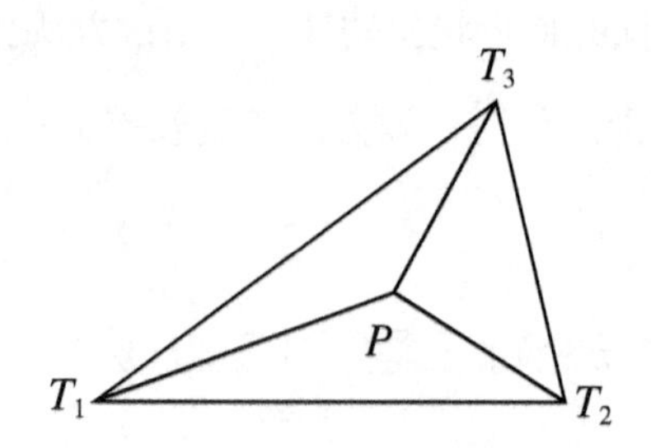

图 2.27　坐标三角形上点 P 面积坐标

说明：（1）“u_1= 常数”在面积坐标系中表示平行于 T_2T_3 的直线，当点在边 T_2T_3 上时有 u_1=0，其他情形类似；

（2）对于任意 P，$u_1+u_2+u_3=1$，即 u_1、u_2、u_3 只有两个是独立的；

（3）记三角形 $T_1T_2T_3$ 的内部连同边界为 T，则 T 上任意点 P 的坐标 u_1、u_2、u_3，还满足 $u_1 \geqslant 0$，$u_2 \geqslant 0$，$u_3 \geqslant 0$。

定义 2.2 设坐标三角形上点 P 的面积坐标为（u_1，u_2，u_3），定义：

$$B^n_{i,j,k}(P)=\frac{n!}{i!(n-i)!}u_1^i u_2^j u_3^k,\quad i+j+k=n \tag{2.39}$$

为基函数（共$\frac{(n+1)(n+2)}{2}$个），它们具有如下性质：

（1）非负性：$B^n_{i,j,k}(P) \geqslant 0$，$P \in T$，$i+j+k=n$；

（2）规范性：$\sum\limits_{i+j+k=n} B^n_{i,j,k}(P)=1$；

事实上，根据三项式定理可得：

$$(a+b+c)^n=\sum_{i+j+k=n}\frac{n!}{i!(n-i)!}a^i b^j c^k,\quad a,\ b,\ c \in R,\ n \in N \tag{2.40}$$

令 $a=u_1$，$b=u_2$，$c=u_3$，由 $u_1+u_2+u_3=1$ 可得$\sum\limits_{i+j+k=n} B^n_{i,j,k}(P)=1$。

使用平行于三角形一边的任意直线将坐标三角形 T 的其余两边 n 等分，则三组平行直线将三角形分成 n^2 个全等的小三角形，从而即可组成坐标三角形 T 的 n 次剖分，记为 $S_n(T)$，称每个小三角形为 $S_n(T)$ 的子三角形，子三角形的顶点（共$\frac{(n+1)(n+2)}{2}$个）称为剖分的结点，结点的面积坐标如下式：

$$\left(\frac{i}{n}, \frac{j}{n}, \frac{k}{n}\right), \quad i+j+k=n \tag{2.41}$$

简记为：

$$P_{i,j,k}=\frac{i}{n}, \frac{j}{n}, \frac{k}{n} \tag{2.42}$$

定义 2.3 设 $b_{i,j,k}$（$i+j+k=n$）为任意实数，称

$$B^n(P)=B^n(u_1, u_2, u_3)=\sum_{i+j+k=n} b_{i,j,k}B^n_{i,j,k}(P) \tag{2.43}$$

为坐标三角形 T 上的 n 次 Bézier 三角面（片），称 $b_{i,j,k}$（$i+j+k=n$）为该 Bézier 三角曲面的系数，称 $P_{i,j,k}=(P_{i,j,k}; b_{i,j,k})$，$i+j+k=n$ 为该 Bézier 三角曲面的控制点。称在剖分的子三角形上为线性，且在结点 $P_{i,j,k}$ 处取值为 $b_{i,j,k}$ 的分片线性连续函数为该 Bézier 三角曲面的控制网格。

特别地，对任意函数 $f:T\rightarrow R$，取 Bernstein 系数为：

$$b_{i,j,k}=f\left(\frac{i}{n}, \frac{j}{n}, \frac{k}{n}\right) \tag{2.44}$$

则称

$$B^n(P)=B^n(u_1, u_2, u_3)=\sum_{i+j+k=n} f\left(\frac{i}{n}, \frac{j}{n}, \frac{k}{n}\right)B^n_{i,j,k}(P) \tag{2.45}$$

为 f 在 T 上的 n 次 Bernstein 三角多项式。

为了简化推导过程，引入三个移位算子 E_1、E_2、E_3，将其定义为：

$$E_1b_{i,j,k}=b_{i+1,j,k} \tag{2.46}$$

$$E_2b_{i,j,k}=b_{i+1,j,k} \tag{2.47}$$

$$E_3b_{i,j,k}=b_{i+1,j,k} \tag{2.48}$$

则 $E_1^iE_2^jE_3^kb_{0,0,0}=b_{i,j,k}$，且有：

$$B^n(P)=\sum_{i+j+k=n}\frac{n!}{i!jk!}u_1^i, u_2^j, u_3^k(E_1^iE_2^jE_3^kb_{0,0,0}) \tag{2.49}$$

利用三项式展开，可将（2.49）式表示为：

$$B^n(P)=(u_1E_1, u_2E_2, u_3E_3)^nb_{0,0,0} \tag{2.50}$$

从而有：

$$B^n(T_1)=E_1^nb_{0,0,0}=b_{n,0,0} \tag{2.51}$$

$$B^n(T_2)=E_2^nb_{0,0,0}=b_{0,n,0} \tag{2.52}$$

$$B^n(T_3)=E_3^nb_{0,0,0}=b_{0,0,n} \tag{2.53}$$

这里称点 $P_{n,0,0}=(1, 0, 0; b_{n,0,0})$，$P_{0,n,0}=(0, 1, 0; b_{0,n,0})$，$P_{0,0,n}=(0, 0, 1; b_{0,0,n})$ 为三角曲面的角点。

当 $u_1=0$，$u_3=1-u_2$ 时，代入到式（2.43）有：

$$B_{i,j,k}^n(P)=\frac{n!}{j!(n-j)!}u_2^j(1-u_2)^{n-j}=B_j^n(u_2) \tag{2.54}$$

则式（2.36）可表示为：

$$B^n(0, u_2, 1-u_2)=\sum_{j=0}^{n}b_{0,j,n-j}B_j^n(u_2), \quad 0\leqslant u_2\leqslant 1 \tag{2.55}$$

即三角曲面的边界是以三角曲面控制网格边界为控制多边形的 n 次 Bézier 曲线。

2.4.3.2 B-B 三角面连接算法

根据喷涂机器人轨迹优化的特点来看，与其他现有的曲面造型方法相比， Bézier 三角曲面方法能有效地解决表面形状复杂或曲率变化大的工件几何造型的问题，故该方法在喷涂机器人轨迹优化领域将会有更好的发展和应用前景。然而，由于喷涂机器人作业的特殊性，在使用 Bézier 三角曲面方法对有些复杂曲面工件造型之后，仍然需要对曲面进行进一步处理，即需要对各个三角面进行连接。但是，在实际喷涂作业时，并不是所有情况都需要对三角面进行连接，有些时候生成 Bézier 三角曲面后就可以直接进行喷涂路径规划，这一点在下文中还会进行详细论述。

B-B 三角面连接的总体思路是：首先计算 Bézier 三角曲面中各个三角面（片）的法向量，在系统中设定最大法向量阈值后，根据 B-B 三角面连接算法将三角面连接成平面片，再由平面片的位置关系和拓扑结构建立有向连接图，最后根据合并算法将各个平面片进行合并，从而为喷涂机器人轨迹优化工作做好准备。B-B 三角面连接算法步骤如图 2.28 所示。

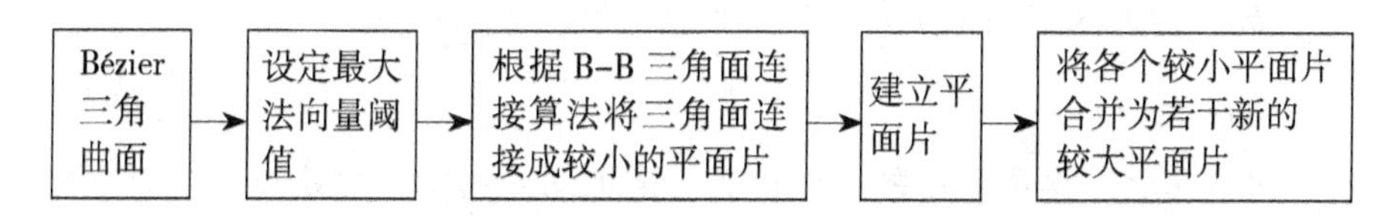

图 2.28　B-B 三角面连接算法步骤图

Bézier 三角曲面可以表示为以下集合形式：

$$M=\{T_i：i=1，2，\cdots，p\} \tag{2.56}$$

式（2.56）中是 Bézier 三角曲面中的第 i 个 B-B 三角面（片），是 Bézier 三角曲面的三角网格中三角面的总个数。

得到 Bézier 三角曲面后，选定任意一个 B-B 三角面为初始三角面，将与初始三角面相邻的 B-B 三角面与其相连接成为一个新的片。连接完成后如果满足以下要求：该片为 Bézier 三角曲面的一部分，且其平均法向量 n_a 与其最大偏角法向量 v_a 之间的夹角小于最大法向量阈值 θ_{th}，则该片即为一个平面片。该平面片上的平均法向量 n_a 的表达式为：

$$n_a=\frac{\sum_{i=1}^{p}S_in_i}{\sum_{i=1}^{p}S_i} \Bigg/ \left\| \frac{\sum_{i=1}^{p}S_in_i}{\sum_{i=1}^{p}S_i} \right\| \tag{2.57}$$

式（2.57）中，n_i 为第 T_i 个 B-B 三角面的法向量，S_i 为第 T_i 个 B-B

三角面的面积，p 为 Bézier 三角曲面中 B-B 三角面的总个数。

这里用 v_a 表示平面片的最大偏角法向量，是指某个片的最大投影面的法向量。某个片的最大投影面面积 S 可以表示成：

$$S=\sum_{i=1}^{p} S_i|n_i \cdot v_a| \tag{2.58}$$

式（2.58）中令 $\frac{dS}{dv_a}=0$，即可得到平面片最大偏角法向量 v_a。

若系统中设定最大法向量阈值为 θ_{th}，设 n_a 与 v_a 之间的夹角为 θ_{MDA}，则称 θ_{MDA} 为最大法向量偏角，再由平面片性质易得：

$$\theta_{MDA} \leqslant \theta_{th} \tag{2.59}$$

将三角面连接成较小的平面片后，由平面片的位置关系建立有向连接图，再根据合并算法将各个平面片进行合并。下面将对这一过程进行分析。

为了讨论问题的方便，将按照上述步骤得到的 Bézier 三角曲面中的每个平面片表示为一个节点，并且用一个有向连接图 $G=(V,E)$ 表示每个平面片的位置，V 表示连接图中的节点，E 表示该组节点连接而成的边界线，$E \in V \times V$。

由此可以看出，任意第 i 个节点 v_i 与以下三个参量有关，即为平面片法向量 n_{pi}、面积 A_i、最大法向量偏角 θ_{MDAi}。故节点 v_i 的表达式可以写为：$v_i=\{n_{pi}, A_i, \theta_{MDAi}\}$。若将任意节点 v_i 与节点 v_j 的边表示为 e_{ij}，边 e_{ij} 的权值为 $\omega(i, j)$（也就是两片的法向量的夹角），则法向量夹角最小的两个片就是权值 $\omega(i, j)$ 最小的边。若是平面片连接图中节点 v_i 与节点 v_j 合并为新的平面片 v_{ij}，则可以同样用公式（2.3）进行表示。由此，Bézier 三角曲面中 B-B 三角面组成平面片后，各个平面片的合并算法流程图与上文中图 2.3 类似，此处不再赘述。

2.4.4 应用举例

下面根据上文所提出的两种喷涂工件曲面造型方法分别举例进行验证

说明。

例 2.1 Bézier 张量积曲面造型方法举例。为了方便起见，选用双三次 Bézier 曲面来完成整个造型。根据式（2.34），这里设选取的 16 个控制顶点坐标为：（-1.2，-0.6，0.8）、（-0.2，-0.6，0.9）、（0.4，-0.6，-0.0）、（0.8，-0.6，0.8）、（-0.6，-0.2，0.8）、（-0.2，-0.2，1.0）、（0.4，-0.2，-0.4）、（0.6，-0.2，0.8）、（-0.6，0.2，0.8）、（-0.2，0.2，0.4）、（0.2，0.2，0.0）、（0.2，0.1，-0.3），（-1.0，0.5，0.7）、（-0.1，0.5，0.7）、（0.3，0.5，0.0）、（0.7，0.5，-0.3）。在 VC++ 软件中编写算法程序，采用 OpenGL 建模功能技术即可以得到双三次 B é zier 曲面图，并采用其光照功能对曲面进行渲染，如图 2.29 所示。

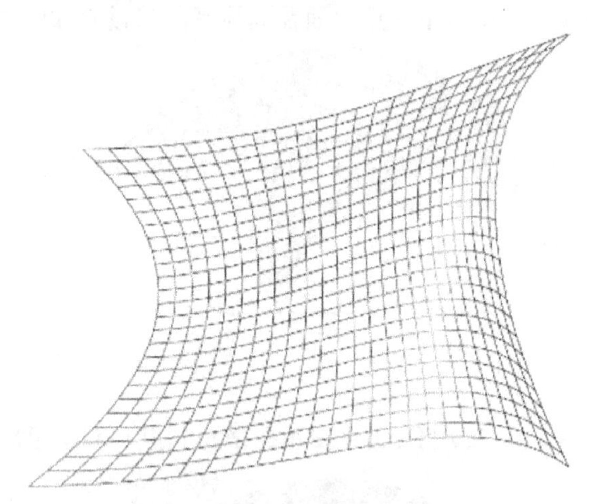

图 2.29　基于张量积曲面造型方法的 Bézier 曲面

例 2.2 Bézier 三角曲面构成举例。根据 2.3 节中式（2.25）—（2.37）可得，取 n=2 时，由 6 个控制顶点生成的二次 Bézier 三角曲面为：

$$B^2(\mathrm{P})=\sum_{i+j+k=2} b_{i,j,k}\frac{2!}{i!jk!}u_1^i,\ u_2^j,\ u_3^k$$
$$=u_1^2b_{200}+u_2^2b_{020}+u_3^2b_{002}+2u_1u_2b_{110}+2u_1u_3b_{101}+2u_2u_3b_{011} \tag{2.60}$$

上式（2.60）可进一步表示为二次型：

$$B^2(P)=(u_1,\ u_2,\ u_3)\begin{pmatrix} b_{200} & b_{110} & b_{101} \\ b_{110} & b_{020} & b_{011} \\ b_{101} & b_{011} & b_{002} \end{pmatrix}\begin{pmatrix} u_1 \\ u_2 \\ u_3 \end{pmatrix} \tag{2.61}$$

由此生成的二次 Bézier 三角曲面及其控制网络投影如图 2.30 所示。

当 n=3 时，由 10 个控制顶点生成的三次 Bézier 三角曲面为：

$$\begin{aligned} B^3(P) &= \sum_{i+j+k=3} b_{i,j,k}\frac{3!}{i!jk!}u_1^i,\ u_2^j,\ u_3^k \\ &= u_1^3b_{300}+u_2^3b_{030}+u_3^3b_{003}+3u_1^2u_2b_{210}+3u_1u_3^2b_{120}+3u_1^2u_3b_{201}+3u_1u_3^2b_{102} \\ &\quad +3u_2u_3^2b_{012}+3u_2u_3^2b_{021}+6u_1u_2u_3b_{111} \end{aligned} \tag{2.62}$$

由此生成的三次 Bézier 三角曲面及其控制网络投影如图 2.31 所示。

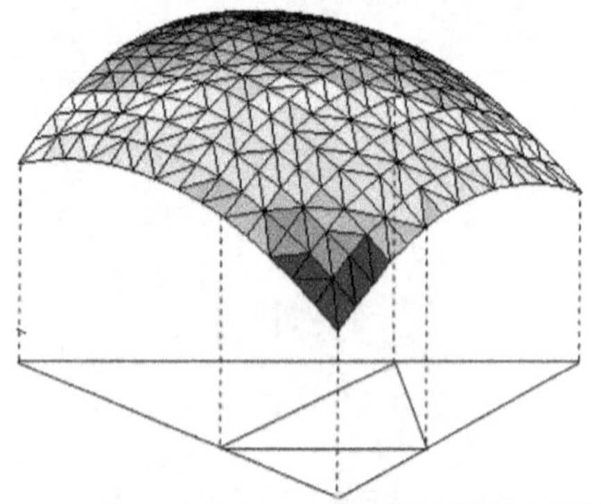

图 2.30　二次 Bézier 三角曲面及其控制网络投影

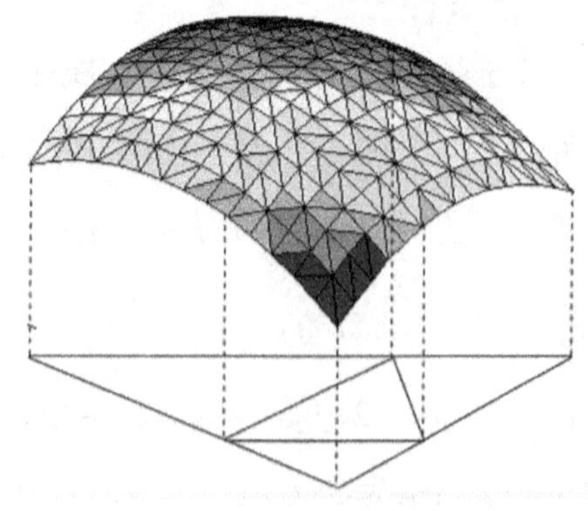

图 2.31　三次 Bézier 三角曲面及其控制网络投影

例 2.3 Bézier 三角曲面技术造型应用实例。为了验证 Bézier 三角曲面造型技术在喷涂机器人轨迹优化工作中的实用性，选取如图 2.32 所示的待喷涂工件进行造型研究。根据该喷涂工件拓扑结构，将该工件分为 3 部分进行处理，分别为盆底部、盆侧面及盆边缘部分。这 3 部分中，盆底部和盆边缘部分均为平面，可以通过控制顶点直接生成该部分曲面。而盆侧面又需要分为 2 片进行处理，这 2 片均为弧面，其中在每个面上的不同位置取 10 个控制顶点，各自利用例 2.2 中算法生成三次 Bézier 三角曲面。使用 VC++ 语言编写了 Bézier 三角曲面生成软件系统，生成该喷涂工件 B é zier 三角曲面后，求出各个 B-B 三角面法向量，如图 2.33 所示，进行估算后按照三角面连接算法，最后得到该工件的曲面造型图，如图 2.34、图 2.35、图 2.36 所示。

应用实例结果表明，对于复杂的曲面喷涂工件，Bézier 三角曲面造型技术应用效果较好且计算速度较快，能够满足实际喷涂的要求，从而为后面的喷涂轨迹优化奠定了基础。

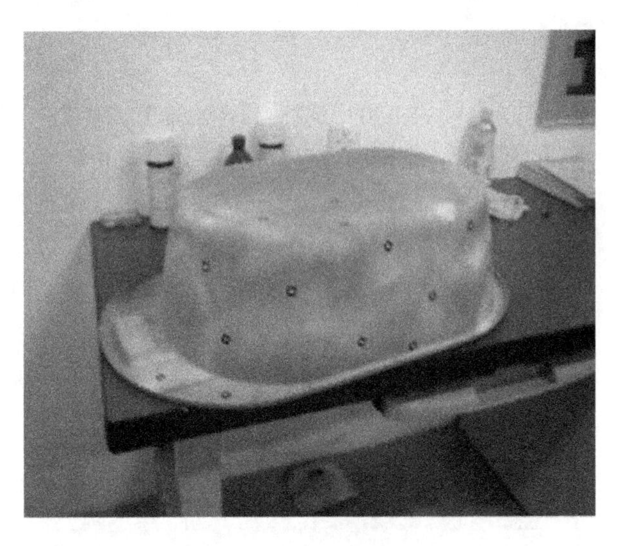

图 2.32　喷涂工件

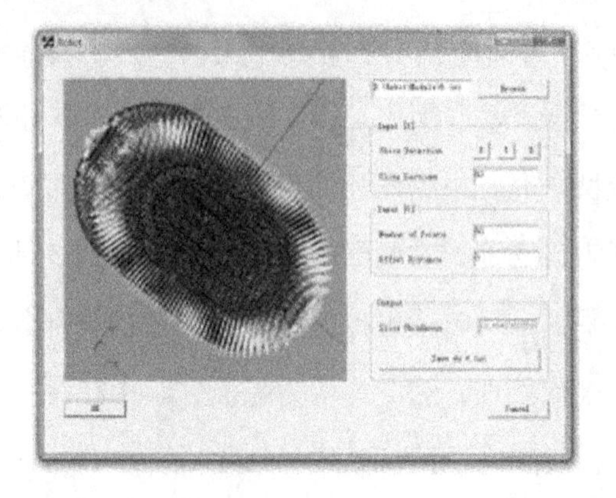

图 2.33　工件 Bézier 三角曲面法向量估算

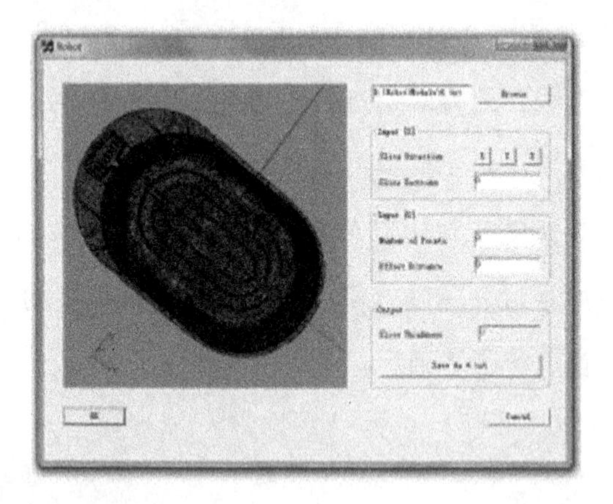

图 2.34　生成的工件曲面（X 轴方向）

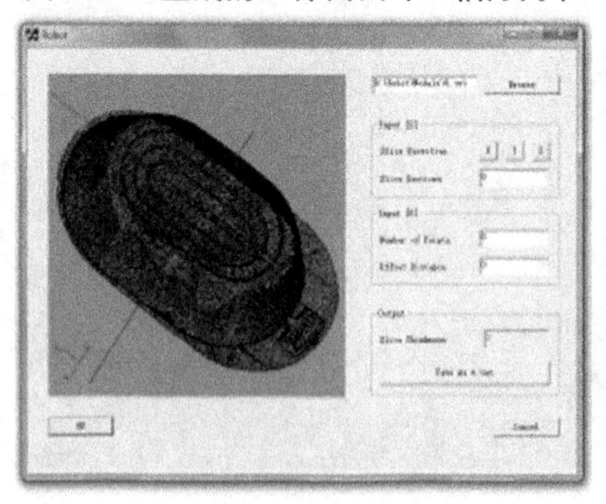

图 2.35　生成的工件曲面（Y 轴方向）

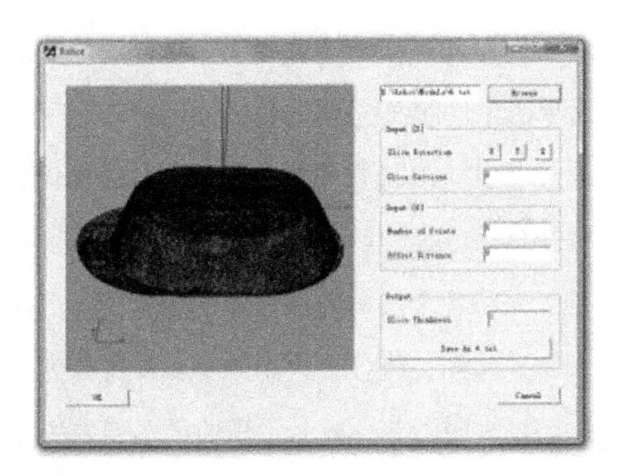

图 2.36　生成的工件曲面（Z 轴方向）

2.5　本章小结

在实际工业生产中，工件曲面造型是进行喷涂机器人轨迹优化的第一步。喷涂工件的表面结构千变万化，可能简单也可能十分复杂，因此现在还没有一套能够适用于各种喷涂工件的曲面造型方法。由于喷涂工件的多样性和复杂性，找到一套完整的实用性强的喷涂工件曲面造型方法不是一件容易的事情。本章在总结现有喷涂工件曲面造型技术的基础上，提出两种曲面造型方法：一种是基于平面片连接图 FPAG 的曲面造型方法，该方法主要包括曲面三角网格划分、三角面连接成平面片和基于平面片连接图 FPAG 的合并算法三个部分；另一种是基于点云切片技术的工件曲面造型方法，该方法主要分为总体算法描述、切片层数的确定、切片数据的分离、切片数据计算、多义线重构五个部分。本章对这两种方法都进行了实例验证，证明了这两种方法的有效性和实用性。这两种方法分别可以应用于一般性曲面（包括自由曲面和复杂曲面）以及曲率变化大的工件曲面的造型，并且计算速度快，完全满足喷涂机器人工作的需要。

为了得到较为精确的曲面特征，本章利用 Bézier 方法提出两种曲面造型方法：一种是 Bézier 张量积曲面造型方法，该方法主要适用于表面面积较小且形状较为简单的工件曲面造型；另一种是 Bézier 三角曲面造型方法，该方法以 Bernstein 多项式为基函数构造出 Bézier 三角曲面，同时将 Bézier 三角曲面网格中每一个三角面（片）称为 B-B 三角面，在此基础上提出 B-B 三角面的合并算法，先将各个三角面合并为平面片，再根据平面片的位置拓扑关系建立平面片连接图，将各个较小的平面片合并为较大的片。最后进行了实例验证，结果表明了 Bézier 张量积曲面造型方法和 Bézier 三角曲面造型方法均是有效的，且计算实时性较好。

第3章　喷涂机器人空间路径规划方法研究

3.1　引　言

喷涂工件曲面造型完成后，下一步工作即是对喷涂机器人空间路径进行规划。本章所采用的喷涂机器人轨迹优化方法的思路是：先指定喷涂机器人空间路径，再找出机器人沿指定空间路径的最优时间序列，即机器人以什么样的速度沿指定空间路径进行喷涂作业时，工件表面上的涂层厚度最均匀。从这个角度来说，喷涂机器人的优化轨迹可以看成由两个因素组成：一是喷涂路径，二是喷涂机器人移动速度。因此，寻找到合适的喷涂机器人空间路径对后面的轨迹优化工作起着至关重要的作用。

应当指出，现在在喷涂机器人轨迹优化工作中，大部分工作都还是集中于讨论轨迹优化的方法或二维平面上的喷涂路径规划，而对于面向曲面的喷涂机器人三维空间路径规划的研究做得仍然比较少[107]。通常情况下，喷涂机器人路径规划只是求出两条相邻喷涂路径之间距离的最优值，并以此最优值来规划机器人空间路径，这种方法显得过于简单和粗糙。另外，随着喷涂机器人的广泛应用，现在工业生产中复杂喷涂工件越来越多，而仅仅从研究喷涂机器人轨迹优化方法的角度上来提高喷涂效果就有一定的局限性了。因此，要想获得更佳的优化轨迹并得到更好的喷涂效果，必须对喷涂机器人空间路径规划方法进行深入研究。

根据喷涂机器人实际工作的需要，本章提出两种喷涂机器人空间路径规划方法：一种是基于分片技术的喷涂机器人空间路径规划，这种方法主要是应用于复杂曲面上的喷涂路径规划的；另一种是基于点云切片技术的喷涂机器人空间路径规划。这两种方法都比较实用，且计算速度较快，能够在保证喷涂机器人喷涂效率的同时，达到更佳的喷涂效果。

3.2 基于分片技术的喷涂机器人空间路径规划

本节所研究的基于分片技术的喷涂机器人空间路径规划，主要是应用于复杂曲面上的喷涂路径规划的（某些场合下在自由曲面上也可应用）。上文中已经提到，喷涂机器人喷涂路径的规划会直接影响喷涂效果。例如，喷涂路径方向的改变会影响喷涂速度的变化，而喷涂速度的变化又会直接影响涂层的均匀性；再有，复杂曲面分片后在两片交界处路径走向的不同也会直接影响到喷涂效果。实际生产中，多数复杂曲面可以分割成若干个参数曲面，但是由于参数曲面的表达式过于复杂，故很难用于喷涂路径的规划。因此，对于复杂曲面而言，在喷涂机器人路径规划之前可以采用第二章所提到的基于平面片连接图 FPAG 的曲面造型方法对其进行造型。

复杂曲面主要特征是：曲面中具有复连通区域，即在曲面的边界线内有“洞”。由此可以看出，对于复杂曲面而言，在进行轨迹优化之前一般都需要进行分片处理，如图 3.1 所示。因此，复杂曲面上喷涂机器人轨迹优化工作主要可分为四个步骤：第一步，对复杂曲面进行分片；第二步，在每一片上进行喷涂路径规划；第三步，在每一片上进行喷涂轨迹优化（此工作主要是指进行喷涂速率的优化）；第四步，对每一片上的喷涂轨迹进行优化组合。本章内容主要涉及的是前 2 个步骤，而后 2 个步骤将在后面的内容中详细介绍。

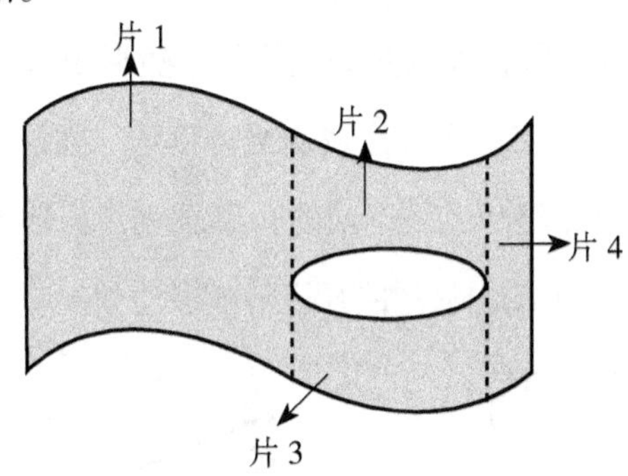

图 3.1　复杂曲面分片示意图

3.2.1　复杂曲面分片方法

复杂曲面分片主要是基于曲面拓扑结构进行的。假设某一个复杂曲面 M_c 在进行三角网格划分后表示为：

$$M_c = \cup_{i=1}^{n} T_i \tag{3.1}$$

式中，T_i 表示第 i 个三角面，n 表示三角面的总数。在第 2 章 2.2.1 节中已经介绍了平面片的平均法向量$\vec{n_a}$的概念，这里按照这个概念的定义方式可以将复杂曲面的平均法向量定义为：

$$\vec{n_b} = \frac{\sum_{i=1}^{k} B_i \vec{n_a}}{\sum_{i=1}^{k} B_i} \Bigg/ \left\| \frac{\sum_{i=1}^{k} B_i \vec{n_a}}{\sum_{i=1}^{k} B_i} \right\| \tag{3.2}$$

式中，k 表示复杂曲面被三角划分后三角面的个数，B_i 表示第 i 个三角面的面积，$\vec{n_i}$表示第 i 个三角面的法向量。在确定了复杂曲面的平均法向量后，易知在平均法向量方向上曲面的投影面积最大。由此，对复杂曲面的分片其实就转化为了对该复杂曲面最大投影面进行分片。根据最大投影面的拓扑结构，对其进行分片时应尽量遵从以下几个原则：

（1）规则多边形原则。这里的规则多边形是指内角为直角或者钝角的多边形。由于规则多边形的路径规划相对简单，所以分片时应尽量分解为规则多边形。如果分片近似于直角多边形，则机器人路径规划及机器人的运动控制效果将比较好；而内角为锐角的多边形中由于存在一些较小的边角，使得机器人运动控制实现比较困难。例如，在图 3.2 中，分片的方式不同直接导致了喷涂路径也是不同的；很显然，若是从机器人运动控制的角度考虑，按照（a）图中喷涂路径进行喷涂的效果肯定更佳。

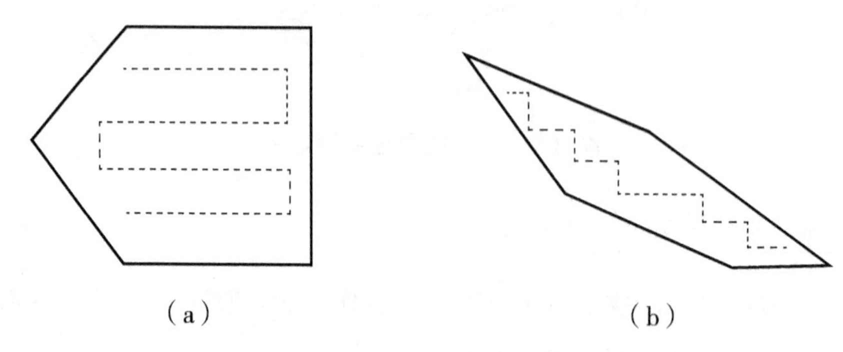

（a）　　　　（b）

图 3.2　两种多边形喷涂路径比较

（2）凸多边形原则。凸多边形是指内角角度均小于 180 度的多边形。一般而言，与凸多边形相比，凹多边形上的喷涂路径方向变化更多一些。因此，同样是从机器人运动控制角度考虑，沿着凸多边形上的喷涂路径进行喷涂效果会更好一些。例如，图 3.3（a）中凸多边形上的喷涂路径显然要比图 3.3（b）上喷涂路径的转折点少，喷涂效果也会更佳。

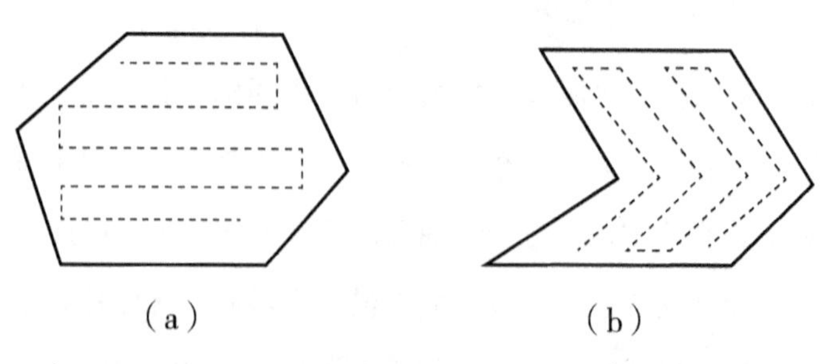

（a）　　　　（b）

图 3.3　（a）为凸多边形，（b）为凹多边形

（3）尽量减少转折点原则。一般而言，在喷涂路径的转折点处，喷涂机器人的运动控制难度较大，从而导致喷涂效果变差；另一方面，在转折点处机器人必须经过减速和加速过程才能平稳过渡，从而喷涂时间也会变长，喷涂效率降低。因此，分片过程中应尽量选择转折点最少的分片方案，即垂直于喷涂路径方向的分片的边长长度要尽量短。

（4）片之间的公共边长尽量短原则。片与片交界处上的涂层厚度是由两片上的喷涂轨迹所决定的，因此，如果片与片公共边长较长，就会极易造成公共边周围涂层厚度不一致，故在各种分解方案中应该优先选择片之间公共边短的分片方案。

这4条基本原则只是笼统地给出了复杂曲面分片的要求，下面将根据这4条原则用具体的数学表达式来描述复杂曲面分片优化问题。

首先，对于规则多边形（Regularity）原则和凸多边形（Convexity）原则可使用下面这个表达式来度量：

$$RC=\left(\sum_{i=1}^{p}\lambda(\theta_i)\right)/p \tag{3.3}$$

上式中，p 表示规则多边形顶点的个数，θ_i（i=1，2，…，p）为规则多边形内角角度，$\lambda(\theta_i)$ 为罚函数，其定义式为：

$$\lambda(\theta_i)=\begin{cases}1-\dfrac{2}{\pi}\theta_i & 0\leqslant\theta_i\leqslant\dfrac{2}{\pi}\\ 0 & \dfrac{2}{\pi}\leqslant\theta_i\leqslant\pi\\ \dfrac{\theta_i}{\pi}-1 & \pi\leqslant\theta_i\leqslant 2\pi\end{cases} \tag{3.4}$$

其次，在尽量减少转折点原则中已经说明分片时要保证垂直于喷涂路径方向的分片的边长长度尽量短。这里采用 ALT_{min} 表示垂直于喷涂路径方向的分片的边长长度，即分片的最低高度为 ALT_{min}。图3.4说明了喷涂路径的方向和转折数的关系，即如果喷涂路径与最小高度方向垂直，那么路径的转折点就少；反之，路径的转折点就多，喷涂效率就低。

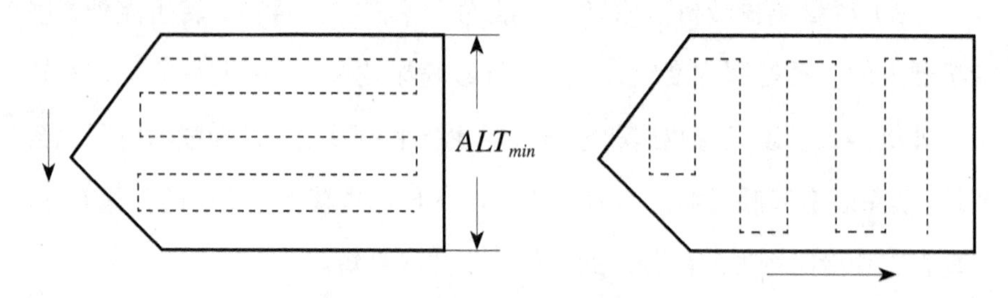

图 3.4 最小高度代表最小的转折点数

下面将采用多边形旋转法来求取最小高度 ALT_{min}。如图 3.5 中的例子，左边为一个在 x-y 平面内的长方形（假设长为 2 个单位，宽为 1 个单位），将长方形绕 z 轴旋转 360 度后，可得到旋转过程中长方形的高度变化曲线（即长方形四个顶点的 y 坐标的最大值和最小值之差），如右图所示。由此可知，长方形处于不同旋转角度时长方形的高度也不同，因此对于任意形状的多边形也可以通过旋转法得到其各个顶点的坐标之差，从而求出最小高度 ALT_{min}。而对于任意一个非规则的多边形求取最小高度 ALT_{min} 的方法可参考文献[34]。

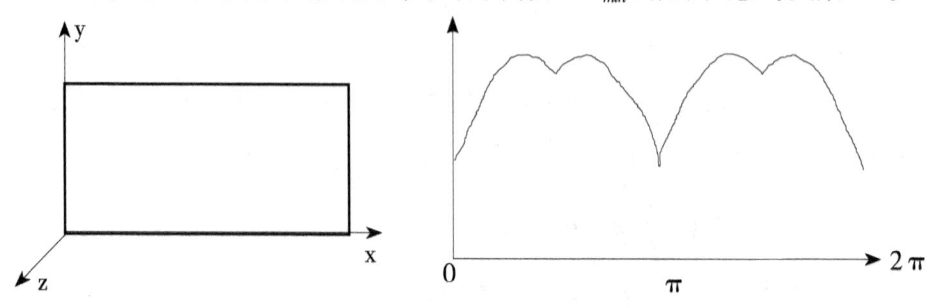

图 3.5 多边形高度与旋转角度实例

由此，按照上文中所叙述的分片原则，一个复杂曲面分片后某一片的最佳方案评价函数 F 可用数学表达式表示为：

$$F=w_1h_1(RC)+w_2h_2(ALT_{min})+w_3h_3L_{cb}+w_4h_4l \tag{3.5}$$

上式中，RC 表示规则多边形（Regularity）原则和凸多边形（Convexity）原则度量表达式；ALT_{min} 表示垂直于喷涂路径方向的分片的边长长度；L_{cb} 表示片之间的公共边长；l 表示分片数；h_i（i=1，2，3，4）为取值范围为（0，

1）的变量参数，w_i（i=1，2，3，4）为各个指标对应的权值。

综上所述，可以将复杂曲面分片问题描述为这样一种几何问题：已知某一个具有复连通区域的曲面的最大投影面有 k 个“洞”，且每个洞有 n_i 条边（i=1，2，…k），现将最大投影面分为 m 片，且要求最佳方案评价函数 $F=\sum_{i=1}^{m}$取到最小值。

为了使问题进一步简化，这里使用哈密尔顿图形法表示复杂曲面分片问题，即用一个顶点代表曲面分片后的每一个片，从而形成一个完整的哈密尔顿图[91]。至此，复杂曲面分片问题可以进一步表示为一个带约束条件的数学优化问题：

$$\min z=\sum_{i=1}^{N_S} F_j x_j \tag{3.6}$$

$$\text{s.t.} \sum_{j=1}^{N_S} a_{ij} x_j = 1,\ i=1,\ 2,\ \cdots,\ N_C \tag{3.7}$$

其中 x_j=0，1，a_{ij}=0，1，j=1，2，…，N_S

这里，N_C 表示哈密尔顿图中的顶点数；N_S 表示曲面分片后的片数；F_j 表示曲面分片后第 j 片的最佳方案评价函数；若哈密尔顿图中用顶点 i 表示第 j 片则 a_{ij} 取 1，否则 a_{ij} 取 0；若第 j 片为分片后曲面中的一片，则 x_j 取 1，否则 x_j 取 0。很显然，这是一个带约束条件的单目标优化问题，可用罚函数法或障碍函数法求解[92]。

综上所述，复杂曲面分片问题的算法步骤为：

（1）设置顶点集合 C，其元素个数为曲面分片数；

（2）根据顶点集合 C 获得完整的哈密尔顿图；

（3）循环次数 k=1 到 N_C，N_C 表示哈密尔顿图中的顶点数；

（4）若所有顶点都连接到哈密尔顿图中则跳转至（5），否则跳转至（3）；

（5）计算每一片的 RC、ALT_{min} 和 L_{cb} 的值；

（6）计算最佳方案评价函数 F 的值；

（7）求解表达式（3.6）与（3.7）；

（8）若所有分片已经计算完成，计算停止，否则跳转至（5）。

3.2.2 每一片上进行喷涂路径规划

喷涂机器人喷涂路径通常有两种模式：Z 字形路径和螺旋形路径。Z 字形路径规划比较简单，缺点是喷涂后在每一片的边界处涂层厚度均匀性较差；螺旋形路径避免了这个缺点，但在喷涂过程中喷枪路径上容易出现断点。图 3.6 所示的是同一个平面上不同的路径模式和喷涂走向，其中（a）、（b）、（c）是 Z 字形路径，（d）是螺旋形路径。在实际生产中，机器人喷涂路径一般都为 Z 字形路径。复杂曲面分片后，可按照每一片上不同的路径模式和走向建立喷涂路径的评价函数，并以评价函数值最优为目标，选出最佳路径模式和走向。

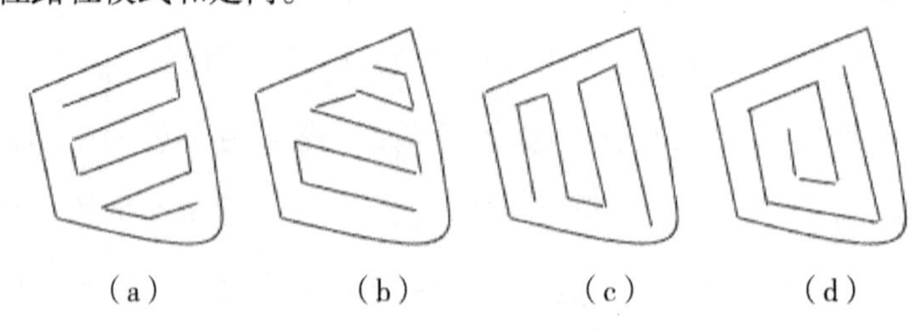

图 3.6 同一片上的不同路径模式和走向

在以前的研究中，对于喷涂路径的规划一般只考虑一种运动模式。在这里，对于每一片喷涂路径的评价函数主要由以下几个因素组成：

（1）平行指数。平行指数指的是边界附近的喷涂路径平行于边界线的次数，用字母 λ 表示。曲面分片后，对于在平面片边界上的喷涂路径，在平行于边界线的喷涂路径上喷涂效果会比较好。然而，由于平面片拓扑结构的多样性与复杂性，喷涂路径不能完全平行于平面片的边界线，因此，需要设置一个平行角度阈值 Φ_{th}，即如果喷涂路径与边界线的夹角小

于 Φ_{th}，就认为喷涂路径与该边界线是平行的，否则就是不平行的。前文已经介绍了在进行喷涂路径规划时，应该注意路径的方向改变次数越少越好。如果一个平面片有 n_b 条边界线，则该平面片上的喷涂路径的方向数 $n_c=n_b-\sum_{i=1}^{n_b}(1-(1/\lambda_i))$。而对于螺旋形路径，平面片上的喷涂路径的方向数 $n_c=1+n_b-\sum_{i=1}^{n_b}(1-(1/\lambda_i))$。例如，对于图3.6中的4种同一片上的不同路径模式和走向而言，其平行指数 λ 分别为1、1、2、2，则根据公式可计算出其喷涂路径的方向数 n_c 分别为4、4、3、4。因此，单纯从平行指数指标计算来看，图3.6中（c）图的喷涂路径比较好。

（2）路径转折点数 n_t。上文已经提到若是路径转折点数 n_t 过大，会导致喷涂机器人的运动控制难度较大，从而导致喷涂效果变差。因此，应尽量选择转折点最少的路径。

（3）路径最小分段长度 l_m。在对喷涂轨迹优化的工作中，很多时候需要对喷涂路径进行分段考虑，即每一段上的喷涂速度不一样且需要单独优化。很显然，按照这个思路来看，对于某一个完整的喷涂路径来说，路径最小分段长度 l_m 越大，喷涂速度改变的次数越少，机器人运动控制越容易。因此，应尽量选择路径最小分段长度 l_m 大的喷涂路径。

（4）喷涂路径最大距离与最小距离之差 σ_d。如果两条相邻喷涂路径之间的最大距离为 d_{max}，而两条相邻喷涂路径之间的最小距离为 d_{min}，则 $\sigma_d=d_{max}-d_{min}$。显然，在路径规划时，应尽量选择 σ_d 小的路径。

由此，对于每一片喷涂路径的评价函数可以定义为：

$$F_0=\omega_1\lambda+\omega_2(1/n_t)+\omega_3 l_m+\omega_4(1/\sigma_d) \tag{3.8}$$

显然，在路径规划时应尽量选择评价函数 F_0 大的喷涂路径。

3.2.3 应用实例

现取某一带“洞”的复杂曲面，其最小包围盒尺寸为：长度（X方向）

1280mm，宽度（Y 方向）1120mm，高度（Z 方向）120mm。按照第 2 章中基于平面片连接图 FPAG 的曲面造型方法进行造型后，可以得到 10 种分片组合，再将分片后的曲面在其法向量方向上投影后，得到其最大投影面，如图 3.7 所示。图中粗线是投影面的内外边，细线是分解线，也就是组合后的片与片之间的公共边，按照喷涂路径规划的要求，公共边长越短越好。

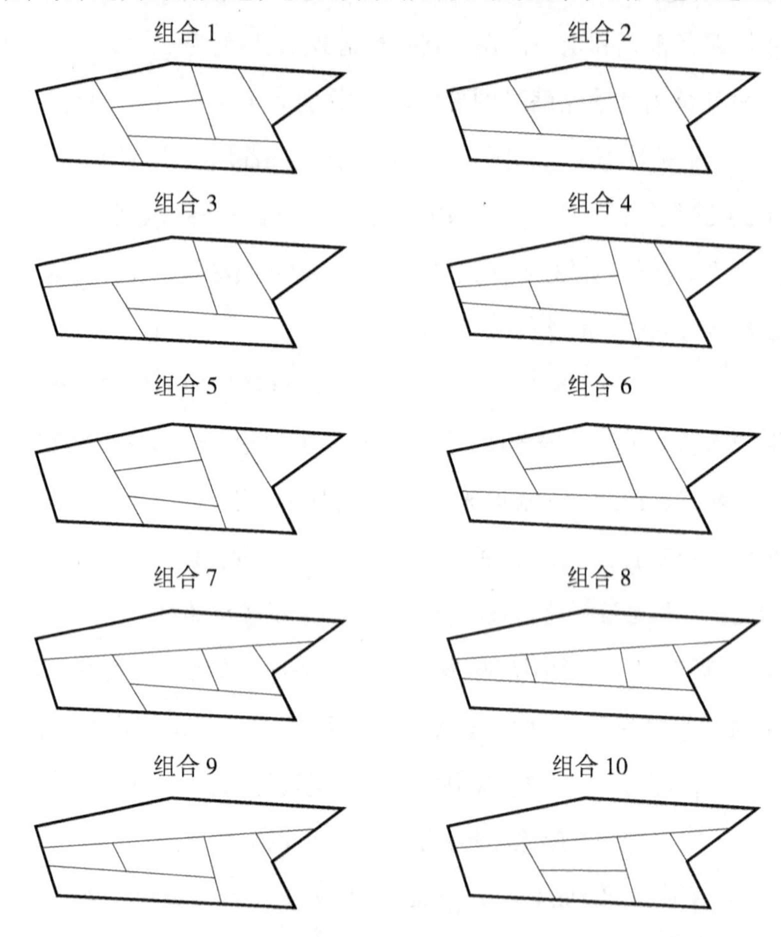

图 3.7　某一复杂曲面 10 种分片组合的投影面

为了求出图 3.7 中 10 种分片的最佳评价函数 F，先分别计算式（3.5）中评价分片的规则性和凸多边形原则度量表达式（RC）、垂直于喷涂路径方向的分片的边长长度（ALTmin）、片之间的公共边长（Lcb）和分片个数（l）在各种分片组合中的值，如表 3.1 所示。需要指出的是，由于这里分片数比较少，故不需要用哈密尔顿图表示复杂曲面分片问题，只需要直接根据式（3.5）计算即可。

表 3.1　各种分片组合的原始分类指标

	RC	ALT_{min}（mm）	L_{cb}（mm）	1
组合 1	0.13333	1738	1915	5
组合 2	0.13333	1746	1952	5
组合 3	0.13333	1738	1901	5
组合 4	0.13333	1698	1938	5
组合 5	0.13333	1768	1942	5
组合 6	0.13333	1717	1925	5
组合 7	0.13333	1535	1706	5
组合 8	0.13333	1465	1716	5
组合 9	0.13333	1495	1743	5
组合 10	0.13333	1564	1733	5

由表 3.1 知式（3.5）中指标缩放到最大值 1 的变量参数 h_i（i=1，2，3，4）初始值分别为：

$$h_1=1/0.13333,\ h_2=1/1768,\ h_3=1/1952,\ h_4=1/5 \tag{3.9}$$

对各个组合的原始指标归一化处理，归一化后的分类指标如表 3.2 所示。根据前文对规则性和凸多边形原则度量表达式（RC）、垂直于喷涂路径方向的分片的边长长度（ALT_{min}）、片之间的公共边长（L_{cb}）和分片个数（1）等参数的定义可知：RC 越大，表示分片后的子多边形中锐角或者凹点越多，路径规划效果越不好，路径转折多，厚度一致性难以保证，涂料浪费多；ALT_{min} 越大，表示分片后的各个子多边形的最小高度之和越大，最小高度与路径的转折数成正比，因此喷涂时间长，浪费涂料多；L_{cb} 越大，表示分片后的片之间的公共边越长，而公共边的两侧处于两个片内，要达到公共边两侧涂层厚度一致，比较困难，因此公共边越长，涂层一致性越差；l 越大，表示最后分得的子多边形个数越多，则在各个分片上的路径规划与轨迹优化完成后，再进行喷涂轨迹优化组合时难度增加，因此分片数也是越小越好。由此，这里暂时取各个分类指标的权值相等，即

$$w_1=w_2=w_3=w_4=1 \tag{3.10}$$

表 3.2　各种分片组合的归一化分类指标

	h_1RC	h_2ALT_{min}	h_3L_{cb}	h_4l
组合 1	1	0.983	0.981	1
组合 2	1	0.988	1	1
组合 3	1	0.983	0.974	1
组合 4	1	0.961	0.993	1
组合 5	1	1	0.995	1
组合 6	1	0.971	0.986	1
组合 7	1	0.868	0.874	1
组合 8	1	0.829	0.879	1
组合 9	1	0.846	0.893	1
组合 10	1	0.885	0.888	1

将式 3.10 中各个权值与表 3.2 中数据代入式（3.5）计算后可以得到图 3.7 中的 10 种分片组合的最佳方案评价函数 F 的值，如表 3.3 所示。

表 3.3　各种分片组合的最佳方案评价函数 F

组合	1	2	3	4	5	6	7	8	9	10
F	2.964	2.988	2.957	2.954	2.995	2.957	2.742	2.708	2.738	2.772

由表 3.3 知，在式（3.5）中的各个分类指标的权值相同时，分片组合 8 的最佳方案评价函数值最小，而分片组合 5 的最佳方案评价函数值最大。也就是说组合 8 的分片结果在前面 10 种分片组合中最好，而组合 5 最差。图 3.8 所示的是最优分片组合 8 和最差分片组合 5 各自的带标号的原始图，图中粗线为内外边，两种组合图中各个分片的顶点坐标值如表 3.4 所示。

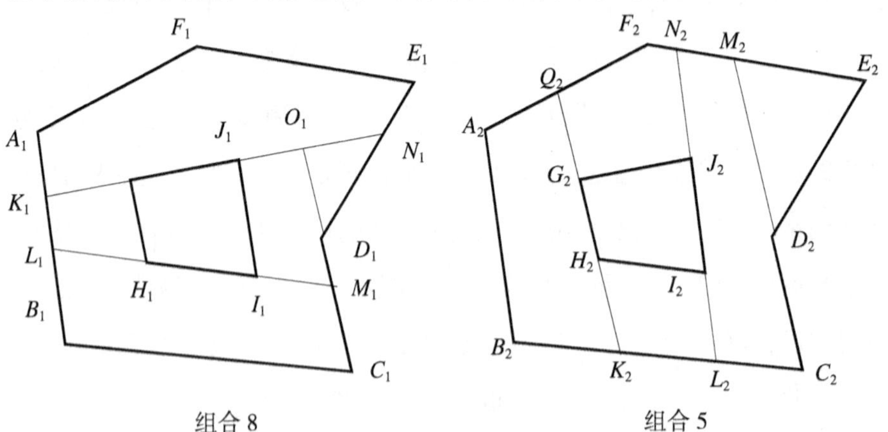

图 3.8　分片组合 8 和分片组合 5 的原始图

表 3.4 组合 8 和组合 5 内各个分片的顶点坐标值

组合 8	x（mm）	y（mm）	组合 5	x（mm）	y（mm）
A_1	0	836	A_2	0	836
B_1	94	106.3	B_2	94	106.3
C_1	1090.6	0	C_2	1090.6	0
D_1	985.3	465.2	D_2	985.3	465.2
E_1	1290	996.9	E_2	1290	996.9
F_1	553.7	1123.5	F_2	553.7	1123.5
G_1	319.8	664	G_2	319.8	664
H_1	386.1	385.5	H_2	386.1	385.5
I_1	750	333.6	I_2	750	333.6
J_1	700	731.1	J_2	700	731.1
K_1	28.8	612.6	K_2	461.9	67.1
L_1	51.90	443.09	L_2	787.99	32.3
M_1	1023.98	294.6	M_2	847.8	1073
N_1	1186.9	817.00	N_2	652.8	1106.5
Q_1	916.59	769.3	Q_2	248.2	964.9

下面采用常用的定速度和定间距的喷涂方法来验证分片组合 8 是否优于分片组合 5。假设喷涂速度 v=300mm/s，两条喷涂行程间距离 d=50mm（为了提高比较精度，取得稍小一些）。为了保证边界上的涂层厚度一致，假定在内外边附近时，喷涂路径与边界的距离小于等于 $d/2$，而片与片公共边两边的喷涂路径与公共边的距离尽量取为 $d/2$。

如图 3.9 所示，以分片为例，该分片的最小高度 ALT_{min}=411.88mm，为到直线的距离。现作过点垂直于 K_1N_1 的直线，得到垂点为 P（625.31mm，717.91mm），则 $|F_1P|$=411.88mm。由于边为公共边，故以 P 点为起点，沿方向规划喷涂路径。在线段 F_1P 上取 n 个点，并使得 $|P_1P|=d/2$，$|P_1P_2|=d$，$|P_2P_3|=d$，…。然后依次过点 P_1，P_2，P_3，…作平行于边 K_1N_1 的直线，分别与 $K_1A_1F_1$ 和 $N_1E_1F_1$ 相交，过点 P_1 与 K_1N_1 平行的直线与边的交点分别为 t_1 和 t_2。再在直线 t_1t_2 上取两点 T_1 和 T_2，使得 $|t_1T_1|=d/2$，$|t_2T_2|=d/2$，则线段 T_1T_2 即为一条喷涂路径。考虑到这里规划的是片内的路径，故 n 条路

径均应在分片内，所以有$\frac{(2n-1)d}{2} \leqslant ALT_{min}$。代入$ALT_{min}$和$d$的值可得，$n \leqslant \frac{ALT_{min}}{d}+0.5=8.7376$，故$n=8$。

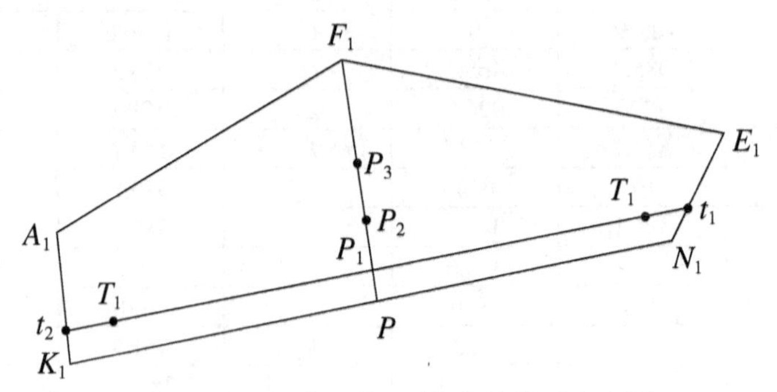

图 3.9　分片组合 8 的子片轨迹规划

按照路径的规划方法依次过点规划剩下的几条路径，最后把这 8 段依次连起来即可得到该分片上的喷涂路径。依照同样的方法，可以得分片组合 5 上的喷涂路径，如图 3.10 所示。

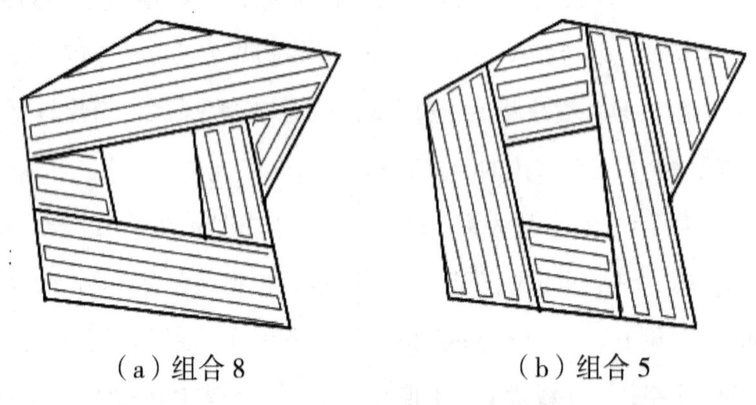

（a）组合 8　　（b）组合 5

图 3.10　分片组合 8 和分片组合 5 的喷涂路径

分析图 3.10 后可以看出，分片组合 8 上的喷涂路径有 28 段路径和 46 个拐点，而组合 5 的喷涂路径有 35 段路径和 60 个拐点。显然，分片组合 8 中的分段路径长度要大于分片组合 5，而分片组合 8 中的路径拐点数少于分片组合 5。由此可见，分片组合 8 中的喷涂路径效果更好。

3.3 基于点云切片技术的喷涂机器人空间路径规划

在第2章中提出了一种基于点云切片技术的曲面造型方法，本节将在用此方法完成工件曲面造型后，进一步研究基于点云切片技术的喷涂机器人空间路径规划方法。具体步骤如下：通过设定切片方向（与喷涂路径方向相关）和切片层数（与喷涂路径往返次数相关），对点云模型进行切片处理，得到切片多义线后对其平均采样，然后估算所有采样点的法向量，最后利用偏置算法获取喷涂机器人空间路径。

设定切片方向、切片层数、对点云模型进行切片处理以及切片多义线的构建已经在第2章中有所阐述。按照第2章中所提到的点云切片技术对切片截面数据经过精简、平滑和分段处理后，可以得到工件表面的有效数据点。对这些数据点进行平均采样，即可得到喷涂机器人末端执行器在工件表面的投影点。由于末端执行器的位姿包括了位置和姿态两个参量，而切片所得的截面数据只有位置信息，故这些数据点还不能作为末端执行器的位姿。喷涂机器人工作过程中，需要保持末端执行器的轴线始终与工件表面垂直，且与工件表面的距离恒定。为了保证涂层分布均匀，本节中设计了相应的算法来计算出采样点在法线方向的偏移量，而这些偏移后的数据点就包含了末端执行器在喷涂过程中的位姿信息。最后，再采用插补算法将各数据点连接起来，便可形成连续的喷涂机器人空间路径。

3.3.1 末端执行器位姿数学模型

假设工件静止不动，在笛卡尔坐标系XYZ中，可直接得到工件表面的函数表达式为$z=h(x, y)$。其中，映射$h:D \rightarrow R$（实数域），定义域。由一般的集合概念，工件表面的函数表达式可定义为：

$$S=\{(x, y, z)\}|z=h(x, y), (x, y) \in D \quad (3.11)$$

假设末端执行器 TCP 点（工具中心点，Tool Center Point）相对于固定笛卡儿坐标系 XYZ 的位置用三维矢量函数 p（*t*）表示，而末端执行器相对于固定笛卡儿坐标系 XYZ 的姿态用另一个三维矢量函数 o（*t*）表示。这两个矢量与时间 *t* 的关系可表示为：

$$p(t)=[\,p_x(t)\quad p_y(t)\quad p_z(t)\,]^T \tag{3.12}$$

$$o(t)=[\,o_x(t)\quad o_y(t)\quad o_z(t)\,]^T \tag{3.13}$$

其中，式（2.2）中矢量 $p_x(t)$，$p_y(t)$，$p_z(t)$ 表示 t 时刻时，末端执行器在 XYZ 坐标系中的位置；式（2.3）中矢量 $o_x(t)$，$o_y(t)$，$o_z(t)$ 表示 *t* 时刻时，末端执行器分别绕 X、Y、Z 坐标轴的旋转角度。这种相对于固定坐标系的旋转系统一般称为“滚动、俯仰、偏转”系统。根据上述这些角度值很容易定义一个旋转矩阵，这样左乘或右乘该矩阵就能够将固定坐标系转换为末端执行器的旋转坐标系。

为了方便，定义一个矢量函数 a（*t*）来总体代表末端执行器的位置和姿态：

$$a(t)=[\,p(t)\quad o(t)\,]^T \tag{3.14}$$

3.3.2 喷涂机器人空间路径的获取

喷涂机器人空间路径的获取主要分为：路径采样点数量设定、路径采样点法向量估算、空间路径的生成三个步骤。

3.3.2.1 路径采样点数量设定

对处理后的切片截面线进行平均采样，即可得喷涂路径在工件表面的投影。引入人工交互手段，设定采样点数量参数 Number of Points（记为 num），采用式 3.15 计算每层切片上采样点的间隔距离 d_m，由此得到路径点的坐标数据。

$$d_m=\frac{\sum_{i=0}^{N=1}\|P_iP_{i+1}\|}{num} \quad (3.15)$$

其中，N 表示该层切片多义线上点的数量，P_i 和 P_{i+1} 表示多义线上第 i 个和第 $i+1$ 个采样点。

3.3.2.2 路径采样点法向量估算

根据末端执行器在第一条喷涂路径线上的工作起始点和移动方向，首先确定第一层的切片数据排序方向，然后设定相邻层的切片数据排序方向依次相反，从而可以确定末端执行器在工件表面的喷涂路径。喷涂路径是由一系列的切片数据点构成的集合，称为采样点集 Q，即

$$Q=\{Q_i(x_j,\ y_i,\ z_i)\ i=1,\ 2,\ 3\cdots,\ t\} \quad (3.16)$$

其中 x_j 为第 j 层切片平面的 X 坐标，i 表示该层切片平面上的采样点的编号，y_i、z_i 表示第 i 层切片平面上的采样点 Y 坐标与 Z 坐标。对于采样点集中每一个数据点 Q_i 所在的微切平面的法向量，主要有两种方法进行估算。一种是利用点的邻域信息，通过计算点的 k- 邻域，然后用最小二乘法构造 k 个邻近点的最佳逼近平面，该平面可以认为是该点处的微切平面，平面的法向量就是所求的采样点的法向量[108, 109]。这种方法中的微切平面具有二义性，为了使平面的法向量指向曲面的外侧，需要调整法向量的方向。另一种方法是利用散乱数据的三角拓扑结构，通过点的相关三角形的法向量求得，并直接利用有向三角形的方向确定法向量的方向[110]，下面就利用此方法估算采样点法向量。

如图 3.11 所示，采样点 Q_i 周围有 m 个点 P_j(j=1，2，…，m)与之相邻接，构成 m 个相关三角形。由 Q_i、P_j、P_{j+1} 构成的三角形的单位法向量为：

$$\vec{n_j}=\frac{(P_j-Q_j)\times(P_{j+1}-Q_j)}{\|(P_j-Q_j)\times(P_{j+1}-Q_j)\|} \quad (3.17)$$

其中，（j=1，2，…，m，且 $P_{m+1}=P_1$）。若三角形面积为 S_j，通过加

权组合，采用 $\sigma_j=1/S_j$ 作为加权因子，则点 Q_i 的法向量 $\vec{n}$ 估算为：

$$\vec{n}=\sum_{j=0}^{m}\sigma_j\vec{n_j} \tag{3.18}$$

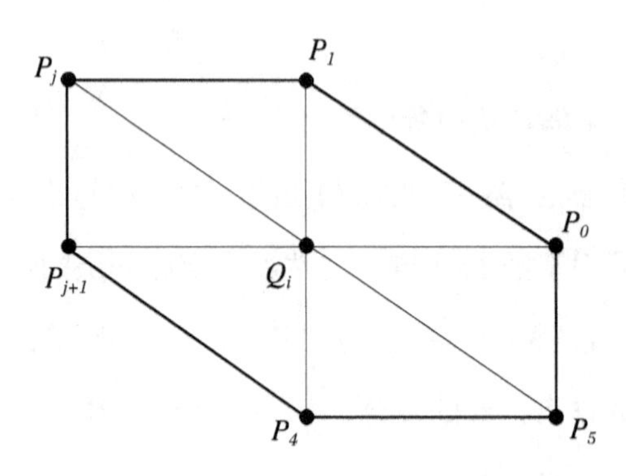

图 3.11　点 Q_i 法向量的估算

3.3.2.3　空间路径的生成

根据喷涂机器人的工作要求，末端执行器到喷涂工件表面的垂直距离设为参数 *Offset Distance*，记为 H，而末端执行器的运行位姿可采用上面的算法获取。对点沿法向量方向设置偏置距离 H 后，就可得到点的偏置点，其数学表达式如下：

$$Q_i=Q_i+H\vec{n} \tag{3.19}$$

其中，Q_i 点包含坐标值和单位法向量两种信息，从而得到了末端执行器在点 Q_i 的运行位置（坐标值）和方向（与 $\vec{n}$ 方向相反）。用同样的方法遍历采样点集 Q 中所有的点就可以得到偏置点集 O，整个点集 O 包含的信息就代表了末端执行器在喷涂过程中的位姿参数。最后采用喷涂机器人空间直线或空间圆弧插补算法将各点连接起来，便形成了连续的喷涂机器人空间路径[111]。

3.3.3　应用实例

采用第 2 章中自行开发的基于点云切片技术的喷涂机器人轨迹优化软

件系统来生成喷涂机器人空间路径，工件点云图形如图 2.20。对点云切片截面线进行平均采样，通过 *Number of Points* 命令输入提取切片截面数据点的个数，串起这些截面数据点后即可组成末端执行器的喷涂路径。

根据喷涂机器人的工作要求，末端执行器中心点到喷涂工件表面的垂直距离设为参数 *Offset Distance*，可以通过 *Offset Distance* 的输入选择偏移距离。当然，末端执行器标定和喷涂工件的标定等操作均可实现喷涂空间路径的平移，而且不同的末端执行器和不同的喷涂工况参数对应着不同的末端执行器中心点到喷涂工件表面的垂直距离。这里，为了方便讨论，先设定偏移距离为 0。通过单击软件系统中的按钮 *Save as *.txt* 可以保存喷涂路径的信息，包括末端执行器在采样点的运行位置（用坐标值表示）和方向（用单位法向量表示）。

对于第 2 章中图 2.22 所示的点云切片，选择提取切片截面数据点的个数为 20，偏移距离为 0，则生成的喷涂路径如图 3.12 所示。程序输出的喷涂路径文本数据部分内容如图 3.13 所示，文本中每行数据表示路径采样点的运行位置（用坐标值表示）和方向（用单位法向量表示）。同样的，对于图 2.23 和图 2.24 所示的点云切片，各自生成的喷涂路径如图 3.14 和图 3.16 所示，程序输出的喷涂路径文本数据部分内容如图 3.15 和图 3.17 所示。

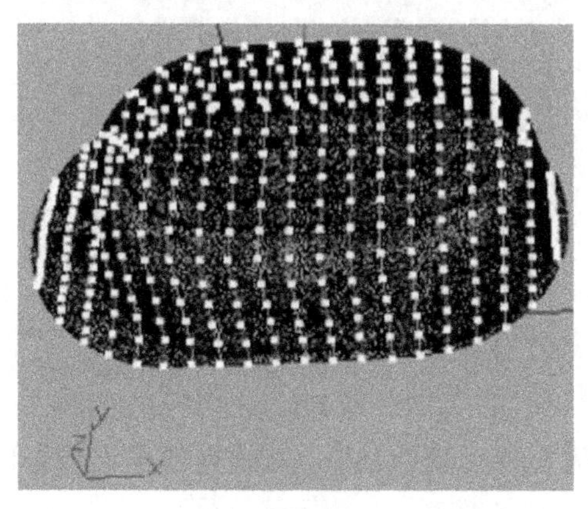

图 3.12　X 轴方向点云切片喷涂路径

```
-158.055,138.143,83.7334,0,0.0289581,0.999581
-158.055,179.933,83.4691,0,0.00776621,0.99997
-158.055,221.941,82.9715,0,0.0194508,0.999811
-158.055,263.789,82.9715,0,-0.0194508,0.999811
-158.055,305.797,83.4691,0,-0.00776621,0.99997
-158.055,347.587,83.7334,0,-0.0289581,0.999581
-158.055,389.269,85.6893,0,-0.0145453,0.999894
-158.055,422.782,65.98,0,0.931994,0.362473
-158.055,432.987,25.2722,0,0.977558,0.210666
-158.055,441.02,-15.962,0,0.982988,0.18367
-158.055,448.811,-57.2442,0,0.982996,0.183628
-158.055,456.57,-98.5326,0,0.983185,0.182611
-158.055,480.528,-128.331,0,0.09503,0.995474
-117.663,2.41588,-123.249,0,-0.0976935,0.995217
-117.663,21.593,-93.7068,0,-0.99035,0.138587
-117.663,28.0874,-51.4882,0,-0.986259,0.165204
-117.663,35.6831,-9.45237,0,-0.982323,0.187195
-117.663,43.9053,32.4659,0,-0.980736,0.195336
-117.663,55.5819,73.3777,0,-0.795027,0.606574
-117.663,94.1537,85.1216,0,-0.0532767,0.99858
-117.663,136.646,83.6523,0,0.0114624,0.999934
```

图 3.13　喷涂路径上离散点数据（X 轴）

图 3.14　Y 轴方向点云切片喷涂路径

```
98.657,60.7163,81.0215,-2.78391e-005,0,-1
145.7,60.7163,81.2116,-0.0173593,0,-0.999849
191.443,60.7163,72.1702,-0.481938,0,-0.876285
221.108,60.7163,36.4495,-0.886266,0,-0.463177
240.011,60.7163,-6.60739,-0.926427,0,-0.376475
257.32,60.7163,-50.3515,-0.934229,0,-0.356674
272.827,60.7163,-94.7578,-0.95778,0,-0.287502
301.246,60.7163,-122.472,-0.0137187,0,-0.999906
-363.513,85.0028,-121.936,-0.243881,0,-0.969805
-312.342,85.0028,-122.6,0.0104086,0,-0.999946
-261.153,85.0028,-121.883,0.190683,0,-0.981667
-245.823,85.0028,-73.6002,0.969381,0,-0.24556
-231.761,85.0028,-24.3219,0.956086,0,-0.293087
-216.075,85.0028,24.4735,0.948253,0,-0.317516
-195.647,85.0028,71.0944,0.729018,0,-0.6845
-147.804,85.0028,85.3641,0.0272475,0,-0.999629
-96.557,85.0028,84.7473,-0.0321700,0,-0.999482
-45.3129,85.0028,83.5731,-0.0307862,0,-0.999526
5.93521,85.0028,82.6492,0.00040922,0,-1
57.1907,85.0028,83.0894,0.0204194,0,-0.999792
108.429,85.0028,84.5434,0.0279116,0,-0.99961
```

图 3.15　喷涂路径上离散点数据（Y 轴）

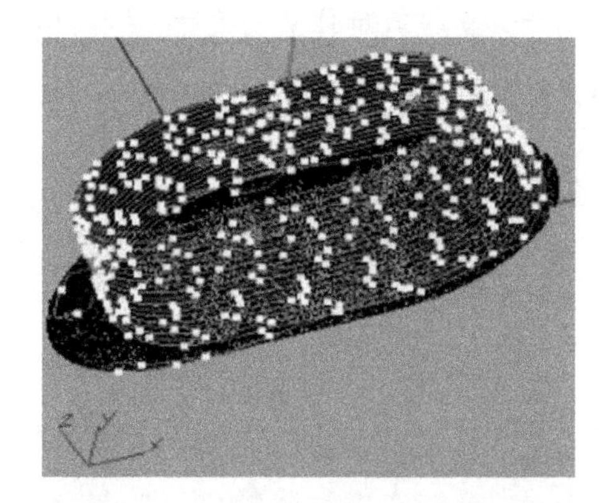

图 3.16　Z 轴方向点云切片喷涂路径

```
-176.501,0.610786,-123.121,-0.05219,-0.998637,0
-266.752,10.2493,-123.121,-0.391319,-0.920255,0
-230.467,17.2649,-123.121,0.157548,0.987511,0
-134.363,3.95109,-123.121,0.016191,0.999869,0
-38.8304,14.0488,-123.121,-0.202645,0.979252,0
56.9312,33.8656,-123.121,-0.202645,0.979252,0
152.693,53.6824,-123.121,-0.202645,0.979252,0
248.454,73.4991,-123.121,-0.202645,0.979252,0
329.648,108.756,-123.121,-0.906598,0.421996,0
364.066,194.786,-123.121,-0.985572,0.169256,0
363.863,292.124,-123.121,-0.985572,-0.169256,0
329.143,383.059,-123.121,-0.906598,-0.421996,0
248.882,414.329,-123.121,-0.196754,-0.980453,0
153.003,433.569,-123.121,-0.196754,-0.980453,0
57.1238,452.81,-123.121,-0.196754,-0.980453,0
-38.7552,472.05,-123.121,-0.196754,-0.980453,0
-134.363,481.779,-123.121,0.0161877,-0.999869,0
-230.467,468.465,-123.121,0.157545,-0.987512,0
-266.752,467.481,-123.121,-0.39131,0.920259,0
-176.501,485.119,-123.121,-0.0521828,0.998638,0
0.46527,466.223,-112.32,-0.0100416,0.99995,0
```

图 3.17　喷涂路径上离散点数据（Z 轴）

3.4　本章小结

由喷涂机器人轨迹优化的思路和步骤可知，寻找到合适的喷涂机器人空间路径对后面的轨迹优化工作起着至关重要的作用。本章在喷涂工件曲面造型工作已经完成的基础上，提出两种喷涂机器人空间路径规划方法：一种是基于分片技术的喷涂机器人空间路径规划，该方法主要分为曲面分片和每一片上的路径规划两个步骤；另一种基于点云切片技术的喷涂机器人空间路径规划，该方法是通过设定切片方向和切片层数，对点云模型进行切片处理，得到切片多义线后对其平均采样，然后估算所有采样点的法向量，最后利用偏置算法获取喷涂机器人空间路径。本章对这两种方法都进行了实例验证，证明了其有效性和实用性。

第 4 章　平面和规则曲面上的喷涂机器人轨迹优化

4.1　引　言

本章研究平面和规则曲面上喷涂机器人轨迹优化问题。由于平面和规则曲面的几何特性比较简单，因此在讨论喷涂机器人轨迹优化问题时，使用了已有的涂层累积速率模型，并在此基础上推出工件表面涂层厚度表达式。为了简化问题的复杂性，先指定了机器人的空间路径，再对机器人轨迹优化问题进行讨论，并将该问题转化为无约束优化问题，采用差分拟牛顿法进行求解。最后通过计算机仿真实验验证了所提方法的有效性。

4.2　涂层累积速率数学模型的建立

若要给每个给定工件找到一条最优化的喷枪轨迹，首先需要知道工件表面上每一点的涂层累积速率（微米 / 秒）。由于涂层累积速率决定了被涂工件表面上涂层厚度分布，因此研究喷涂过程的第一步就是要建立涂层累积速率数学模型。

从实用的观点出发，在较小的平面工件上进行喷涂实验，并在实验中不断地改变喷枪的设置以及喷涂过程中的一些具体参数，然后使用涂层测厚仪来测量工件表面一些点的涂层厚度，就可得到多组工件表面上涂层厚度的实验数据，再由这些数据推出涂层厚度分布模型（喷涂速度和喷涂距离对涂层厚度分布的影响很容易通过实验得到），并以此来确定涂料累积速率模型。显然，这是一种可行的方法。实际上在喷涂过程中，只要喷枪的设置和喷涂参数保持不变，涂料累积速率就不会变化。

众所周知，涂料流以辐射状从喷枪的喷嘴中喷出，因而就获得了圆锥形的涂料流。通常由于喷涂圆锥内涂料流分布不一致，导致被喷工件表面上的涂层厚度不一致。除了喷涂距离、喷枪角度等主要因素对喷涂作业有影响外，还有许多客观因素会影响喷涂的特性，这些因素分别是外界空气压力、涂料容器的压力、喷枪喷射压力、喷枪针状阀的位置，涂料的一些参数诸如涂料稀释剂的量、涂料的温度和流动速度、工件的温度等。许多对涂料累积速率函数的研究都考虑了上述因素，但是由于喷涂作业是一个很复杂的过程，上述所有的因素并不能简单地在一个函数中表示出来。除此以外，即使当喷枪的压力计和控制阀保持固定的设定值时，其他参数如涂料稀释剂的量、涂料的温度和流动速度、工件的温度仍然会影响涂料流速率和涂层厚度分布。因此，如果需要精确地考虑上述这些因素，则很难用数学表达式表示涂层累积速率，而且在一般的喷涂实验中也很难精确地设定和测量这些参数。因此，为了研究的方便，假定非主要参数的值是固定不变的，文中只考虑一些对喷涂效果影响较大的一些参数的变化。

涂层累积速率已经有了一些较成熟的数学模型，如双变量 β 分布模型[112]、柯西分布模型[24]、双变量高斯分布模型[113]和有限范围模型[28]等。这些模型中的函数表达式基本上都是使用数学解析法推导出来的。除此之外，也可以直接利用实验的方法所获得的数据来直接推出涂料累积速率表达式。一般前者建立的数学模型中的函数要比后者光滑，但表达式相对较为复杂；而后者通过一些离散数据建立的数学模型中的函数虽然只是对实际情况的一种逼近，但其函数表达式比较简单，在误差允许的情况下或被涂工件表面比较复杂的情况下，使用后一种方法建立数学模型效果更佳。在本章中，由于平面和规则曲面几何特性比较简单，故采用前一种方法。

下面介绍工件表面上任一点的涂层累积速率的三种模型：β 分布模型、无限范围模型和有限范围模型。

4.2.1 β 分布模型

β 分布模型是一种被认为较好的涂层累积速率数学模型，它提供了一个方便造型的参数 β。假定喷枪喷出的涂料在空中形成一锥状物，则涂层累积速率可用以下的 β 分布表示（如图 4.1 所示）：

$$\dot{f}(a(t), s, t)=\alpha\left(1-\frac{r^2}{R^2}\right), \quad 0 \leqslant r \leqslant R, \quad R=h \cdot \tan\frac{\phi}{2} \tag{4.1}$$

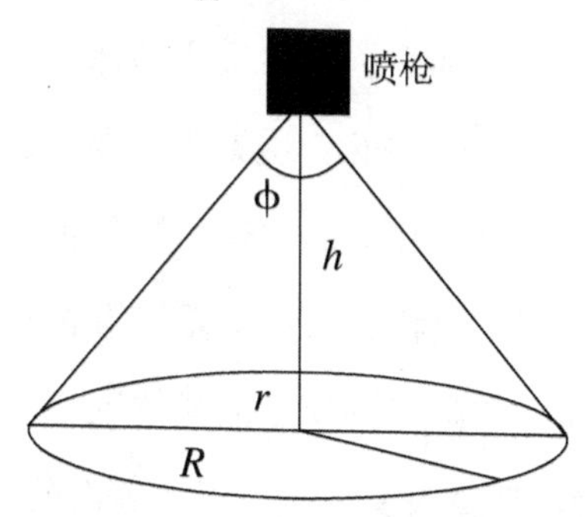

图 4.1　β 分布模型

其中，ϕ 是喷涂圆锥张角；R 是喷枪在平面上形成的圆形喷涂区域的半径；r 是表面某一点离喷枪中心投影点的距离；h 是喷枪与表面的垂直距离；α 是最大涂层累积速率，它与参数 β、喷涂半径 R 以及涂料流 Q 有关，且 $\alpha=\frac{Q\beta}{\pi R^2}$。式（4.1）表示时刻 t 时，工件表面一点 $s(x, y, z)$ 的涂层累积速率。

4.2.2 无限范围模型

无限范围模型的特点是仅当喷枪离工件表面上一点的距离趋于无穷大时，该点的涂层累积速率函数值才为零。使用这种模型有如下优点：

① 可以直接求出其积分函数，因而省去了不少计算时间；

② 以此获得的代价函数非常光滑，因而在运用非线性规划算法求解喷枪轨迹优化问题时，能够提高算法的收敛性。

它主要有上面提到的柯西分布模型、双变量高斯分布模型两种情况。因为此类模型在实际中应用较少，这里不做详细介绍，模型的具体形式可参考相关文献[24, 28]。

4.2.3 有限范围模型

有限范围模型比无限范围模型更符合实际情况，因而由此建立的涂层累积速率函数更加精确。它与无限范围模型的不同点在于：只要不在喷枪张角范围之内的那些工件表面点，其涂层累积速率都为零。这种模型也存在一些缺点，由于有限范围模型的涂层累积速率函数对时间的积分只能通过数值计算的方法得到，因而相关的代价函数就不如采用无限范围模型所得到的代价函数来得光滑。这样，采用有限范围模型的喷枪轨迹优化问题就需要更多的计算时间。有限范围模型的具体数学表达式综合考虑了以下因素：喷枪离工作表面的距离及其方向、工件表面的曲率、喷枪的张角（即涂料流所对应的圆锥角度）、涂料流速度。

在建立有限范围模型之前，先做出如下假设：

① 喷枪喷出的涂料微粒在空间中形成一个圆锥体，设 ϕ 张角为喷涂圆锥张角 ϕ 的一半，且张角 $\phi<90°$ ，ϕ 的定义可参见图 4.2。

②考虑到工件表面上的点 $s(x, y, z) \in S$ 离喷枪的距离 L（$L>0$）越

大获得的涂料量越少，并且表面点获得的涂料量也随角度 θ（$\theta<\phi$）的逐渐增大而减少，则工件表面上的点所获得的涂料量可用下式表示：

$$\frac{c(\theta,\phi)}{L^2} \tag{4.2}$$

其中，$c(\theta,\phi)\begin{cases}>0, & \theta<\phi\\ =0, & \theta\geqslant\phi\end{cases}$

$$L=\sqrt{(x-p_x(t))^2+(y-p_x(t))^2+(z-p_x(t))^2}$$

③假设工件表面为曲面时，该曲面上一点 $s(x, y, z)\in S$ 的涂层累积速率与下列两个矢量的内积成正比：（参见图 4.2）

1. 该点 s 的单位法矢量 $n(s)$；

2. 喷枪与该点 s 之间的单位方向矢量 $\mathrm{d}(\mathrm{p}(t), s)$。定义函数 $\mathrm{d}(\mathrm{p}(t), s)$ 如下：

$$\mathrm{d}(\mathrm{p}(t), s)=\frac{(x-p_x(t))i+(y-p_y(t))j+(z-p_z(t))k}{L} \tag{4.3}$$

其中 i、j、k 分别表示 X、Y、Z 轴正方向上的单位矢量。

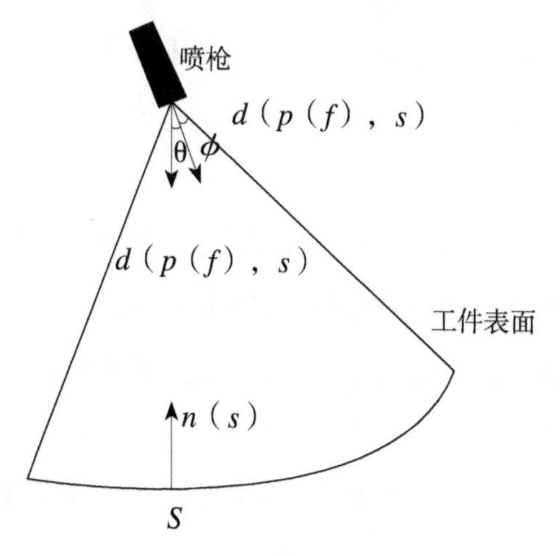

图 4.2　有限范围模型

根据上面的假设，可推导得出工件表面上一点 s 的涂层累积速率函数为：

$$\dot{f}(s, p(t)t) = \left(\frac{c(\theta, \phi)}{(x-p_x(t))^2+(y-p_y(t))^2+(z-p_z(t))^2}\right) \cdot d(p(t), s) \cdot n(s) \tag{4.4}$$

式（4.4）中的变量 θ 不显示在上式中，θ 表示喷枪与工件表面上一点 s 之间的单位方向矢量与喷枪中轴线间的夹角，它与工件表面上一点 s 的坐标以及喷枪的位置 $p(t)$ 和方向 $o(t)$ 有关，定义为：

$$\theta = \cos^{-1} d(d(t), s) \cdot o(t) \tag{4.5}$$

函数的选择依赖于喷枪的基本喷涂特性和一些参数的设定值，如喷枪的空气压力和涂料流速度。在通常情况下，当 $\theta=0$（即位于喷枪的正下方）时，函数 $c(\theta, \phi)$ 达到最大值；当 $\theta \to \phi$ 时，$c(\theta, \phi) \to 0$。下面给出函数 $c(\theta, \phi)$ 的具体模型：

$$c(\theta, \phi) = \begin{cases} \alpha \dfrac{\cos(\theta)-\cos(\phi)}{(1-\cos(\phi))^2} & \theta \leqslant \phi \\ 0 & \text{其他} \end{cases} \tag{4.6}$$

上式可以通过改变参数 α 和 ϕ 的值，来分别调整喷枪的涂料流速度和空气压力。从上式中也可以看出，参数 α 和 ϕ 的大小与 $c(\theta, \phi)$ 的最大值有关。

此处的有限范围模型在平面上对应的涂层分布模型为圆形。当工件表面具有一定曲率时，涂层的分布则应变为椭圆形。对于曲率较小的表面，则可以把实际为椭圆形的涂层分布近似看成为圆形的涂层分布。另外，建立的涂料累积速率模型也正好说明了喷涂到工件表面的涂料消耗总量（喷枪所喷出的涂料总量）与工件表面形状和喷枪离工件表面的距离无关，这是符合实际情况的。

4.3 喷涂机器人轨迹优化问题

优化问题通常是研究对“有限”的资源寻求“最佳”的利用或分配方式。任何资源，如劳动力、原材料、资金等都是有限的，因此必须合理地配置，寻求最佳的利用方式。所谓最佳的利用方式必须有个标准或目标，这个标准或目标就是使成本达到最小或利润达到最大。与优化问题有关的数学模型总由两部分组成：一部分是约束条件，反映了有限资源对生产经营活动的种种约束；另一部分是目标函数，反映出生产经营者在有限资源条件下所希望达到的生产或经营目标。优化学科有许多分支，如运筹学、计算数学、线性规划以及非线性规划。尽管具体问题中出现的优化形式各异，但它们在数学本质上是一致的，大致都可以分为以下四步：

① 根据所提出的最优化问题，建立实际问题的数学模型，确定变量，列出约束条件和目标函数；

② 对所建立的模型进行具体分析，选择合适的求解方法；

③ 确定针对此问题的算法，根据算法编写程序，用计算机求出最优解；

④ 对算法的收敛性、通用性、简便性、计算效率等做出评价。

本章所提出的喷涂机器人轨迹优化问题的目标是找到一条能够使工件表面上涂层厚度变化最小的喷枪轨迹。由于工件表面每一点的实际涂层厚度与整个工件表面上的平均涂层厚度之间的差值可能有正有负，因此就存在差值间相互抵消的可能性。为了消除差值间的相互抵消，这里选择工件表面上实际涂层厚度与整个工件表面的平均涂层厚度之间的方差最小作为优化目标，这就从真正意义上实现了工件表面涂层厚度变化最小这一最终目标。

设喷枪在时间段 $[0, T]$ 内沿空间轨迹 $\mathrm{a}(t)$ 对工件进行喷涂作业，$\dot{f}(a(t), s, t)$ 为涂层累积速率，定义工件表面 S 上一点 $s(x, y, h(x, y))$

在时间段［0，T］内所获得的涂层厚度表达式为：

$$f_s(a(t),s)=\int_0^T \dot{f}_s(a(t),s,t)\,dt \tag{4.7}$$

上式是对时间 t 进行积分，涂层厚度函数 $f_s(a(t),s)$ 不是时间 t 的显函数，但它是矢量函数 $a(t)$ 的复合函数。定义整个工件表面上获得的涂料总量表达式为：

$$F_S(a(t))=\int_S f_s(a(t),s)\,ds \tag{4.8}$$

如果函数 $\dot{f}_s(a(t),s,t)$ 没有解析表达式，而是直接表示成经验数据表格，那么式（4.11）和式（4.12）中的积分可以运用常规的数值积分技术来求出其近似解。另外，本模型中计算的涂料总量不包括那些喷涂过程中挥发到空气中的涂料。

工件表面面积表达式为：

$$A_S=\int_S ds \tag{4.9}$$

定义工件表面上涂层平均厚度函数 $f_S^{avg}a(t)$ 为喷涂到整个工件表面上的涂料总量除以其表面积：

$$f_S^{avg}(a(t))=\left(\frac{1}{A_S}\right)F_S(a(t)) \tag{4.10}$$

定义工件表面涂层厚度方差函数 $V_S(a(t))$ 为：

$$V_S(a(t))=\frac{1}{A_S}\int_S f_S(a(t),s)-f_S^{av}(a(t)))^2 ds \tag{4.11}$$

它表示工件表面上每一点的涂层厚度与整个工件表面的平均涂层厚度之间的方差，而喷枪轨迹优化问题就是要寻找到一条喷枪的空间轨迹 $a(t)$，使得喷枪沿此轨迹进行喷涂作业时式（4.15）所表示的涂层厚度方差最小。同时，也可以通过改变空间轨迹函数 $a(t)$ 的自变量 t（$t\in[0,T]$）的取值范围来调整工件表面的平均涂层厚度。

4.3.1 喷涂机器人轨迹优化问题中的约束条件

在实际应用中，喷涂机器人机械手空间轨迹的可行空间范围会受到不同程度的约束。首先，存在着喷涂机器人系统自身的一些限制。比如，由于碰撞或机械手“够不到”等原因某些空间位置是不能达到的，即便机械手“够到”，也会受到相关的速度、加速度的限制。例如，当喷枪空间轨迹 $a(t)$ 的某些分量的加速度很大时，对机器人而言就需要供给很大的转矩来驱动其关节的运动，显然这并不符合实际情况。其次，对于喷枪的可行空间轨迹，在一些具体的应用场合还存在着其他的限制，诸如要求喷枪必须满足离工件表面的距离始终保持在某一距离范围内，且喷涂过程中喷枪始终垂直于工件表面，并且对于喷枪的空间轨迹所在的具体路径可能已经指定。另外，绝大多数情况下，对于待涂工件表面的涂层厚度及其允许的误差范围总是有一定的指标要求的。

考虑了上述约束条件后，最优轨迹的搜索范围就大大减少了。这样一方面提高了优化问题的求解效率，另一方面也很有可能获得问题的全局最优解。

由于要使工件表面的涂层厚度均匀，而喷涂作业时工件表面上每一点获得涂料的概率不同，并且在工件表面上一点的喷涂时间越长该点的涂层厚度越厚，因此喷枪在工件表面上就不能匀速喷涂，而必须在某些部位加快速度，在某些部位减慢速度。例如，对于工件的边缘部位，获得涂料的概率相应要比工件上的其他部位少，因此喷枪在对其进行喷涂时就要减慢速度。同时，为了增加边缘的涂层厚度，应该在喷枪靠近工件边缘之前就开始喷涂作业，并且在喷枪离开工件边缘之后仍然保持运动一段时间（这些额外的区域主要取决于待涂工件的形状特点）。但是在喷涂过程中，必定会有大量的涂料喷到工件以外的区域，造成涂料的浪费，因此，应该根据实际情况在获取均匀涂层和减少涂料浪费之间做一个折中（如果对这块区域的涂层均匀度要求不是太高，可以适当提高喷枪的速度以避免在这些区域浪费太多的涂料）。

可以考虑两种可行的喷枪空间轨迹优化方法。第一种方法是假设已指定了喷枪的空间路径，即喷枪沿一条指定的空间路径进行喷涂作业。另一种方法是并不指定喷枪的空间路径，故此类优化问题更为一般，但其可行空间轨迹是以时间为参变量的六维矢量的集合，因此求最优解要比第一种方法复杂得多。考虑到问题研究的实用性，本文采用第一种喷枪轨迹优化方法。

4.3.2 沿指定空间路径的喷涂机器人轨迹优化问题

在实际应用场合中，可以先指定期望的喷枪空间路径（即喷枪沿一条具体的空间路径进行喷涂作业）。这种情况下，喷枪轨迹优化问题的目标就转化为如何找出喷枪沿指定空间路径的最优时间序列，也即喷枪以什么样的速度沿指定空间路径进行喷涂作业时，工件表面上的涂层厚度方差最小。这是一种可行的喷枪空间轨迹。

喷枪在空间的位置和姿态可用一个六维时间矢量函数 $a(t)$ 来表示。那么，对于这类问题所感兴趣的就是如何找到喷枪沿此空间路径的最优时间序列。

定义六维矢量函数 $p(\rho)$ 表示喷枪的空间路径，标量 $\rho\in[0, 1]$，并假设 $p(\rho)$ 是参数 ρ 的连续函数。考虑一个时间标量函数 $\lambda(t)$，$\lambda:[0, T]\rightarrow\rho\in[0, 1]$，把参数 ρ 换为标量函数 $\lambda(t)$，这样得到的矢量函数 $p(\lambda(t))$ 也表示空间路径 $p(\rho)$ 上所有点的集合。为了与实际问题相符，一般需要设定 $\lambda(t)$ 为连续函数，以防止出现喷枪运动不连续的情况（注意到函数 $p(\rho)$ 也是标量 ρ 的连续函数）；另外有时还需

要进一步限制 λ（t）的一阶、二阶导数的值，以便用来限制喷枪的速度和加速度；最后通常还需要设定 λ（t）为单调递增函数，以便只考虑那些在空中“不打圈”的空间路径。为定义方便，将 λ（t）的所有上述限制条件表示为标量函数集合，其余的约束条件应和一般约束条件情况相同。

由此，沿指定空间路径 p（ρ）的喷枪轨迹优化问题可以表示为如下形式：

$$\min_{\lambda(t)\in\Lambda(t)} =\{V_S(p(\lambda(t)))\} \tag{4.12}$$

显然，上述喷枪轨迹优化问题在引入了和后，求解喷枪优化轨迹时，其搜索空间就变为时间标量函数集合，并且优化问题的每时刻的最优变量个数从一般喷枪轨迹优化问题中的 6 个（用以表示喷枪位置和姿态的矢量 a（t））减少为 1 个（即 λ（t）），从而大大简化了原问题的复杂性。

4.4 喷涂机器人轨迹优化问题的求解技术

沿指定空间路径的喷枪轨迹优化问题和在一般约束条件下的喷枪轨迹优化问题都属于同一类优化问题——带约束条件的泛函的变分问题。求泛函的极值通常使用的方法就是变分法。但是，令泛函的变分为零往往会得到一个非线性微分方程组，而求解非线性微分方程组不是一个简单的问题，其复杂性要远远超过求解非线性代数方程组。因此，为了符合实际需要，本章中不采用变分法来求解喷枪轨迹优化问题的极值。

对于求泛函的极值问题，还可以采用近似求解的方法。这里可使用有限元法来求解喷枪轨迹优化问题的极值。有限元法是将连续体划分为有限个“单元”的集合，使连续问题离散化，然后在有限个“节点”上求出问题解的近似值。下面对沿指定空间路径的喷枪轨迹优化问题的具体求解方法做详细介绍。

求解式（4.12）所表示的喷枪轨迹优化问题采用的方法是将函数 $\lambda(t)$ 近似为若干连续的分段常函数。同样，时间段［0，T］也可分成 N 个等间隔的子区间，每一子区间的长度 $\triangle=T/N$。定义条形函数：

$$b_k(t)=\begin{cases}1 & [t\in((k-1)\triangle,\ k\triangle]\\0 & \text{其他}\end{cases}\tag{4.13}$$

则函数 $\lambda(t)$ 可近似为：

$$\tilde{\lambda}(t)=\sum_{k=1}^{N}\lambda_k b_k(t)\approx\lambda(t)\tag{4.14}$$

其中，$\lambda_k\in[0,1]$，表示 $\tilde{\lambda}(t)$ 在子区间 $[(k-1)\triangle,\ k\triangle]$ 上的常值。

将式（4.7）两端的函数 a（t）换为函数 $p(\tilde{\lambda}(t))$，则可直接得到下面的涂层厚度函数的近似表达式为：

$$\tilde{f}_s(\tilde{\lambda},\ s)=\triangle\sum_{k=1}^{N}\dot{f}_s(p(\lambda_k),\ k)\approx f_s(p(\lambda(t)))\tag{4.15}$$

这里 $\tilde{\lambda}=[\lambda_1,\ \lambda_2,\ \cdots,\ \lambda_N]'$。

相应地，整个工件表面的涂层厚度方差函数的近似表达式为：

$$\tilde{V}_S(\lambda)=\frac{1}{A_S}\int_S(\tilde{f}_s(\lambda,\ s)-\tilde{f}_s^{avg}(\lambda))^2ds\approx V(p(\lambda(t)))\tag{4.16}$$

其中，

$$\tilde{f}_s^{avg}(\lambda)=\frac{1}{A_S}\int_S\tilde{f}_s(\lambda,\ s)\,ds\approx f_s^{avg}(p(\lambda(t)))\tag{4.17}$$

由于维矢量 a 中的每一个分量 ak 实际上都是包含喷枪位置和姿态的六维矢量，因此式（4.16）中函数 $\tilde{V}_S(p(\lambda)$ 变量的维数即为 N。

由此，沿着一条指定空间路径 p（ρ）的喷枪轨迹优化问题就转化为：

$$\min_{\lambda(t)\in\Lambda(t)}=\{V_S(\mathrm{p}(\tilde{\lambda}(t)))\}\tag{4.18}$$

它是对 $\min\limits_{\lambda(t)\in\Lambda(t)}=\{V_S(\mathrm{a}(\lambda(t)))\}$ 所示变分问题的目标函数的逼近。为了求解式（4.18），先采用乘子法，在相应的 Lagrange 函数上施加惩罚项，构造增广 Lagrange 函数：

$$M(\tilde{\lambda}, v, c)=V_s(p(\tilde{\lambda}))+\frac{c}{2}[h(\tilde{\lambda})]^2-v[h(\tilde{\lambda})] \tag{4.19}$$

其中，参数 c 代表惩罚系数，参数 v 为修正系数，$h(\tilde{\lambda})=f_s^{avg}(\tilde{\lambda})-H$，$H$ 为要达到的涂层厚度。通过变换 $\lambda_i=\sin^2(\phi_i)$，从而将 $\tilde{\lambda}=[\lambda_1, \lambda_2, \cdots, \lambda_N]'$ 转化为 $\phi=[\phi_1, \phi_2, \cdots, \phi_N]'$，因而该问题就由有约束优化问题转换为无约束优化问题。再采用差分拟牛顿法求解[31]，算法步骤如下：

（1）给出初始值 $\phi_1 \in R^n$，$H_1 \in R^{n\times n}$ 对称，利用差商计算 $\triangle M_1$，$k=1$；

（2）$d_k=-H_k \triangle M_k$，一维搜索确定 t_k：$\phi_{k+1}=\phi_k+t_k d_k$；

（3）利用差商求 $\triangle M_k$，用 $s_k=\phi_{k+1}-\phi_k$，$y_k=\triangle M_{k+1}-\triangle M\phi_k$ 修正矩阵 H_{k+1}；

（4）$k:=k+1$，转（2）。

4.5 仿真实验

仿真实验中以正方形平板（边长为 l）作为待涂工件，并用 β 分布模型表示涂层累积速率。将正方形平板置于 XY 直角坐标系中，使其四个顶点的坐标分别为（0，0）、（0，l）、（l，l）和（l，0），则工件表面上的任意一点 s 可表示为：

$$s=\{(x, y, 0): 0 \leqslant x \leqslant l \& 0 \leqslant y \leqslant l\} \tag{4.20}$$

由于在整个喷涂过程中，喷枪始终要求垂直于平板表面，且离平板表面的距离也保持不变。设喷涂距离为 h，则喷枪的空间轨迹为：

$$a(t)=[a_x(t) \quad a_y(t) \quad h \quad 0 \quad 0 \quad -1] \tag{4.21}$$

设计的喷枪路径如图 4.3 所示。此路径总长 $L=(n+1)l+\frac{n\pi(2R+d)}{2}$

其中为喷涂行程数减 1，参数 d 为两个喷涂行程的涂层重叠区域宽度，则两个相邻喷涂行程间距离为 $2R-d$。由上文中的求解方法可知，对每一时刻喷枪轨迹 a（t）都有一个具体的 $\tilde{\lambda}$（t）与之相对应，则涂层累积速率函数就转化为：

$$\dot{f}\left(a(t),s,t\right)=\alpha\left(1-\frac{\left(x-p_x(\tilde{\lambda})\right)^2+\left(y-p_y(\tilde{\lambda})\right)^2}{R^2}\right)^{\beta-1} \quad (4.22)$$

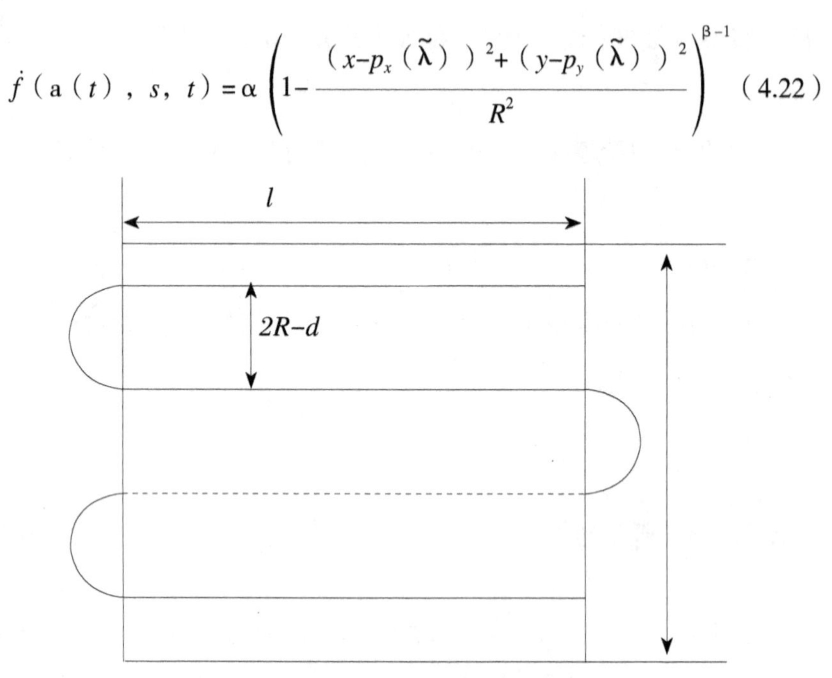

图 4.3　XY 坐标系中的喷枪空间路径

当喷枪匀速喷涂时，只需要把等分成份的值直接代入涂层厚度方差函数。求解喷枪优化轨迹时，则只需要把匀速喷涂时所取的值作为优化算法迭代的初始值。

仿真的各个参数设置如下：正方形边长 l=300mm，喷涂时间 T=12.43，期望涂层厚度 $q=50\times10^{-6}$ mm，喷枪喷涂半径 R=50mm，喷涂距离 h=100mm，N=40，β=1.97，$Q=1\times10^{6}$。下面分别取两条相邻喷涂重叠区域宽度 d=50mm、d=40mm、d=30mm 来做仿真实验，仿真结果如表 4.1 所示。

表 4.1　正方形工件上的仿真结果

d（mm）		50	40	30
涂层厚度变化方差（ $\times 10^{-6}$mm）	匀速	10.6727	2.27369	3.50672
	优化	8.2312	1.70493	2.89766

从仿真实验结果来看，喷涂作业中存在某一 d 的值使喷涂效果达到最优且优化喷涂比匀速喷涂效果好。但是，从仿真的过程来看，当取 N=40 时，计算大约需要 2 秒。如果允许的喷涂误差值更小，所要求的喷涂效果更高的话，则 N 就要取更大的值。例如当取 N=200 时，则计算机计算时间大约为 5 秒。很显然，如果将本章提出的喷枪轨迹优化算法和喷涂模型运用到自由曲面上喷涂机器人轨迹优化中，则优化过程中的数学表达式将十分复杂，且计算机运算时间更长，不能满足实际生产中要达到的工作效率。

4.6　本章小结

本章以涂层厚度和工件表面涂层均匀度为指标要求，提出了喷枪轨迹优化问题。首先直接写出工件表面的数学表达式，确定了喷枪轨迹优化问题的数学模型，并建立评价喷涂效果的目标泛函；然后根据约束条件的不同将喷枪轨迹优化问题分成一般约束条件和指定空间路径两类；最后详细分析了指定空间路径的喷枪轨迹优化问题的求解方法，并进行了仿真实验。由于本章提出的数学模型和优化方法中数学表达式都比较复杂，且计算机计算时间长，因此，该方法只能运用于平面或规则曲面上喷枪轨迹优化。

第 5 章　面向三维实体的喷涂机器人空间轨迹优化研究

5.1　引　言

在实际工业生产中，许多喷涂工件形状都比较复杂，对其进行喷涂时会遇到多个喷涂面且每个喷涂面的法向量夹角都比较大。这种情况下，就需要用三维实体造型方法对这些工件进行造型，如图 5.1 所示三维实体示意图。三维实体造型系统作为几何造型系统的一个子集，近年来已经有了长足的发展，并已经广泛应用在各类产品的设计中[114, 115]。然而，喷涂机器人轨迹优化研究有着一定的特殊性，喷涂工作关注的其实仅仅是工件表面的形状，故在对工件造型过程中不能也不需要选择过于复杂的造型技术。因此，对于三维实体而言，采用第 2 章中介绍的基于平面片连接图 FPAG 的曲面造型方法或基于点云切片技术的曲面造型方法对其进行造型即可。需要指出的是，本章所提到的三维实体与多面体是不一样的。多面体是指由若干个平面多边形围成的空间几何体，其每个面都是平面，而三维实体的每个面都可以是自由曲面。从这个意义上说，多面体只是三维实体的一个子集。

另外，现在国内外对于三维实体上的喷涂机器人轨迹优化研究较少，现有的轨迹优化方法一般只能用于具有凸面的三维实体上，如图5.1（b）；而对于具有凹面的三维实体，如图5.1（a），由于其外观形状极为复杂，且自动化喷涂时需要机器人具有极其好的柔性，故现在在该领域的喷涂机器人轨迹优化研究仍然是一个空白。本节所介绍的喷涂机器人空间轨迹优化方法在一般情况下也是只能用于具有凸面的三维实体上。

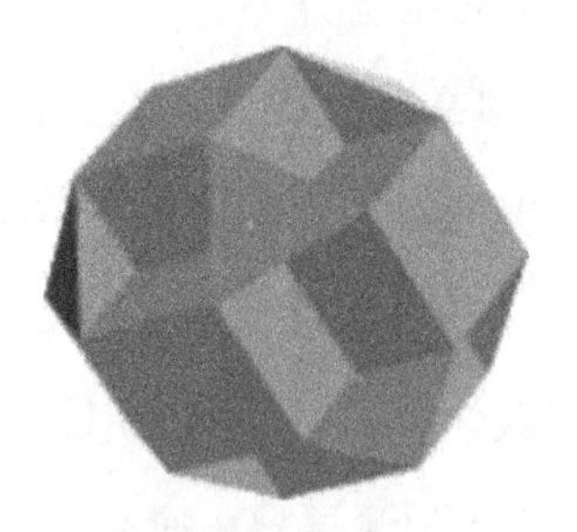

（a）具有凹面的三维实体

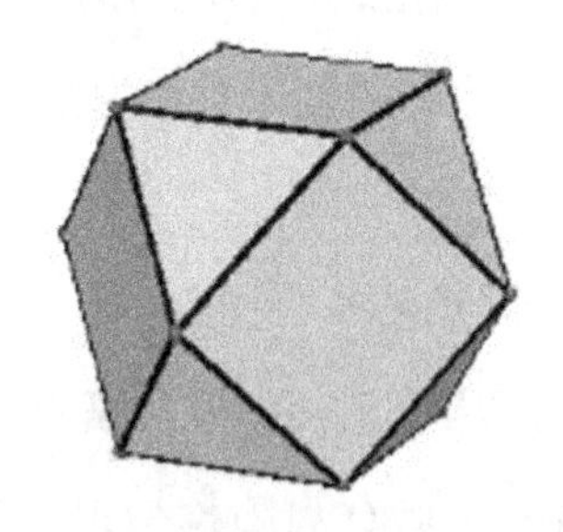

（b）全部为凸面的三维实体

图5.1　三维实体示意图

面向三维实体的喷涂机器人轨迹优化思路是：首先，利用实验方法建立一种简单的涂层累积速率数学模型，并采用第二章中提出的基于平面片连接图FPAG的曲面造型方法对三维实体进行分片；其次，规划出每一片上的喷涂路径后，以离散点的涂层厚度与理想涂层厚度的方差为目标函数，在每一片上进行喷涂轨迹的优化，并重点考虑两片交界处的喷涂轨迹优化；最后将各个分片上的喷涂轨迹进行优化组合，并最终形成完整的三维实体上的喷涂机器人优化轨迹。

5.2 数学模型的建立

数学模型的建立主要是包括末端执行器位姿数学模型和涂层累积速率模型的建立。末端执行器位姿数学模型已经在第 3 章 3.3 节中介绍，这里重点介绍涂层累积速率模型的建立。

建立涂层累积数学模型是喷涂机器人轨迹优化设计中的一个重要问题。在平面上或规则曲面上的涂层累积速率数学模型，主要有有限范围模型、无限范围模型、β 模型等。考虑到这些模型的表达式都很复杂，在建立三维实体上的涂层累积数学模型时并不适用，因此本章通过在平面上的喷涂实验获得的实验数据来推出涂层累积速率函数表达式。为了简化模型，假设喷涂时的外界环境参数（温度、气压、湿度等）和末端执行器本身技术参数（张角、喷射压力、涂料黏度等）都为恒定，而这里的末端执行器是指喷枪。

设喷枪喷出的涂料流形状是一个圆锥体，其涂料空间分布模型如图 5.2（a）所示。图中 ϕ 为圆锥的张角，h 为喷枪离平面的距离，R 为平面上的喷涂半径，r 是平面上一点 Q 离喷枪 TCP（工具中心点，Tool Center Point）中心投影点的距离，θ 是 Q 点和 TCP 的连线与 TCP 中轴线的夹角。平面上的涂层累积速率 G 数学表达式为：$G=f(r, h)$。实际应用中，TCP 离工件表面的距离一般保持不变，则 G 只与 r 有关：$G=f(r)$。此时 G 与 r 的函数图形可以近似看成一条二次曲线，如图 5.2（b）所示。对于已给定的喷枪而言，当 $r>R$ 时，$G=0$；当 $r \leqslant R$ 时，G 是以 r 为变量的二次函数，从而在轨迹优化时可不考虑喷射最大张角 ϕ，简化了优化过程。实验中采用 Goodman 提出的测量点列表技术测取平面上的不同位置的涂层累积速率数据后[116]，即可得到 r 与 G 的函数关系式：$f(r)=A(R^2-r^2)$，A 为常数。

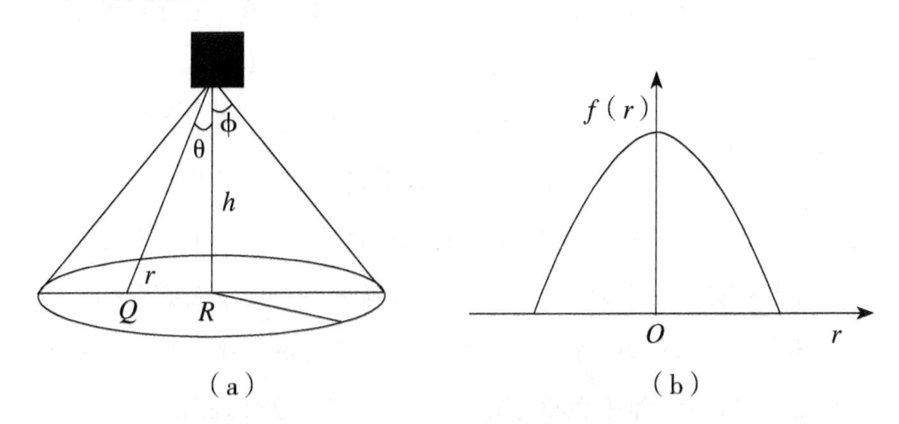

图 5.2　涂料空间分布模型和涂层累积速率函数图

5.3　三维实体分片及每一片上的喷涂轨迹优化

5.3.1　三维实体分片

三维实体上喷涂机器人轨迹优化之前，先要对其进行造型。然而，由于喷涂机器人轨迹优化研究有着一定的特殊性，喷涂工作其实关注的还是工件表面的形状，故在工件造型过程中不需要选择过于复杂的造型技术。当然，选用参数曲面造型方法对三维实体表面进行造型也是不合适的。这里采用一种简化的基于平面片连接图 FPAG 的曲面造型方法，具体步骤为：（1）对三维实体表面进行三角网格划分；（2）设定最大法向量阈值，并根据三角面连接算法将三角面连接成较小的平面片；（3）将每个片近似看为一个平面，并使得每个片至少有一条边为三维实体棱线的一部分。该算法相关算式已经在第 2 章中有所叙述，这里不再重复。

5.3.2 每一片上的轨迹优化

同前文介绍的喷涂机器人轨迹优化工作的思路一样，三维实体表面被分片之后，在进行每一片上的轨迹优化之前，需要先对每一片上的空间路径进行规划。可参照第 3 章 3.2 节复杂曲面上的喷涂机器人空间路径规划中介绍的方法，确定了每一片上喷涂路径模式和走向后，再在平面上进行轨迹优化，从而可确定两个喷涂行程的涂层重叠区域的宽度 d，进而可生成每一片上的喷涂空间路径，最后沿指定的喷涂路径进行轨迹优化。

上述思路可以作为一种三维实体表面分片后每一片上的轨迹优化方法。但是，相对于二维平面和规则曲面而言，三维实体表面的几何特性比较复杂。若采用这样的思路来进行喷涂机器人轨迹优化方法，涂层累积速率数学表达式及优化问题的求解方法都比较复杂。因此，为了将问题简单化，下面介绍一种较为简单实用的轨迹优化方法，这种方法运算速度快且过程简单，完全符合实际需要。

喷涂机器人的轨迹包含两个因素：路径和速率。在喷涂过程中，喷涂机器人喷枪方向始终垂直于工件表面；而确定两个喷涂行程的涂层重叠区域宽度后即可得到喷枪路径。因此，确定一条喷涂机器人的轨迹只需要确定喷枪速率和两个喷涂行程的涂层重叠区域宽度即可。图 5.3 所示的是平面上的喷涂过程，（a）图为两条相邻路径上重叠区域俯视图，（b）图为其涂层侧面剖视图。x 表示喷涂半径内某一点 s 到第一条路径的距离，d 表示两个喷涂行程的涂层重叠区域宽度，s' 为 s 点在路径上的投影，O 点为 TCP 中心投影点，则点 s 的涂层厚度为：

$$q_s(x)=\begin{cases} q_1(x) & 0\leqslant x\leqslant R-d \\ q_1(x)+q_2(x) & R-d<x<R \\ q_2(x) & R<x\leqslant 2R-d \end{cases} \tag{5.1}$$

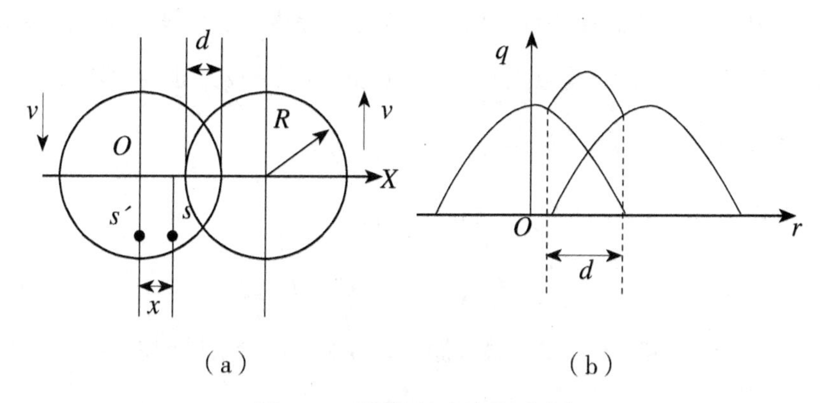

图 5.3　平面上喷涂示意图

$q_1(x)$ 和 $q_2(x)$ 分别表示在两条相邻路径上喷涂时 s 点的涂层厚度，$q_1(x)$ 和 $q_2(x)$ 计算公式为：

$$q_1(x)=2\int_0^{t_1} f(r_1)\,dt,\ 0\leqslant x\leqslant R \tag{5.2}$$

$$q_2(x)=2\int_0^{t_2} f(r_2)\,dt,\ R-d\leqslant x\leqslant 2R-d \tag{5.3}$$

其中，$t_1=\sqrt{R^2-x^2}/v$

$t_2=\sqrt{R^2-(2R-d-x)^2}/v$

$r_1=\sqrt{(vt)^2+x^2}$

$r_2=\sqrt{(vt)^2+(2R-d-x)^2}$

t_1 和 t_2 分别表示两条相邻喷涂路径上喷枪在 s 点喷涂时间的一半；r_1 和 r_2 分别表示 s 点到两条相邻喷涂路径上的 TCP 中心投影点的距离；t 为喷枪从点 O 运动到点 s' 的时间。由（5.2）式和（5.3）式可得：

$$q_s(x,\ d,\ v)=\frac{1}{v}J(x,\ d) \tag{5.4}$$

其中 J 为 x 和 d 的函数。为了使工件表面涂层厚度尽可能均匀，取 s 点的实际涂层厚度与理想涂层厚度之间的方差为优化目标函数：

$$\min_{d\in[0,R],v} E_1(d,\ v)=\int_0^{2R-d}(q_d-q_s(x,\ d,\ v))^2dx \tag{5.5}$$

式中 q_d 为理想涂层厚度。由于最大涂层厚度 q_{max} 和最小涂层厚度 q_{min} 决定了工件表面上涂层厚度的均匀性，因此，q_{max} 和 q_{min} 也需要进行优化：

$$\min_{d\in[0,R],v} E_2(d, v) = (q_{max}-q_{min})^2+(q_d-q_{min})^2 \tag{5.6}$$

由式（5.4）、（5.5）、（5.6）可得：

$$\min_{d\in[0,R],v} E(d, v) = \frac{1}{2R-d} E_1(d, v) + E_2(d, v) \tag{5.7}$$

又由（5.2）和（5.3）式，最大涂层厚度和最小涂层厚度表达式可写为：

$$q_{max} = \frac{1}{v} J_{max}(d) \tag{5.8}$$

$$q_{min} = \frac{1}{v} J_{min}(d) \tag{5.9}$$

令 $\frac{6E(d,v)}{6v}=0$，由式（5.4）、（5.7）、（5.8）、（5.9）可得：

$$v = \frac{\frac{1}{2R-d}\int_0^{2R-d} J^2(d, v)dx - J^2_{max}(d) - J^2_{min}(d)}{q_d[\frac{1}{2R-d}\int_0^{2R-d} J(d,v)dx + J^2_{max}(d) + J^2_{min}(d)]} \tag{5.10}$$

由此看出，喷涂速率 v 可表示成两个喷涂行程的涂层重叠区域宽度 d 的函数，因此，$E(d, v)$ 的最小值只和 d 有关。可采用黄金分割法[100]求出 d 的优化值，从而可得到每一片上的优化轨迹。

5.3.3 两片交界处的轨迹优化

三维实体表面分片后，片与片交界部分的涂层厚度会受到喷涂机器人在两片上喷涂的共同影响，因此在完成每一片上的喷涂轨迹优化后，需要对交界处喷涂轨迹优化问题单独讨论。

如图 5.4，图中 O 点为 TCP 点；O_1、O_2、O_3、s_1、s_2 为两个片上的点；h 为点 O 到点 O_1 之间的距离；h_1 为点 O_1 到点 O_3 之间的距离；h_2 为点 O_2

到点 O_3 之间的距离；l_i 为点 O 到点 s_2 之间的距离；x 为点 O_1 到点 s_1 之间的距离；y 为点 s_2 到点 O_2 之间的距离；l 为点 O_3 到点 s_2 之间的距离，其表达式为：

$$l=\frac{(x-h_1)\cos\theta}{\cos(\theta+\alpha)} \tag{5.11}$$

$$l=h_2-y \tag{5.12}$$

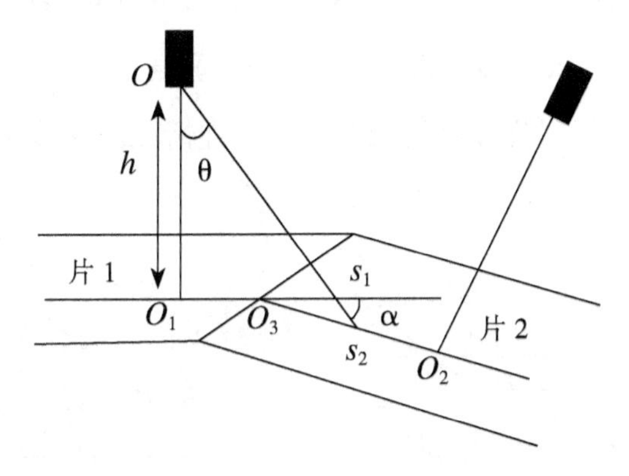

图 5.4　两片交界处的涂层分布示意图

点 s_2 上的涂层厚度可以表示为：

$$q_{s2}(x, y)=q_2(y)+q_1(x)\frac{h^2\cos(\theta+\alpha)}{l_i^2\cos^3\theta} \tag{5.13}$$

由表达式（5.11）、（5.12）、（5.13）可得：

$$q_{s2}(x)=q_2(y)+q_1\left[h_1+\frac{(h_2+y)\cos(\theta+\alpha)}{\cos\theta}\right]\frac{h^2\cos(\theta+\alpha)}{l_i^2\cos^3\theta} \tag{5.14}$$

由于表达式（5.14）的形式比较复杂，故必须对其进行简化。又因为喷枪到工件表面的距离 h 远大于喷涂半径，所以角 θ 是一个很小的角，因此有下列表达式成立：

$$\tan\theta\approx 0,\quad h\approx l_i\cos\theta \tag{5.15}$$

由此，式（5.14）可以简化为：

$$q_{s2}(x)=q_2(y)+q_1[h_1+(h_2-y)\cos\alpha]\cos\alpha \tag{5.16}$$

上式中 $\alpha \leqslant 90°$ 。同样，点 s_2 上的涂层厚度可以表示为：

$$q_{s1}(x)=q_1(x)+q_2[h_2+(h_1-x)\cos\alpha]\cos\alpha \tag{5.17}$$

三维实体分片后，每片上优化后的 d 值和喷涂速率 v 值都应保持不变，但为了保证两片交界处涂层厚度的均匀性，接近片与片交界线的喷涂速率 v 就可能需要优化。图 5.5 是两片交界处喷枪空间路径相对于交界线的三种位置关系：平行—平行（PA–PA，parallel–parallel）；平行—垂直（PA–PE，parallel–perpendicular）；垂直—垂直（PE–PE，perpendicular–perpendicular）。下面将分别讨论基于这三种情况的两片交界处的喷涂轨迹优化。

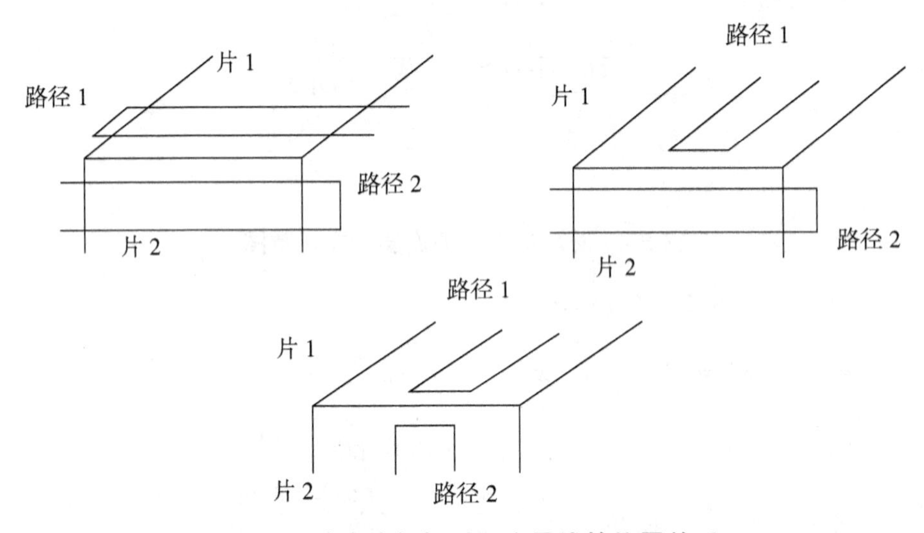

图 5.5　喷涂路径相对于交界线的位置关系

图 5.6 所示的是喷涂路径为 PA–PA 的情况。此时，交界处的喷枪速率 v 不变。由于两片上的路径关于交界线对称，故两条路径与交界线的距离相等。设两个片夹角为 α，路径与交界线的距离为 H，则两片交界处某一点 s 的涂层厚度为：

$$q_s(x, H)=\begin{cases} q_1(x, H)+q_2(x, H)\cos\alpha & 0 \leqslant x \leqslant H \\ q_1(x, H)\cos\alpha+q_2(x, H) & h \leqslant x \leqslant 2H \end{cases} \tag{5.18}$$

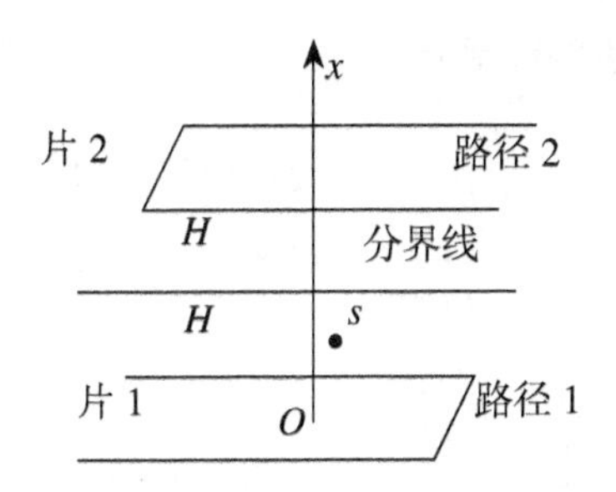

图 5.6　喷涂路径为 PA–PA 时示意图

将式（5.18）代入式（5.7）后，采用最速下降法[117]即可求解出 H 的优化值。

图 5.7 所示的是路径为 PA–PE 的情况。设两个片夹角为 α，两个片上的喷枪路径与交界线的距离分别为 H_1 和 H_2。此时，PA 端喷枪速率 v 不变，而 PE 端喷涂速率需进行优化，这里采用路径分段的方法来优化每一段上的喷涂速率。图中以黑框区域为例，交界处其他区域的涂层厚度由对称性可类似得到。将 PE 端路径分为 9 段，分别为 P1、P2…P9，每段长度为 d_0，P2、P5、P8 各自再分为 i+1 段，对应的喷涂速率分别为 v_0，…，v_i；P1、P6、P7 各自再分为 k 段，对应的喷涂速率分别为 v_i+1，…，v_i+k。图中以 P3 端点和 P4 端点的连线为 X 轴，以 PE 端相邻路径连线的中垂线为 Y 轴建立直角坐标系。

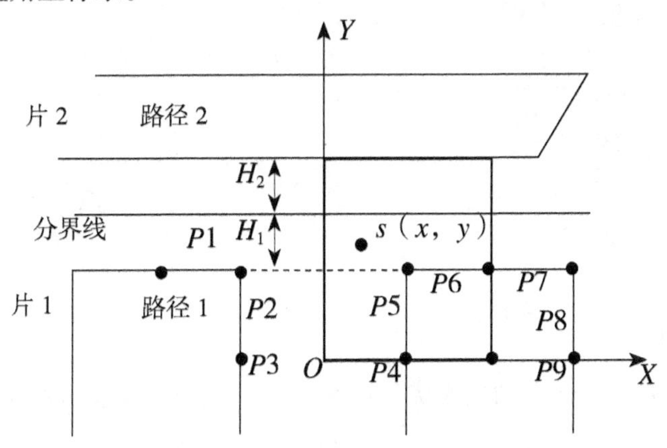

图 5.7　喷涂路径为 PA–PE 时示意图

在 P1、P6 和 P7 段喷涂后点 $s(x,\ y)$ 的涂层厚度为：

$$q_{p1,6,7}(x,\ y)=\frac{1}{v}\int_{\frac{2R-d}{2k}(j-i-1)}^{\frac{2R-d}{2k}(j-i)} f(\gamma)\,dz,\ j\in[i+1,\ i+k],\ j\in Z \quad (5.19)$$

其中，$\gamma=\sqrt{(z+z_0)^2+(d_0+y)^2}$

P1：$z_0=\frac{2R-d}{2k}+x$；

P6：$z_0=\frac{2R-d}{2k}-x$；

P7：$z_0=x-\frac{3(2R-d)}{2k}$

在 P2、P5 和 P8 段喷涂后点 $s(x,\ y)$ 的涂层厚度为：

$$q_{p2,5,8}(x,\ y)=\frac{1}{v_j}\int_{\frac{j}{i+1}d_0}^{\frac{j+1}{i+1}d_0} f(\gamma)\,dz,\ j\in[0,\ i],\ j\in Z \quad (5.20)$$

其中，$\gamma=\sqrt{(x+x_0)^2+(z-y)^2}$

P2：$x_0=\frac{2R-d}{2}$；

P5：$x_0=-\frac{2R-d}{2}$；

P8：$x_0=-\frac{3(2R-d)}{2}$

在 P3、P4 和 P9 段喷涂后点 $s(x,\ y)$ 的涂层厚度为：

$$q_{p3,4,9}(x,\ y)=\frac{1}{v}\int_0^R f(\gamma)\,dz \quad (5.21)$$

其中，$\gamma=\sqrt{(x+x_0)^2+(z-y-R)^2}$

P3：$x_0=\frac{2R-d}{2}$；

P4：$x_0=-\frac{2R-d}{2}$；

P9：$x_0=-\frac{3(2R-d)}{2}$

式中 v 表示平面上的喷涂优化速率。沿路径 1 喷涂后点 s 的涂层厚度为：

$$q_1(x,\ y)=\sum_{j=i+1}^{i+k} q_{p1,6,7}(x,\ y,\ j)+\sum_{j=0}^{i} q_{p2,5,8}(x,\ y,\ j)+q_{p3,4,9}(x,\ y) \quad (5.22)$$

沿路径2喷涂后的点 s 上涂层厚度为：

$$q_2(y_1)=\frac{2}{v}\int_0^{\sqrt{R^2+y_1^2}} f\left(\sqrt{z^2+y_1^2}\right)dz \tag{5.23}$$

式中 y_1 中表示点 s 到路径2的距离。点 s 上涂层厚度为：

$$q(x,y)=\begin{cases} q_1(x,y)+q_2(x,y)\cos\alpha & 0\leqslant y\leqslant(H_1+d_0) \\ q_1(x,y)\cos\alpha+q_2(y_1) & (H_1+d_0)<y\leqslant(H_1+H_2+d_0) \end{cases} \tag{5.24}$$

再由式（5.7），则喷涂轨迹优化问题可表示为：

$$\min E=\int_0^{2R-d}\int_0^{d_0+H_1+H_2}(q_d-q(x,y))^2dydx \tag{5.25}$$

这是个多决策变量的优化问题，变量为 H_1、H_2、v_0、…、v_{i+k}。可使用模式搜索法进行求解，算法步骤如下：

step1 选取初始点 $x_0=(0,\cdots 0)$ T，初始步长 $\delta_0=1$，给定收缩因子 $\eta=0.25$，给定允许误差 $\varepsilon=0.1$，令 $k=0$；

step2 确定参考点，令 $y=x_k$，$j=1$；

step3 从点y出发，沿 e_j（$j=1, 2, \cdots, n$）做正轴向探测：若 $E(y+\delta_k e_j)<E(y)$，令 $y=y+\delta_k e_j$，转step5，否则转step4；

step4 从点y出发，进行 e_j 负向轴探测，若 $E(y-\delta_k e_j)<E(y)$，令 $y=y-\delta_k e_j$；

step5 若 $j<n$，令 $j=j+1$，返回step3，否则令 $x_{k+1}=y$，转step6；

step6 若 $E(xx_{k+1})<E(x_k)$，从点 x_{k+1} 出发沿加速方向 $x_{k+1}-x_k$ 做模式移动，令 $y=2x_{k+1}-x_k$，$\delta_{k+1}=\delta_k$，$k=k+1$，$j=1$，返回step3，否则转step7；

step7 若 $\delta_k<\varepsilon$，迭代终止，输出近似最优解 x_k，否则转step8；

step8 若 $x_{k+1}=x_k$，令 $\delta_{k+1}=\alpha\delta_k$，$k=k+1$，返回step2，否则令 $x_{k+1}=x_k$，$\delta_k+1=\delta_k$，$k=k+1$，返回step2。

路径为PE-PE情况时，设两个片夹角为 α，由对称性可知两个片上的路径到交界线的距离均为 H，图5.8所示的是路径为PE-PE的情况。此时，两侧 PE 端喷涂速率需要进行优化，这里仍然采用路径分段的方法来优化每一段上的喷涂速率。图中以黑框区域为例，交界处其他区域的涂层厚度由对称性可类似得到。将 PE 端路径分为 6 段，分别为 P10、P11…P15，每段长度为 d_0，P12、P13、P15 各自再分为 i+1 段，对应的喷涂速率分别为 v_0，…，v_i；P10、P11、P14 各自再分为 k 段，对应的喷涂速率分别为 v_{i+1}，…，v_{i+k}。以 PE 端相邻路径连线的中垂线为 Y 轴，并以到分界线 P12 与 H 之和的长度距离建立 X 轴，得到如图 5.8 直角坐标系。

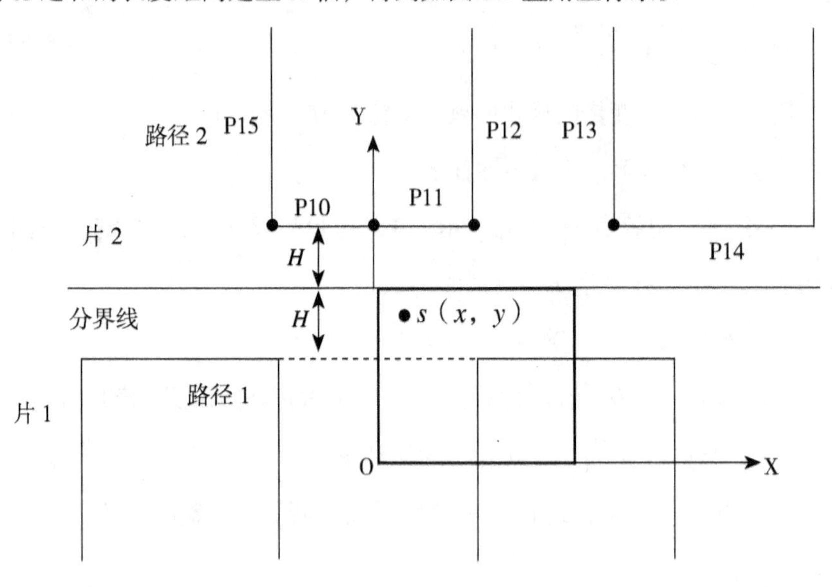

图 5.8 喷涂路径为 PE–PE 时示意图

在 P10、P11 和 P14 段喷涂后点 s（x，y）的涂层厚度为：

$$q_{p10,11,14}(x, y, j)=\frac{1}{v_j}\int_{\frac{2R-d}{2k}(j-i-1)}^{\frac{2R-d}{2k}(j-i)} f(\gamma)\,dz,\ j\in[i+1, i+k],\ j\in Z \quad (5.26)$$

其中 $\gamma=\sqrt{(z+z_0)^2+[h+(d_0+h-y)\cos\alpha]^2}$

P10：$z_0=-\dfrac{2R-d}{2k}-x$；

P11：$z_0=-\dfrac{2R-d}{2k}+x$；

P14：$z_0 = \frac{3(2R-d)}{2k} - x$

在 P12、P13 和 P15 段喷涂后点 $s(x, y)$ 的涂层厚度为：

$$q_{p12,13,15}(x, y, j) = \frac{1}{v_j}\int_{\frac{j}{i+1}d_0}^{\frac{j+1}{i+1}d_0} f(\gamma)\,dz,\ j \in [0, i],\ j \in Z \tag{5.27}$$

其中，

P12：$x_0 = -\frac{2R-d}{2}$；

P13：$x_0 = -\frac{3(2R-d)}{2}$；

P15：$x_0 = \frac{2R-d}{2}$

沿路径 1 喷涂后点 s 的涂层厚度为：

$$q_1(x, y) = \sum_{j=i+1}^{i+k} q_{p10,11,14}(x, y, j) + \sum_{j=0}^{i} q_{p12,13,15}(x, y, j) \tag{5.28}$$

沿路径 2 喷涂后点 s 的涂层厚度为：

$$q_2(x, y) = q_1(x, y)\cos\alpha \tag{5.29}$$

点 s 上涂层厚度为：

$$q(x, y) = q_1(x, y) + q_1(x, y)\cos\alpha \tag{5.30}$$

再由式（5.7），则喷涂轨迹优化问题可表示为：

$$\min E = \int_0^{2R-d}\int_0^{d_0+h} (q_d - q(x, y))^2\,dy\,dx \tag{5.31}$$

这是个多决策变量的优化问题，变量为 H、v_0、…、v_{i+k}，同样可以使用上文所提到的模式搜索法进行求解。

5.3.4 多片交界处的轨迹优化

图 5.9 所示的是分片后三片有交界的情况。假设三片中每两片交界处的涂层厚度已经求出，则图中还需要考虑的就是点 P 的涂层厚度。这里可将轨迹已经优化完毕的片 2 和片 3 连接成一个片 I，再计算片 I 和片 1 交

界处的涂层厚度，则点 P 上的涂层厚度可求出。这种方法也适用于三维实体被分割为多片之后交界点的涂层厚度的计算。

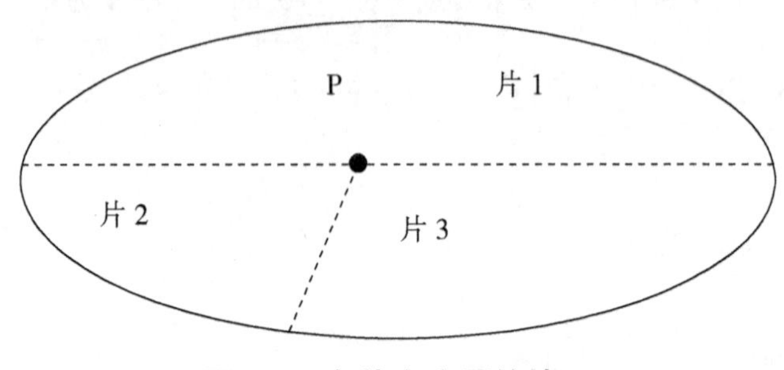

图 5.9　多片有交界的情况

5.3.5　实验仿真

设理想涂层厚度为 q_d=50 μm，喷枪喷出的圆锥形涂料流底面半径 R=50 mm。通过平板上的喷涂实验数据得到涂层累积速率为：

$$f(r)=\frac{1}{10}(R^2-r^2)\ \mu m/s \tag{5.32}$$

生成并优化平板上的喷涂轨迹后，得到喷涂机器人喷涂速率（匀速）和两个喷涂行程的涂层重叠区域宽度分别为：v=323.3 mm/s，d=39.2 mm。

设两个平面片夹角 α=90°，路径分段数 i=2，k=5，每段长度 d_0=2R−d，则各个优化速率结果为：（单位：mm/s）

PA−PA 边界两侧：v=323.3。

PA−PE 中 PA 侧：v=323.3；PE 侧：v_0=260.5，v_1=300.4，v_2=468.5，v_3=327.4，v_4=280.7，v_5=320.9，v_6=389.2，v_7=498.8。

PE−PE 边界两侧：v_0=265.8，v_1=332.4，v_2=397.5，v_3=367.1，v_4=323.9，v_5=380.6，v_6=456.5，v_7=501.2。

其他参数的优化结果如表 5.1 所示。表格中 H_1 和 H_2 分别表示两个片上的边界喷涂路径到交界线的距离。参数优化后交界处的采样点涂层厚度如图 5.10 所示，图中横坐标表示沿交界线垂直方向所取的交界处的采样点，纵坐标表示涂层厚度。

表 5.1　两片夹角 α=90° 时各参数优化结果

Case	H_1（mm）	H_2（mm）	q_{min}（μm）	q_{max}（μm）
PA–PA	35.2	35.2	47.6	53.1
PA–PE	0.15	37.5	40.5	59.1
PE–PE	18.6	18.6	43.5	56.6

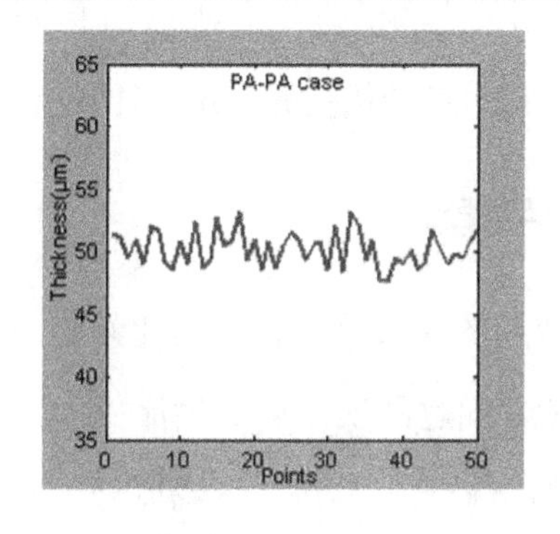

（a）PA–PA case

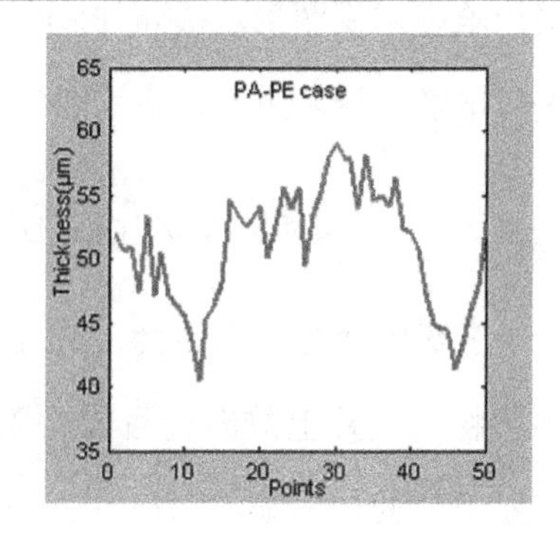

（b）PA–PE case

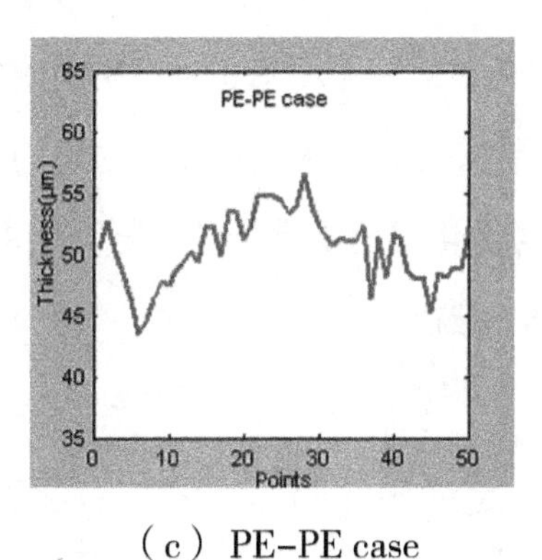

（c）PE–PE case

图 5.10　轨迹优化后采样点的涂层厚度曲线图

仿真实验表明，两片交界处的喷涂轨迹优化后，喷涂空间路径为 PA–PA 时涂层厚度均匀性最佳，而路径为 PA–PE 时涂层厚度均匀性最差。由此可见，在两片交界处的喷涂路径，应尽量设计成 PA–PA 模式。

5.4 三维实体上的喷涂轨迹优化组合

在每一片上的喷涂轨迹优化以及片与片交界处的轨迹优化完成以后，还需要考虑对每片上的喷涂轨迹进行优化组合，从而进一步提高喷涂机器人的工作效率。喷涂轨迹优化组合问题（Tool Trajectory Optimal Integration，简称 TTOI）解决的思路是：先对 TTOI 问题进行转化和建模，采用哈密尔顿图形法表示 TTOI 问题，再采用相应的优化算法对 TTOI 问题进行求解，最后进行仿真和喷涂实验验证，并对各种优化算法进行比较。

5.4.1 喷涂轨迹优化组合问题的转化与建模

三维实体分片后每片上的喷涂轨迹组合如图 5.11 所示。为简化问题，图中将每一片上的轨迹看成一条边，则 TTOI 问题的实质就是喷涂机器人依照怎样的顺序喷涂每一片，使得其经过的路径最短。按照图论原理，假设一个无方向的连接图 G（V，E，R，$\omega:E\rightarrow Z^{+}$），其中 V 表示顶点集，E 表示边集，R 表示 E 的任意一个子集，ω 表示边的权（实际喷涂路径的长度）。TTOI 问题就是在图 G 中求出一条经过所有边且只经过一次的具有最短距离的路径。与优化问题中常见的旅行商问题（TSP）类似，TTOI 问题也是一个典型的 NP 难题[118]。

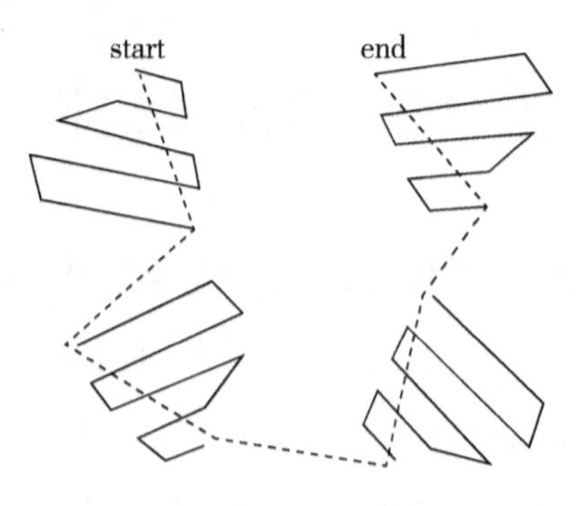

图 5.11 不同片上的喷涂轨迹组合

设 $D=\{d_{ij}\}$（i，j=1，2，…，n）是由图 G 中不在同一条边上的顶点 i 和顶点 j 之间的最短距离所组成的集合，而各个顶点间的距离可使用 Floyd 算法算出。为使问题进一步简化，采用 Kang 等人提出的哈密尔顿图形法表示 TTOI 问题[119]。如图 5.12 所示，用一个顶点代表原始图 G 中的一条边，从而形成一个完整的哈密尔顿图：g（V^H，E^H，ω^H），其中 V^H 表示顶点集，E^H 表示边集，ω^H 表示边的权且 $\omega^H \in D$。图 g 中，每条边的权值是不固定的，其值由原始图 G 中同一条边上的顶点的排列顺序决定。设对于图 g 中顶点集 $V^H=\{v_1, v_2 \cdots\cdots v_n\}$ 的一个排列顺序为 $T=(t_1, t_2 \cdots\cdots t_n)$，$t_i \in V^H$（$i$=1，2，…，$n$），则 TTOI 问题可表示为：

$$\min \overline{L}=\sum_{i=1}^{n} \omega_i+\sum_{j=1}^{n-1} \omega^H_j \tag{5.33}$$

其中 ω_i 表示图 g 中 t_1，$t_2 \cdots\cdots t_n$ 顶点对应的原始图 G 中的边的权值，表示图 g 中边的权值。由于原始图 G 中的每条边的权 ω_i 在本问题中认为是定值，故上述优化问题可简化为：

$$\min L=\sum_{j=1}^{n-1} \omega^H_{jl} \tag{5.34}$$

由此，TTOI 问题就变为在哈密尔顿图中找到一个所有顶点的排列，使得按照这个排列喷涂机器人经过的路径 L 最短。为了找到 TTOI 问题的最优解，下面分别用改进的遗传算法、蚁群算法、粒子群算法对其进行求解，并通过实验说明各个算法的优劣性。

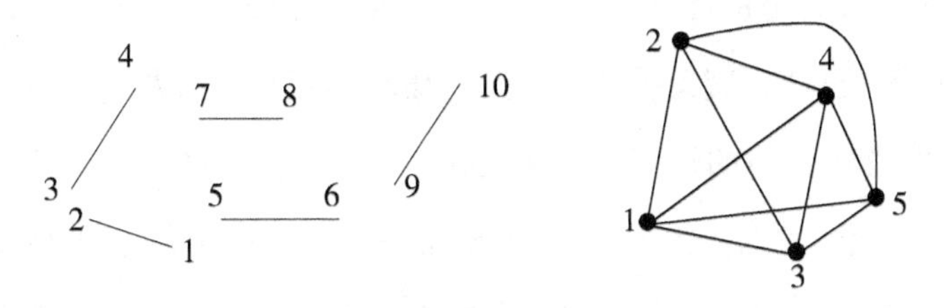

图 5.12　将原始图 G 转变为哈密尔顿图 g

5.4.2 遗传算法求解 TTOI 问题

遗传算法（genetic algorithm，简称 GA）具有并行搜索、鲁棒性强和搜索效率高等优点，在求解组合优化领域的 NP 问题上显示出强大的搜索优势[120, 121]，因此可用于求解 TTOI 问题。由于 TTOI 问题自身的特点，应用 GA 时，需要特殊的个体编码及交叉、变异等遗传操作方法。

（1）个体编码：个体编码的长度为 $|V^H|$。由于在哈密尔顿图中每个顶点表示原始图 G 中的一条边，为了区分每条边的起点和终点（即曲面每片上喷枪路径的起点和终点），个体编码中除了包含顶点信息的实数编码 P_i 外，还要有表示原始图 G 中的每条边方向的二进制编码 P_{si}。例如，当 $|V^H|=7$ 时，随机产生的一个个体的编码为：P_i=3125746 P_{si}=0010110。其中 P_{si} 中 1 值表示与初始设定的边的方向相同，0 值表示与初始设定的边的方向相反。

（2）适应度函数：适应度函数值用来决定哪些个体允许进入下一轮进化，哪些需要从种群中剔除。为了便于在遗传算法中进行选择操作，一般将最小值优化问题转换为最大值优化问题，可以将适应度函数取为：$F=U-L$，其中 U 应该选择一个合适的数，使得所有个体的适应度为正值。在群体进化过程中，为了选择出适应度高的个体，种群规模保持为定值 Psize，在每一代种群运算之前先对种群中的所有个体按照其适应度大小进行降序排列，并将适应度值最高的 Psize 个个体遗传到下一代。

（3）交叉操作：交叉操作是以某一概率相互交换某两个个体之间的部分编码，生成新个体的过程。这里对 P_i 采用顺序交叉（Order Crossover，简称 OX），对 P_{si} 采用双点交叉。OX 保证了在进行个体巡回路线的有效顺序修改时各个顶点的原有排列顺序基本不变[122]，其主要思想是：先进行常规的双点交叉，然后进行个体巡回路线的有效顺序修改，修改时，要尽量维持各点原有的相对访问顺序。OX 基本步骤如下：

（a）在表示喷涂顺序的个体编码串 P_x 和 P_y 中，随机选取两个基因座 i 和 j 紧后的位置为交叉点，即将第 $i+1$ 个基因座和第 j 个基因座之间的各个基因座定义为交叉区域，并将交叉区域的内容分别记忆到 W_x、W_y。

（b）根据交叉区域中的映射关系，在个体 P_x 中找出所有 $P^x{}_q$–$P^x{}_q$（$P=i+1$，$i+2$，…，j）的各个基因座 q，并置它们为空位；在个体 P_y 中找出 $P^x{}_q$–$P^x{}_q$（$P=i+1$，$i+2$，…j）的各个基因座 r，并置它们为空位。

（c）对个体 P_x、P_y 进行循环左移，直到编码串中的第一个空位移动到交叉区域的左端；然后将所有空位集中到交叉区域，而将交叉区域内原有的基因值依次向后移动。

（d）交换 W_x 和 W_y 的内容，并将它们分别放入到个体 P_x、P_y 的交叉区域中，所得结果即为新的喷涂顺序。

OX 操作中父代个体原本是随机选取的，但为了能生成性能更加优良的后代，先在种群中随机选取五对个体，再选择其中适应度值最高的一对个体作为父代进行 OX 操作。双点交叉是在个体编码串中随机设置两个交叉点，然后再进行部分基因交换。交叉操作的一个例子如下。父代编码：$P_1=3125746$　$P_{s1}=0010110$，$P_2=6742513$　$P_{s2}=1101101$；子代编码：$C_1=3125746$　$C_{s1}=1010101$，$C_2=3142576$　$C_{s2}=0101110$。

（4）变异操作：对 P_i 采用倒位变异，即将个体编码中随机选取的两个基因座之间的基因逆序排列，从而产生一个新的个体。对 P_{si} 采用基本变异，即对个体编码随机挑选一个或多个基因座，并对这些基因座的基因值取反变动。

为了验证遗传算法求解 TTOI 问题的可行性，下面以某三维实体为喷涂对象进行仿真实验，运用 MATLAB 语言编制 TTOI 问题的遗传算法程序。按照三维实体的分片方法，某三维实体被分为 7 片，即遗传算法中个体编

码 P_i 和 P_{si} 各为 7 位。算法中各参数选择如下：种群规模 P_{size}=100，交叉概率 x_{rate} =0.20，变异概率 m_{rate} =0.05，最大进化代数 T=100。不同的解对应的进化过程如图 5.13 所示。从图中可看出最优个体对应的目标函数值随进化过程呈单调下降趋势，最后趋于定值；而在进化大约 70 代后，平均适应度基本不再变化，算法收敛。

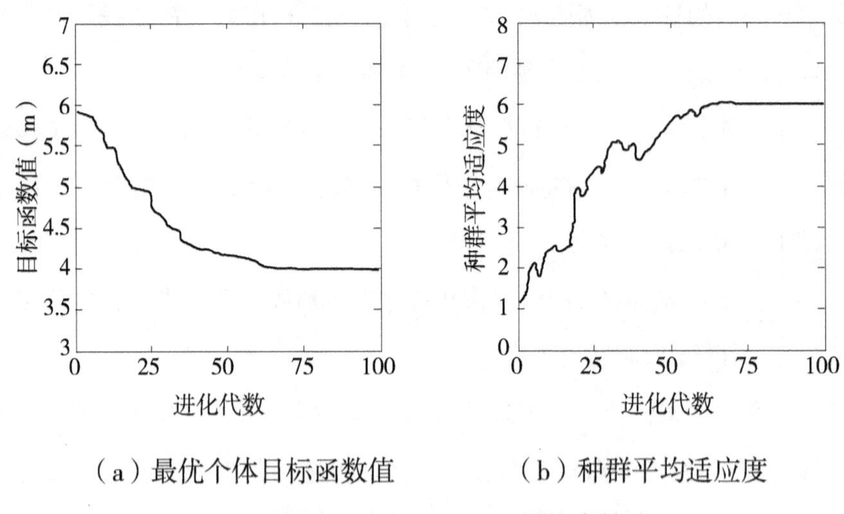

（a）最优个体目标函数值　　（b）种群平均适应度

图 5.13　GA 求解 TTOI 问题仿真结果

5.4.3　蚁群算法求解 TTOI 问题

蚁群算法（Ant colony optimization，简称 ACO）是一种模拟昆虫王国中蚂蚁群体智能行为的仿生优化算法，它具有很强的鲁棒性、优良的分布式计算机制、易于与其他方法相结合等优点[123]。算法初始，建立以下个体信息：未访问的顶点列表（not visited vertices，NVV）、已访问的顶点列表（visited vertices，VV）、未访问的边列表（not visited edges，NVE）、已访问的边列表（visited edges，VE）、蚂蚁走过的轨迹长度（tour length，TL）。借助种群的记忆功能，这些个体信息在进化过程中不断动态调整。以图 5.12 所示的连接图 G 为例，若蚂蚁 1 在顶点 1 处时算法开始，则初始化信息为：

NVV［1］={1，2，3，4，5，6，7，8，9，10}；VV［1］={}；

NVE［1］={（1，2），（3，4），（5，6），（7，8），（9，10）}

VE［1］={}；TL［1］=0.0

经过时间△t后，轨迹（i，j）上的信息素按下式调整：

$$\tau_{ij}(t+\Delta t)=\rho\tau_{ij}(t)+\Delta\tau_{ij} \tag{5.35}$$

其中，ρ 表示信息素挥发率；$\tau_{ij}(t)$ 表示 t 时刻轨迹（i，j）上信息素存积量；$\Delta\tau_{ij}$ 表示经过时间△t 轨迹（i，j）上信息素的增量，可按下式计算：

$$\Delta\tau_{ij}=\sum_{k=1}^{m}\Delta\tau_{ij}^{k} \tag{5.36}$$

τ_{ij}^{k} 表示第 k 只蚂蚁在搜索过程中在轨迹（i,j）上的信息素，其表达式为：

$$\Delta\tau_{ij}^{k}=\begin{cases}\dfrac{Q}{TL[k]} & ant\ k\ pass\ path\ (i,j)\\ 0, & else\end{cases} \tag{5.37}$$

其中，Q 为常数。初始化时各个轨迹上的信息素均为：$\Delta\tau_{ij}=0$。在 t 时刻，蚂蚁 k 从顶点 x 向其他可行顶点转移的转移概率为：

$$P_{ij}^{k}=\begin{cases}\dfrac{(\tau_{ij}(t))^{\alpha}(\eta_{ij}(t))^{\beta}}{\sum_{s\in alowedk}(\tau_{is}(t))^{\alpha}(\eta_{is}(t))^{\beta}} & j\in alowedk\\ 0, & otherwise\end{cases} \tag{5.38}$$

其中，η_{ij} 表示轨迹（i,j）上的能见度，反映由顶点 i 到顶点 j 的启发程度，这里令 $\eta_{ij}=1/d_{ij}$，d_{ij} 为顶点 i 与顶点 j 的距离；参数 α 和 β 分别表示 $\tau_{ij}(t)$ 和 $\eta_{ij}(t)$ 对整个转移概率的影响权值；$alowed_k$ 表示蚂蚁 k 在顶点 i 处的可行邻域（即列表 NVE 中边的端点）。由此，TTOI 问题的蚁群算法步骤为：

Step1 初始化。令时间 t=0，循环次数 N=0，设置最大循环次数 N_{max}；

$\tau_{ij}(t)$、$\Delta\tau_{ij}(t)$ 初始化；设定参数 α、β、ρ、Q；顶点数为 m，每个顶点放置一只蚂蚁，同时为每只蚂蚁建立个体信息。

Step2 循环次数 $N \leftarrow N+1$。

Step3 蚂蚁数目 $k \leftarrow k+1$。

Step3 蚂蚁个体根据转移概率式（5.38）计算的概率选择顶点 j 并前进。

Step4 若 $k < m$，则跳转至 Step3，否则转至 Step5。

Step5 根据式（5.35）和式（5.36）更新每条轨迹上的信息量。

Step6 若 $N \geqslant N_{max}$，循环停止，输出计算结果，否则更新蚂蚁个体信息并跳转至 Step2。

下面通过仿真实验验证 ACO 求解 TTOI 问题的有效性。运用 MATLAB 语言编制了 TTOI 问题的 ACO 程序。假设一个三维实体工件被分为 5 片，则连接图 G 中的边数为 5，顶点数 m=10。算法中各个参数选择如下：α=1，β=5，ρ=0.5，Q=100，最大循环 N_{max}=100。图 5.14 所示的是算法中得出的最优解的进化曲线，从图中可看出喷涂轨迹长度随进化过程呈单调下降趋势，最后趋于定值；在进化大约 70 代后，轨迹长度基本不再变化，算法收敛。

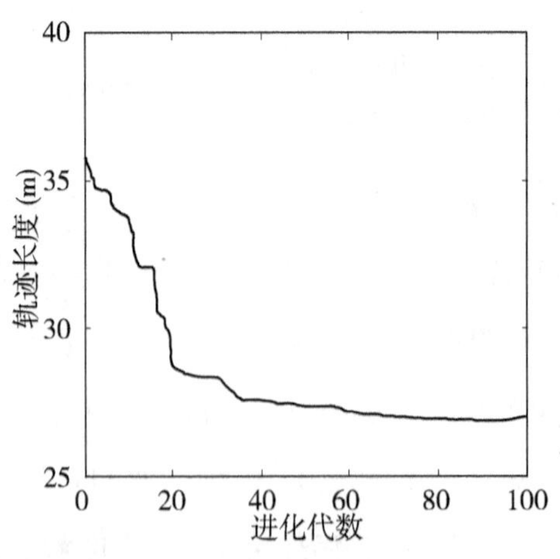

图 5.14 ACO 算法仿真结果图形

5.4.4 粒子群算法求解 TTOI 问题

粒子群算法（Particle Swarm Optimization，简称 PSO）与其他优化算法相比，易于实现，没有很多参数需要调整，且不需要梯度信息，是解决优化组合问题的有效工具[124]。算法中，每个个体为一个粒子，每个粒子代表着一个潜在的解。设 $z_i=(z_{i1}, z_{i2}, \cdots, z_{iD})$ 为第 i 个粒子的 D 维位置矢量，根据适应度函数计算当前的适应值，即可衡量粒子位置的优劣，而 TTOI 问题中可选取计算喷涂轨迹长度最小值为适应度函数。$v_i=(v_{i1}, v_{i2}, \cdots, v_{iD})$ 为粒子 i 的飞行速度，即粒子移动的距离；$p_i=(p_{i1}, p_{i2}, \cdots, p_{iD})$ 为粒子迄今为止搜索到的最优位置；$p_g=(p_{g1}, p_{g2}, \cdots, p_{gD})$ 为整个粒子群迄今为止搜索到的最优位置。每次迭代中，粒子可根据下式更新速度和位置：

$$v^{k+1}_{id}=v^k_{id}+c_1r_1(p_{id}-z^k_{id})+c_2r_2(p_{gd}-z^k_{id}) \tag{5.39}$$

$$z^{k+1}_{id}=z^k_{id}+v^{k+1}_{id} \tag{5.40}$$

其中，$i=1, 2, \cdots, m$，$d=1, 2\cdots D$，r_1 和 r_2 为 [0，1] 之间的随机数，c_1 和 c_2 为学习因子。

由此，TTOI 问题的粒子群算法步骤为：

Step1 初始化。初始化粒子位置 $z_i^{(0)}=(z_{i1}, z_{i2}, \cdots, z_{iD})$，$i=1, 2, \cdots, m$；初始化每个粒子的速度 $v_i^{(0)}=(v_{i1}, v_{i2}, \cdots, v_{iD})$，$i=1, 2, \cdots, m$；选择速度最大阈值 ε 和最大迭代次数 N_{max}，迭代次数 $k=0$。

Step2 测量每个粒子的适应值 $z_i^{(0)}$，表示为 $D_i^{(0)}$，令 $p_i^{(0)}=z_i^{(0)}$。

Step3 迭代次数 $k\leftarrow k+1$；更新速度 v^{k+1}_{id}；更新位置 z^{k+1}_{id}。

Step4 测量 z_i 的适应值，表示为 $D_i^{(k)}$，取 $D_i^{(k)}=\min(D_1^k, D_2^k, \cdots, D_m^k)$，更新 $p_i^{(0)}$ 和 $p_g^{(0)}$。

Step5 若 $\dfrac{D^{(k-1)}-D^{(k)}}{D^{(k)}}$ 且 $k< N_{max}$，则跳转到 Step3；若 $k\geqslant N_{max}$，循环停

止，输出计算结果。

利用 MATLAB 软件对 PSO 算法求解喷涂机器人喷涂轨迹优化组合问题进行仿真。这里假设三维实体工件被分为 5 片，则图 5.12 所示的连接图 G 中的边数为 5，顶点数 m=10。算法中，为保证算法精度，最大循环次数 N_{max}=100；为保证粒子不跳过最好解且能够对搜索空间充分搜索，取 ε =1000；为保证精度且减小计算量，粒子个数取 20。而学习因子 c_1 和 c_2 可以使粒子具有自我总结和向群体中优秀个体学习的能力，从而向自己的历史最优点以及群体内历史最优点靠近，这两个参数对算法的收敛性作用不是很大，但适当调整这两个参数，可以使收敛速度变快。通过多次调整 c_1 和 c_2 值，并分析 c_1 和 c_2 值对最优适应值的影响后，可得出对于 TTOI 问题来说取 c_1=c_2=2 是一个较好的选择。图 5.15 所示的是算法中得出的最优解的进化曲线，从图中可看出喷涂轨迹长度随进化过程呈单调下降趋势，最后趋于定值。由于喷涂机器人工作过程中一般不考虑避障问题，环境信息已知且相对较简单，故粒子群算法收敛速度较快，从图 5.15 中可看出在进化大约 80 代后，喷涂轨迹长度基本不再变化，算法收敛。

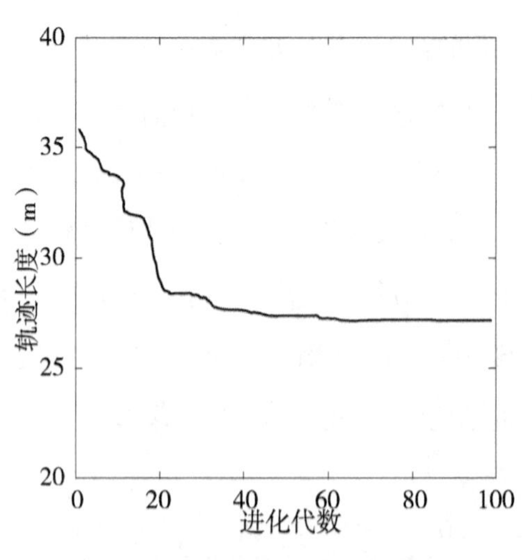

图 5.15　PSO 算法仿真结果图形

5.5 喷涂实验研究及算法比较

设理想涂层厚度为 q_d=50μm，涂层厚度最大允许偏差为 q_w=10μm，喷枪喷出的圆锥形涂料底面半径 R=60mm。通过平板上的喷涂实验数据得到涂层累积速率为：

$$f(r)=\frac{1}{15}(R^2-r^2)\ \mu m/s$$

生成并优化平板上的喷涂轨迹后，按照 4.3.2 节介绍的优化算法得到喷涂机器人喷涂速率（匀速）和每两个喷涂行程的涂层重叠区域宽度分别为：v=256.3mm/s，d=50.2mm。

以第 2 章中实验工件为例，该工件可看成是一个三维实体。利用第 2 章中基于平面片连接图 FPAG 的曲面造型方法对其进行造型后，采样点三角网格以及工件三角网格图形分别如图 2.5 和图 2.6 所示。实验中，设喷枪到工件表面的垂直距离为 H，则喷涂路径可采用偏置算法获取。喷涂轨迹优化算法中各个喷涂参数设置如下：理想涂层厚度 $q_d=50\times10^{-6}$mm，最大允许偏差厚度 $q_w=10\times10^{-6}$mm，喷涂半径 R=60 mm，喷涂距离 H=100 mm，喷涂速度为 v=256.3 mm/s。造型后该工件表面被分为 5 片，片与片交界处喷涂路径采用 PA–PA 模式。喷涂轨迹优化组合时，分别采用 GA 算法、ACO 算法、PSO 算法进行实验。GA 算法参数设置为：种群规模 P_{size}=100，交叉概率 x_{rate}=0.20，变异概率 m_{rate}=0.05，最大进化代数 T=100。ACO 算法参数设置为：蚂蚁个数 m=10，参数 α=1，参数 β=5，信息素挥发率 ρ=0.5，常数 Q=100，最大迭代次数 N_{max}=100。PSO 算法参数设置为：速度最大阈值 ε=1000，粒子个数取 20，学习因子 $c_1=c_2=2$，最大迭代次数 N_{max}=100。

下面采用自主研发的喷涂机器人离线编程系统进行喷涂实验。工件表面分片后不同片上的部分优化轨迹如图 5.16 所示。喷涂后采用涂层测厚仪在工件上均匀测取 400 个离散点的涂层厚度，以优化轨迹喷涂后的采样点的涂层厚度，如图 5.17 所示，其中涂层厚度最大值为 q_{max}=55.6 × 10^{-6}mm，涂层厚度最小值为 q_{min}=45.5 × 10^{-6}mm。由此可见，所有采样点的涂层厚度均在最大允许偏差厚度 q_w 范围内，符合喷涂质量要求。

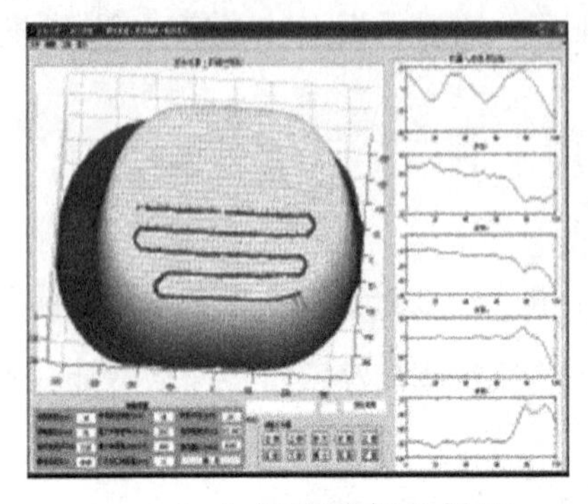

（a）侧面片部分轨迹　　（b）顶部片部分轨迹

图 5.16　不同片上的部分优化轨迹

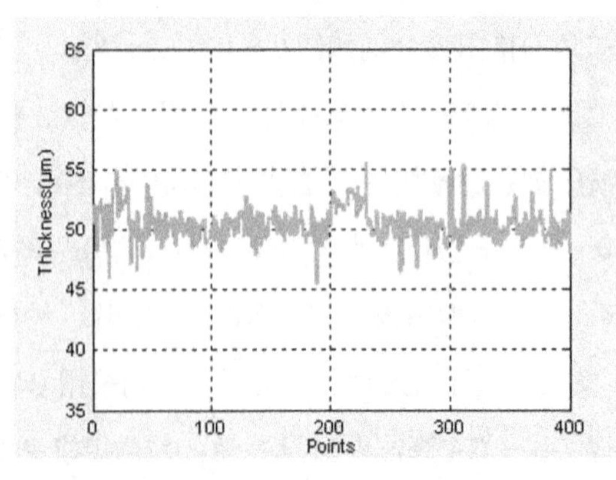

图 5.17　采样点的涂层厚度

从喷涂效率来看，分别采用 GA 算法、ACO 算法、PSO 算法、随机组合算法进行喷涂实验后的比较结果如表 5.2 所示。由结果可看出，使用 PSO 算法的喷涂轨迹总长度最短，喷涂时间最少，系统运算执行时间虽然最长，但基本在实际应用允许范围内，与随机组合相比，对于此喷涂工件而言喷涂时间节约了 23%。而采用了 GA 算法和 ACO 算法的喷涂轨迹总长度也比随机组合的喷涂轨迹短，且喷涂时间分别节约了 16% 和 20%。应当指出，这里采用的喷涂工件只是分为 5 片，而对于更为复杂、分片数更多的喷涂工件而言，采用 PSO 算法后在节约喷涂时间方面的优势将更加明显，但是离线编程系统运算执行时间会加长。因此，只要系统运算执行的实时性能够满足实际应用要求，选用 PSO 算法的效果会最好；否则，可以考虑选择 GA 算法或 ACO 算法。

表 5.2　几种算法喷涂实验结果比较

	GA	ACO	PSO	随机组合
喷涂轨迹总长度（m）	28.4	27.6	26.8	29.8
机器人喷涂时间（s）	94	89	86	112
运算执行时间（s）	0.23	0.35	0.52	0.10

5.6　本章小结

本章提出了面向三维实体的喷涂机器人空间轨迹优化方法。利用实验方法建立一种简单的涂层累积速率数学模型，并采用基于平面片连接图 FPAG 的曲面造型方法对三维实体进行分片；规划出每一片上的喷涂路径后，以离散点的涂层厚度与理想涂层厚度的方差为目标函数，在每一片上进行喷涂轨迹的优化，并按照两片交界处空间路径方向的不同分三种情况研究了两片交界处的喷涂轨迹优化问题，仿真实验结果表明两片交界处的喷涂空间路径为 PA-PA 时涂层厚度均匀性最佳；采用哈密尔顿图形表示各个分片上的喷涂轨迹优化组合问题，分别采用改进的 GA 算法、ACO 算法、PSO 算法对其进行求解，并通过仿真实验验证了各个算法的可行性。最后，在自行设计的喷涂机器人离线编程实验平台上进行了喷涂实验，并对几种算法结果进行了比较。实验结果表明，本章提出的面向三维实体的喷涂机器人轨迹优化方法完全能满足涂层厚度均匀性的要求；而使用 PSO 算法虽然需要消耗少量的系统运算执行时间，但与其他算法相比更加节约喷涂时间，显著提高了喷涂效率。本章提出的算法还可以用于其他类型机器人轨迹规划，例如机器人研磨轨迹规划、清洁机器人轨迹规划等。

第6章 曲面上的喷涂机器人空间轨迹优化研究

6.1 引 言

国外欧美、日本等发达国家或地区对喷涂机器人轨迹优化技术的研究较早，目前已进入产业化阶段。近年来，随着喷涂机器人的广泛应用，机器人喷涂已基本上能满足工业生产的需要。但由于汽车、航天、造船等工业领域的要求，如何在曲面上进行喷涂机器人轨迹规划已成为国内外新的研究热点。

本章所提出的曲面主要是指在十几米范围内、各局部法向量方向差异不大的不规则曲面。由于这类曲面主要是指自由曲面或复杂曲面，其几何特性十分复杂，并且采用一般的Bézier曲面和B样条曲面造型方法很难对曲面进行处理（不能直接写出其数学表达式），因此在这类曲面上进行喷涂机器人轨迹优化具有一定的难度，而目前面向这类曲面的比较实用的喷涂机器人轨迹优化方法也比较少。

复杂曲面上的喷涂机器人轨迹优化主要可分为四个步骤：第一步，对复杂曲面进行分片；第二步，在每一片上进行喷涂路径规划；第三步，在每一片上进行喷涂轨迹优化；第四步，对每一片上的喷涂轨迹进行优化组合。因为复杂曲面分片后和三维实体的表面分片后相比，只是片与片之间的法向量夹角大小不同，而对于在每一片上的喷涂轨迹优化方法和喷涂轨迹进行优化组合方法，这二者都是完全一致的。因此，对于复杂曲面上的喷涂机器人轨迹优化问题本章将不再重复阐述。

本章首先介绍了一种简单的曲面上的喷涂机器人轨迹优化方法，该方法可以用于喷涂要求不是很高而喷涂效率要求比较高的场合中。其次，提出了自由曲面上喷涂机器人轨迹优化方法，根据自由曲面的几何特点，建立了一种新型的适用于自由曲面的喷涂模型；在生成自由曲面上喷涂空间路径的基础上，具体研究了自由曲面上的喷涂机器人轨迹优化问题，使用带权无穷范数理想点法对该问题进行求解；通过仿真和喷涂实验验证了数学模型和算法的可行性。最后，研究了曲面上的静电喷涂机器人轨迹优化方法，并进行了静电喷涂实验分析。

6.2 一种简单的曲面上喷涂机器人轨迹优化方法

本节将介绍一种简单的曲面上喷涂机器人轨迹优化方法，该方法表达式简单，且运算速度快，并基本能满足曲率变化不大的曲面上喷涂质量的要求。

在喷涂过程中，末端执行器沿着一条连续的空间轨迹进行喷涂。为了保持工件表面涂层的均匀性，末端执行器必须保持适当的方向。因此，末端执行器的位置和方向可以定义为一个六维矢量：

$$X(t)=[\ x(t),\ y(t),\ z(t),\ \phi(t),\ \psi(t),\ \theta(t)\ ]^T \tag{6.1}$$

笛卡儿坐标系中的$x(t)$、$y(t)$、$z(t)$表示空间中末端执行器的位置，而三个旋转量 $\phi(t)$、$\psi(t)$、$\theta(t)$ 表示末端执行器在工件表面上的适当的旋转角度，这 3 个旋转量即为欧拉角。因此，一个 6 自由度的机器人可以完成空间中任意形状的曲面上的喷涂作业。

由于本章考虑的是较为平坦的曲面，这种情况下（6.1）式中的 $\psi(t)$ 是基本不变的。因此，这种情况下机器人的位置和方向可以用一个五维的矢量来表示：

$$X(t)=[x(t),\ y(t),\ z(t),\ \phi(t),\ \theta(t)]^T \tag{6.2}$$

假设喷涂机器人喷涂轨迹为 X（*t*），待涂工件表面为 *S*。机器人末端执行器使用的是喷枪，其喷涂圆锥范围内的某一点 *s* 上的涂层累积速率函数可以表示为[24]：

$$f(s,\ X(t))=f_1(R)\cdot f_2(\Omega) \tag{6.3}$$

$$f_1(R)=\frac{C(\Omega_1)}{R^2} \tag{6.4}$$

$$C(\Omega_1)=\frac{Q}{2\pi\Omega\int_0^{\Omega_1} g(\Omega)(\sin\Omega/\cos^3\Omega)\,d\Omega} \tag{6.5}$$

$$f_2(\Omega_2)=\begin{cases}1 & \Omega<\Omega_0\\ 0.5[1+\cos(\dfrac{\Omega-\Omega_0}{\Omega_1-\Omega_0}\pi)], & \Omega_0\leqslant\Omega<\Omega_1\\ 0, & \Omega>\Omega_1\end{cases} \tag{6.6}$$

这里，*Q* 表示喷涂速度（单位 m/s），*R* 表示喷枪离工件表面的距离（单位 m），Ω（单位 rad）表示喷枪的法向量与点 *s* 的法向量的夹角，Ω_1 和 Ω_2 分别表示喷枪与喷涂圆锥的边界线向里侧和向外侧的角度。上述表达式所表示的涂层累积速率函数是根据喷涂实验结果推出的。从式中可以看出，涂层累积速率与喷涂距离的平方成反比。然而，由于该涂层累积速率函数成立的前提是机器人工作空间内喷枪方向始终与工件保持垂直，而在实际喷涂过程中喷枪方向经常会任意变化。因此，必须对该涂层累积速率函数进行修正。

现假设喷涂方向上的单位矢量 o，此方向是朝向曲面 S 的。再设任意一点的单位矢量 u（s）与曲面 S 相垂直，一个与矢量 o 正交的平面 P，且 P 上有一点 s（x_s，y_s，z_s）。易知，经过任意一点 s，即可确定平面 P，且点 s 上喷枪与平面 P 的垂直距离为：

$$R(X(t), s)=\sqrt{(x_p-x)^2+(y_p-y)^2(z_p-z)^2} \tag{6.7}$$

喷枪法向量与该点 s 法向量的夹角为：

$$\Omega=\arccos\frac{k(x_s-x)+l(y_s-y)+m(z_s-z)}{\sqrt{(x_p-x)^2+(y_p-y)^2(z_p-z)^2}} \tag{6.8}$$

$$(k, l, m)=o=(\cos\phi\cos\theta, \sin\phi\cos\theta, \sin\theta) \tag{6.9}$$

（x_p，y_p，z_p）表示 TCP 点在平面 S 上的投影点的坐标，且有：

$$x_p=k^2x_s+(l^2+m^2)x+k[l-(y_s-y)+m(z_s-z)] \tag{6.10}$$

$$y_P=\frac{1}{k}(x_p-x)+y \tag{6.11}$$

$$z_P=\frac{m}{k}(x_p-x)+z \tag{6.12}$$

将式（6.7）和（6.8）代入涂层累积速率函数表达式中就可以得到平面 P 上的一点 s 的涂层累积速率。由于平面与工件表面之间的夹角与矢量 o 和 u 有关，因此曲面 S 上的一点 s 上的涂层累积速率小于平面 P 上的涂层累积速度，且二者之间的关系可以表示为：

$$f(s, X(t))=\frac{C(\Omega_1)}{R^2(X(t), s)}f_2(\Omega)(-o\cdot u) \tag{6.13}$$

如果喷涂圆锥的底面都在曲面上，则上式中的内积就保证了曲面 S 上的涂料总量与机器人喷出的涂料总量相等。通过等式（6.9）可以看出，式（6.13）所表示的是喷涂方向为任意方向的新的涂层累积速率模型。再根据笛卡儿坐标系中的位置坐标，就可以定义出任意速度的机器人运动轨迹。

在整个喷枪运动轨迹 $X(t)$ 中，由涂层累积速率函数即可得到某一点 s 上的涂层厚度为：

$$F(s)=\int_0^T f(s, X(t))\,dt \tag{6.14}$$

这里 T 表示喷涂时间。需要注意的是只有在喷涂圆锥内，某一点上的涂层累积才是连续的。由此，涂层厚度平均偏差值可表示为：

$$V=\sqrt{\frac{\int_S (F(s)-F_d)\,ds}{S}} \tag{6.15}$$

这里 $S=\int_S ds$ 表示曲面的面积，F_d 表示理想涂层厚度。而实际涂层厚度与理想涂层厚度最大偏差值可表示为：

$$M=\max_{s\in S}|F(s)-F_d| \tag{6.16}$$

如果将反映喷涂质量的函数 J_q 用上述函数 V 和 M 共同表示的话，则函数 J_q 可以限制在［0，1］区间范围内，即当 J_q 为 0 时表示没有喷涂质量最差，当 J_q 为 1 时表示涂层厚度与理想涂层厚度 F_d 相等。喷涂质量最差说明工件上没有任何点能够被喷涂到。另外，实际喷涂经验表明，如果某一点上的涂层厚度达到了理想涂层厚度的 2 倍，则该点上的涂层厚度是不符合要求的，即当工件某一点上的涂层过厚的话，涂层就会有皲裂的倾向。考虑到以上这些因素后，对函数 V 和 M 做以下限制：

$$\forall s\in S, F(s)=F_d\rightarrow F_{min}=0, M_{min}=0 \tag{6.17}$$

$$\exists s\in SF(s)=0\vee F(s)=2F_d\rightarrow F_{max}=F_d, M_{max}=F_d \tag{6.18}$$

至此，喷涂质量标准值 V_{norm} 和 M_{norm} 就可以利用涂层厚度平均值和最大偏差值表示为：

$$V_{norm}=\frac{V_{max}-V}{V_{max}-V_{min}}=\frac{F_d-V}{F_d} \tag{6.19}$$

$$M_{norm}=\frac{M_{max}-M}{M_{max}-M_{min}}=\frac{F_d-M}{F_d} \tag{6.20}$$

需要注意的是，通常情况下在喷涂过程中希望涂层厚度平均偏差值 V 尽可能小以及实际涂层厚度与理想涂层厚度最大偏差值 M 尽可能小两个条件同时满足。因此，还需要对式（6.20）进行一些处理。这里使用加权分离－连接方法[28]对式（6.20）进行处理，该方法可以对喷涂质量的两个期望目标进行分离或连接处理，从而得到一个新的喷涂质量描述函数：

$$J_q=[\alpha V_{norm}^p+(1-\alpha)M_{norm}^p]^{1/p}=[\alpha(\frac{F_d-V}{F_d})^p+(1-\alpha)(\frac{F_d-M}{F_d})^p]^{1/p} \tag{6.21}$$

上式中，α 为权重参数，当参数 p 大于 0 时，分离特征占主导因素；当 p 小于 0 时，连接特征占主导因素。而喷涂问题中主要考虑的是参数 V_{norm} 和 M_{norm} 的连接关系。这种情况下，喷涂质量函数 J_q 能达到最高值的唯一条件是 V_{norm} 和 M_{norm} 同时达到最高值，而任何一个参数值的减小都会引起 J_q 的减小。本文利用 C++6.0 编写了基于改进的涂层累积速率函数的描述喷涂质量函数表达式的仿真程序。仿真实验表明，当参数 p=–1 且权重参数 α=0.5 时，V_{norm} 和 M_{norm} 的连接关系最好，此时涂层厚度平均偏差值 V 尽可能小以及实际涂层厚度与理想涂层厚度最大偏差值 M 尽可能小两个条件可同时满足。

6.3 自由曲面上喷涂机器人空间轨迹优化方法

大多数被喷工件外形都是不规则的自由曲面（不能直接写出其数学表达式），因此研究自由曲面上喷涂机器人轨迹优化方法具有十分广泛的意义。但是，由于自由曲面几何特性十分复杂并且喷涂效果受到多种因素的影响，因此在自由曲面上建立比较精确的喷涂模型以及进行喷涂轨迹优化具有一定的难度。

在6.2节中已经介绍了喷涂机器人末端执行器在空间的位置和姿态可以用一个六维时间矢量函数 $X(t)$ 来表示。喷涂机器人的一条空间轨迹可定义为末端执行器TCP经过的一系列点的集合，设计时考虑一种可行的喷涂机器人轨迹确定方法，即先指定期望的喷涂空间路径和走向。这种情况下，问题就转化为如何找到喷涂机器人沿指定路径的最优时间序列，使得喷涂机器人沿此轨迹进行喷涂作业时所定义的优化目标达到最优。轨迹优化问题就把每时刻的最优变量个数从一般喷涂轨迹优化问题中的6个（末端执行器的位姿）减少为1个，从而简化了问题的复杂性。因此，在对自由曲面上的喷涂轨迹进行规划时也是先指定末端执行器的空间路径，然后再进行喷涂轨迹优化。

本节提出一种自由曲面上喷涂机器人空间轨迹优化方法，其基本思路是：先对自由曲面上的喷涂机器人空间路径进行规划，再建立自由曲面上的喷涂模型，最后再进行自由曲面上喷涂轨迹优化。在进行自由曲面上喷涂路径规划时，可以采用第2章介绍的基于平面片连接图FPAG的曲面造型方法对自由曲面进行造型后，再在自由曲面上分片后的每一片上进行喷涂路径规划。但是，这种方法显得有些复杂。为了更好地提高机器人程序执行速度，这里提出一种基于长方体模型法的喷涂机器人空间路径规划方法，这种方法是在平面上的两个喷涂行程涂层重叠区域宽度d取到最优值后，利用长方体模型法设计出喷涂机器人空间路径。

需要特别说明的是，本节中的机器人末端执行器是以空气喷枪为例，而若是使用其他类型的末端执行器，在轨迹优化之前就需要建立各自不同的喷涂模型。

6.3.1 基于长方体模型法的喷涂机器人空间路径规划

本节中将提出一种长方体模型法来设计喷涂机器人空间路径，而该方法中确定两个喷涂行程的涂层重叠区域宽度 d 是生成喷枪空间路径的关键因素。这里直接给出计算两个喷涂行程的涂层重叠区域宽度 d 优化值的流程图，如图 6.1 所示。

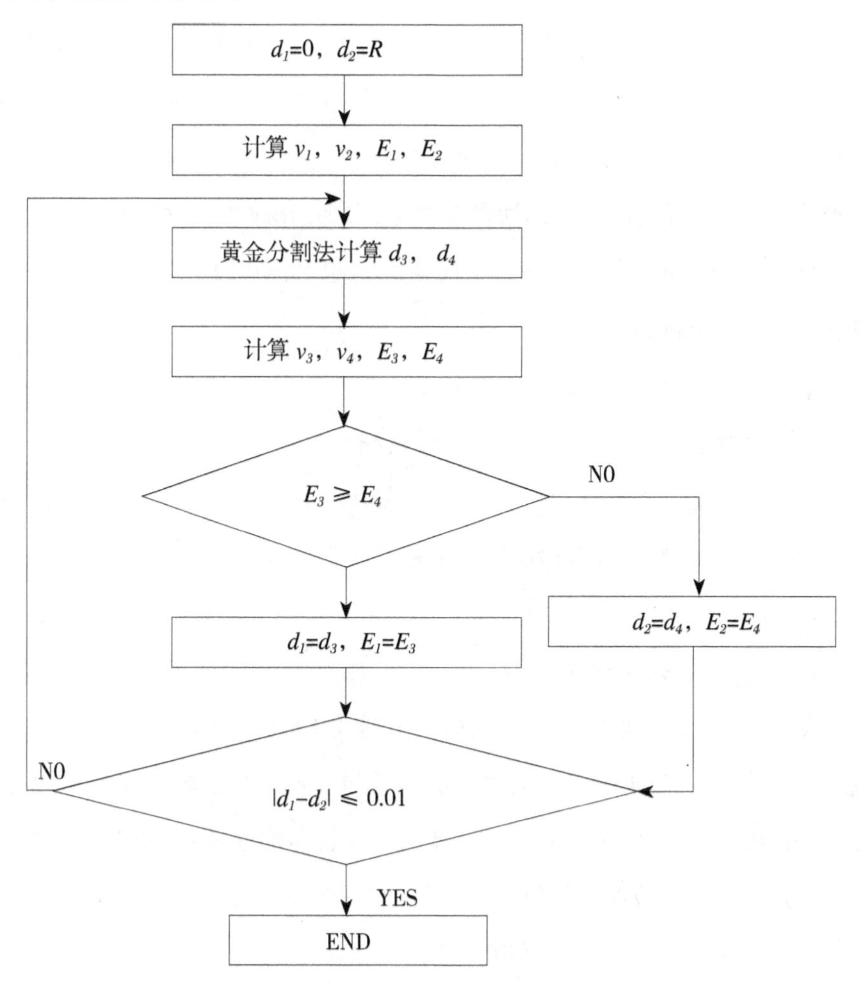

图 6.1　两个喷涂行程涂层重叠区域宽度 d 优化流程图

找到平面上的两个喷涂行程涂层重叠区域宽度 d 的最优值后，下面给出“长方体模型”法设计喷涂机器人空间路径的具体步骤：

（1）由工件 CAD 模型确定曲面，并对曲面进行三角网格划分。曲面进行三角网格划分后可以用数学表达式表示为：

$$M=\{T_i: i=1, \cdots, M\} \tag{6.22}$$

这里 T_i 是三角网格中的第 i 个三角片（面），M 是三角网格中三角面的总个数。

（2）计算每个三角面的法向量，按照相邻三角面之间拓扑结构连接生成若干个较大的片。假设沿平面上的优化喷涂轨迹进行喷涂后，平均涂层厚度为 $\bar{q}_d$，整个平面上某一点的最大涂层厚度为 $\bar{q}_{max}$，某一点的最小涂层厚度为 $\bar{q}_{min}$；再设该曲面的法向量与曲面的投影平面的法向量的最大夹角为 β_{th}（只考虑二者的法向量指向曲面同侧），则曲面上任意一点 s 上的涂层厚度可能的范围为：

$$\bar{q}_{min}\cos(\beta_{th}) \leqslant q_s \leqslant \bar{q}_{max} \tag{6.23}$$

如果曲面上任意一点 s 上的涂层厚度满足：

$$|q_s-\bar{q}_d| \leqslant q_w \tag{6.24}$$

其中，qw 为允许最大涂层厚度偏差。那么，

$$\bar{q}_{max}-q_d \leqslant q_w \tag{6.25}$$

$$q_d-\bar{q}_{min}\cos(\beta_{th}) \leqslant q_w \tag{6.26}$$

如果式（6.25）始终成立，则可以根据式（6.26）求出 β_{th}。这也就是说，对于任何一个曲面，如果曲面法向量与其投影平面的最大夹角 β 满足 $\beta \leqslant \beta_{th}$，则该曲面上某一点的涂层厚度就能够满足式（6.24）。在求出 β_{th} 后，即可生成曲面的每一片。各个三角面连接成片的步骤如下：

① 指定任意一个三角面为初始三角面；

② 寻找到离初始三角面中心点距离小于喷涂半径的所有三角面；

③ 计算②中找到的所有三角面的法向量与初始三角面法向量的夹角，如果夹角小于 β_{th}，则将该三角面与初始三角面连接；

④ 寻找尚未连接成片的三角面作为新的初始三角面，重复②③步，直到所有三角面都连接成片；

曲面分片后，其中的任意一片可以表示为：

$$S_i=\{T_j|\cos^{-1}(\vec{N_j}\cdot\vec{N_k})<\beta_{th},\ D(T_j,\ T_k)\leqslant R,\ T_j\in M,\ T_k\in M|\}\quad(6.27)$$

式中表示第 i 片，$\vec{N_j}$和$\vec{N_k}$是第 j 个三角面和第 k 个三角面的法向量，$D(T_j,\ T_k)$ 表示第 i 个三角面和第 k 个三角面中心点的距离。由此，一个曲面将被分成一片或者若干片。众所周知，四次方多项式模型可以表示许多三维曲面，在三角面连接成片后，可以使用 3L 算法对每一片进行处理，从而可得到平滑的、保持原有特性的曲面[125]。

（3）在每一片上建立“长方体模型”，并生成每一片上的喷涂机器人空间路径。图 6.2（a）所示的是在某一片上建立的“长方体模型”。“长方体模型”是一个恰好包含了整个片的长方体，它主要具有以下两个性质：（ⅰ）其前端方向是与整个片的法向量方向相反；（ⅱ）其各个面的长方形的面积都尽可能地最小。为了生成喷涂机器人空间路径，首先沿垂直于“长方体模型”右侧的方向作若干个距离为 l 的切平面（l 通常取$\frac{1}{2}R$~R，R 为喷涂半径），即可得到切平面与曲面片的若干段相交线；然后再在相交线上均匀地作出距离为 d（两个喷涂行程涂层重叠区域宽度的最优值）的一组点；最后将这些点沿“长方体模型”右侧方向连接起来，从而生成喷涂机器人空间路径（如图 6.2（b）所示）。

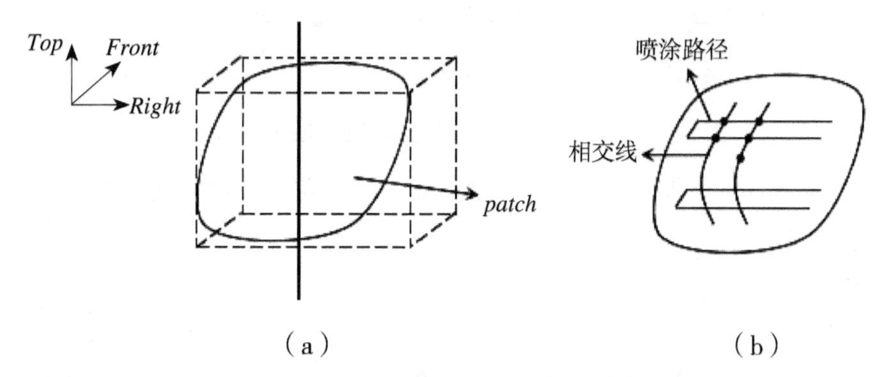

图 6.2 “长方体模型”和生成的空间路径

6.3.2 自由曲面上的喷涂模型

本节建立的喷涂模型是喷枪喷涂模型。自由曲面上一点 s 的喷涂模型如图 6.3 所示。图中平面 P_1 为参考平面，P_2 为过点 s 且与 P_1 平行的平面，θ_i 为喷枪和点 s 的连线与喷枪中轴线之间的夹角，h 为喷枪到参考平面 P_1 之间的距离，h_i 为喷枪到平面 P_2 的距离（h_i 随着 θ_i 的变化而变化）。当指定了期望的涂层厚度后，参考平面 P_1 可根据实验得到的理想的喷枪与工件的距离来确定。假设喷枪喷到参考平面上和自由曲面上的涂料量相等，喷枪在参考平面 P_1 上喷出的很小一块圆形面为 c_1，c_1 在平面 P_2 上的投影为 c_2，则两块圆面的面积关系是：

$$S_{C2}=\left(\frac{h_i}{h}\right)^2 S_{c1} \tag{6.28}$$

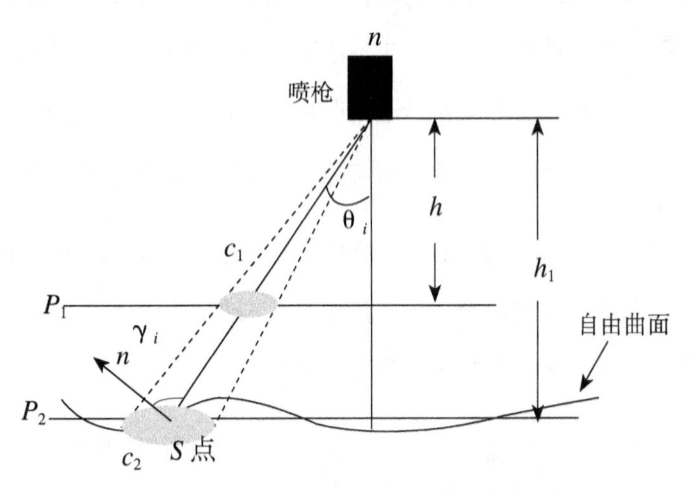

图 6.3　自由曲面上的喷涂模型

Sc_1 和 Sc_2 分别是 c_1 和 c_2 的面积。设 c_1 上的涂层厚度为 q_1，则 c_2 上的涂层厚度 q_2 为：

$$q_2=q_1\left(\frac{h}{h_i}\right)^2 \tag{6.29}$$

设圆形面 c_3 与喷枪喷射方向垂直并且与 c_2 在同一个圆锥形涂料流张

角下，如图 6.4（a）所示，则 c_3 与 c_2 之间的夹角即为 θ_i；再设 C_3 的法向量与自由曲面上过点 s 的一小块圆形面 c_4 的法向量 n 的夹角为 γ_i，如图 6.4（b）所示，则 c_3 和 c_4 上涂层厚度分别为：

$$q_3=\frac{q_2}{\cos\theta_i} \tag{6.30}$$

$$q_s=q_3\cos\gamma_i \tag{6.31}$$

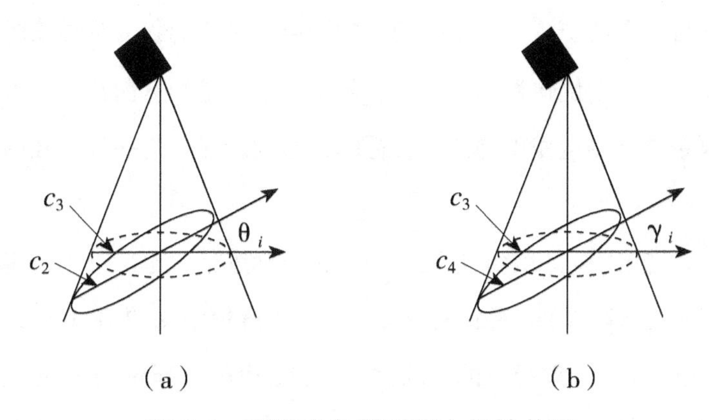

图 6.4　不同夹角圆形面之间的关系

由式（6.29）、式（6.30）、式（6.31）可得自由曲面上的涂层厚度表达式为：

$$q_s=q_1\left(\frac{h}{h_i}\right)^2\frac{\cos\gamma_i}{\cos\theta_i} \tag{6.32}$$

设喷枪到自由曲面上一点 s 的距离为 l_i，则 $h_i=l_i\cos\theta_i$。易知，喷涂过程中，当 $\gamma_i\geqslant 90°$ 时，没有涂料能喷到该点上。因此，自由曲面上一点 s 的涂层厚度数学表达式为：

$$q_s=\begin{cases} q_1\left(\frac{h}{l_i}\right)^2\frac{\cos\gamma_i}{\cos^3\theta_i} & \gamma_i<90° \\ 0 & \gamma\geqslant 90° \end{cases} \tag{6.33}$$

由式（6.33）即可计算出喷涂过程中自由曲面上任意一点的涂层厚度，从而为下文优化自由曲面上喷涂轨迹做好了准备。

6.3.3 自由曲面上的喷涂轨迹优化

喷涂机器人轨迹优化设计中优化目标有多个，例如时间、每一点的涂层厚度、涂料的总消耗量等，因此喷涂机器人轨迹优化设计是一个多目标优化问题。在数学上解决多目标优化问题通常是采用分段常函数逼近优化目标函数的方法。应当指出，在实际生产中，喷涂机器人喷涂作业的最主要的优化目标有两个：一是工件表面的涂层尽量均匀；二是喷涂时间尽量短。然而，这两个优化目标（效果和效率）通常是相互制约的，怎样在一定的约束条件下尽量使得这两个目标同时达到最优，是一件比较困难的事情。

这里，选取时间和涂层厚度作为优化目标进行讨论。首先，将末端执行器空间路径分割成P段并设每一段上喷枪速度恒定，d_k表示第k段的长度，v_k表示喷枪在第k段路径上的移动速度，t_k表示第k段路径上的喷涂时间。对于分割成P段后的每一段路径，再进行第二次分割成m段更短的路径。假设在m小段路径上的喷涂时间都相等，设为t。将式（6.33）两边求导得：

$$\frac{dq_s}{dt}=\frac{dq_1}{dt}\left(\frac{h}{l_i}\right)^2\frac{\cos\gamma_i}{\cos^3\theta_i}=f(\gamma_i)\left(\frac{h}{l_i}\right)^2\frac{\cos\gamma_i}{\cos^3\theta_i} \tag{6.34}$$

其中$r_i=h\tan\theta_i$。假设m小段中每一个段上θ_i与γ_i变化很小，三角网格中第j个三角面中第k段路径上的涂层厚度为：

$$d_{jk}=\sum_{i=1}^{m}f(h\tan\theta_i)\left(\frac{h}{l_i}\right)^2\frac{\cos\gamma_i}{\cos^3\theta_i}t^k \tag{6.35}$$

t^k表示m小段上每一段的喷涂时间。由此，第j个三角面上的涂层厚度为：

$$q_j=\sum_{k=1}^{p}\sum_{i=1}^{m}f(h\tan\theta_i)\left(\frac{h}{l_i}\right)^2\frac{\cos\gamma_i}{\cos^3\theta_i}\frac{t_k}{m} \tag{6.36}$$

该等式也可以写成：

$$q_j=\sum_{k=1}^{p}\frac{d_k}{mv_k}\sum_{i=1}^{m}f(h\tan\theta_i)\left(\frac{h}{l_i}\right)^2\frac{\cos\gamma_i}{\cos^3\theta_i} \tag{6.37}$$

自由曲面上喷枪按指定路径喷涂的总时间为：

$$T=\sum_{k=1}^{p} t_k=\sum_{k=1}^{p}\frac{d_k}{v_k} \tag{6.38}$$

喷涂机器人轨迹优化问题的目标是找到一条能使工件表面上涂层厚度方差最小且喷涂时间最短的喷枪轨迹。设理想的涂层厚度为 q_d，允许最大涂层厚度偏差为 q_w，则喷涂机器人轨迹优化问题可表示为：

$$\min L=(L_1, L_2) \tag{6.39}$$

$$\text{s.t.} |q_j-q_d| \leqslant q_w \tag{6.40}$$

其中，$$L_1=\sum_{k=1}^{p}\frac{d_k}{v_k} \tag{6.41}$$

$$L_2=\sum_{j=1}^{N}(q_j-q_d)^2 \tag{6.42}$$

$$q_j=\sum_{k=1}^{p}\frac{d_k}{mv_k}\sum_{i=1}^{m} f(h\tan\theta_i)\left(\frac{h}{l_i}\right)^2\frac{\cos\gamma_i}{\cos^3\theta_i} \tag{6.43}$$

可见，这是一个带约束条件的多目标优化问题，并且其优化目标 L1 与 L2 是相互制约的。求解多目标优化问题的数学方法有很多种，如线性加权和法、极大极小法、理想点法等[100]。但是，没有一种方法能够求出多目标优化问题真正的最优解。这里使用带权无穷范数理想点法来求解该问题。理想点法思路是先分别求出各目标函数的极小值作为其理想值，然后让各分量目标函数尽量逼近各自的理想值。该算法步骤如下：

（1）求理想点。求 $f^*_i=f_i(x)=\min\limits_{x\in D} f_i(x)$（$i$=1，2），得到理想点 $F^*=(f^*_1, f^*_2)$。

（2）检验理想点。若 $x^*_1=x^*_2$，则得到绝对最优解 $x^*=x^*_1$，停止；否则转（3）。

（3）确定权系数。$\omega_i>0$ 且 $\sum_{i=1}^{2}\omega_i=1$。

（4）求辅助非线性规划问题。

$$\min V; \tag{6.44}$$

$$\text{s.t. } \omega_i[f_i(x)-f^*_i] \leqslant V\ (i=1,2),\ x\in D,\ V\geqslant 0$$

得最优解（$\bar{x}$，$\bar{y}$），输出 $\bar{x}$。其中，V 是 $\omega_i[f_i(x)-f_i^*]$（i=1，2）的一个共同上界，D 为 x 可行域。

6.3.4 仿真实验

设理想涂层厚度为 q_d=50μm，涂层厚度最大允许偏差为 q_w=10μm，喷枪喷出的圆锥形涂料底面半径 R=50mm。通过平板上的喷涂实验数据得到涂层累积速率为：

$$f(r)=\frac{1}{10}(R^2-r^2)\ \mu m/s \tag{6.45}$$

生成并优化平板上的喷涂轨迹后，得到喷涂机器人喷涂速率（匀速）和每两个喷涂行程的涂层重叠区域宽度分别为：v=323.3 mm/s，d=39.2 mm。

以某品牌轿车的车门为例。在确定两个喷涂行程的涂层重叠区域宽度 d=39.2mm 后，按照长方体模型法，可生成喷涂空间路径，如图 6.5 所示。路径上有 292 个等份的离散点，即路径均匀分为 292 段，设在每一段上喷枪移动速率恒定，则有 292 个速率需要优化。每一段路径再分为 10 段。由此，优化算法中各个参数设置如下：理想涂层厚度 $q_d=50\times10^{-6}$mm，涂层厚度最大允许偏差 $q_w=10\times10^{-6}$ mm，喷涂半径 R=50 mm，喷涂距离 h=100mm，三角面个数 N=1386，分段段数 P=292，每段长度 d_k=50mm，二次分段段数 m=10，权向量 $\omega=(0.5，0.5)^T$，匀速喷涂时 v=323mm/s，优化喷涂时以 v=323mm/s 作为算法迭代的初始值。下面分优化喷涂和匀速喷涂两种情况进行仿真。采样点的涂层厚度如图 6.6 所示，仿真结果数据如表 6.1 所示。

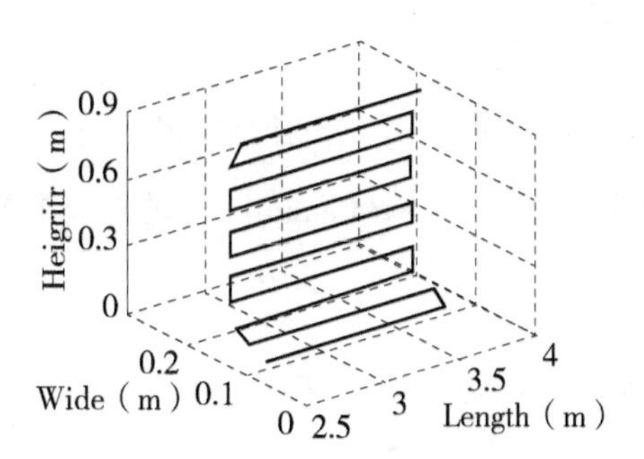

图 6.5　车门喷涂路径

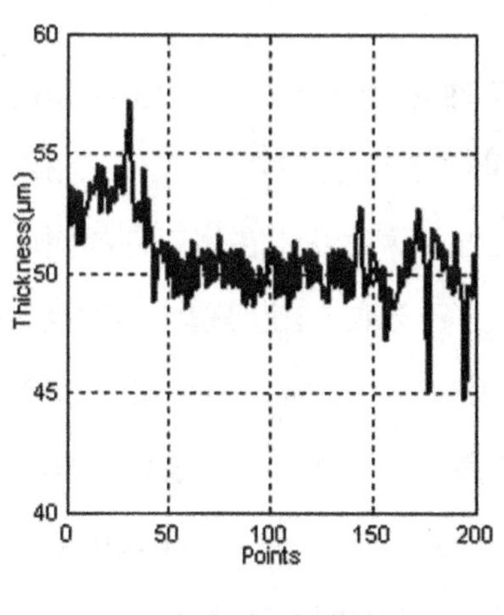

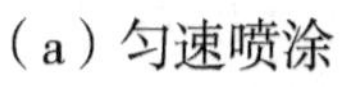
（a）匀速喷涂

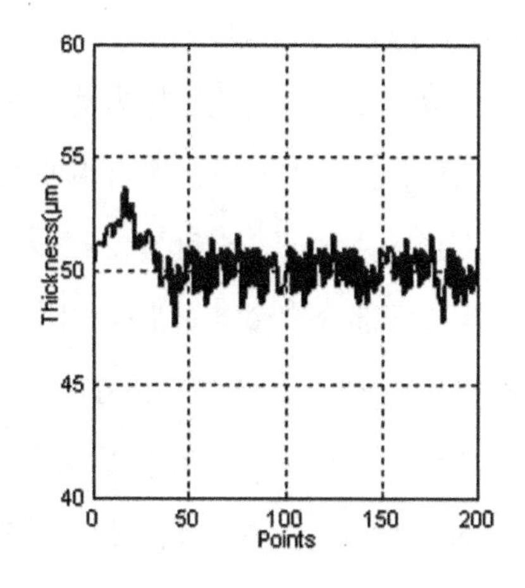

（b）优化喷涂

图 6.6　离散点上涂层厚度仿真图形

表 6.1　优化喷涂与匀速喷涂仿真结果

	优化	匀速（323 mm/s）
平均厚度（μm）	49.6	49.3
最大厚度（μm）	53.7	57.2
最小厚度（μm）	47.6	44.7
喷涂时间（s）	45.4	49.8

仿真实验表明，优化轨迹喷涂和非优化轨迹喷涂都满足给定的约束条件的要求，但是前者所花费的时间小于后者且喷涂效果更好。

6.3.5 喷涂实验

设理想涂层厚度为 q_d=50μm，涂层厚度最大允许偏差为 q_w=10μm，喷枪喷出的圆锥形涂料底面半径 R=60mm。通过平板上的喷涂实验数据得到涂层累积速率为：

$$f(r)=\frac{1}{15}(R^2-r^2)\ \mu m/s \tag{6.46}$$

生成并优化平板上的喷涂轨迹后，得到喷涂机器人喷涂速率（匀速）和每两个喷涂行程的涂层重叠区域宽度分别为：v=256.3mm/s，d=50.2mm。

以第 2 章中实验工件为例，选择实验工件的一个侧面作为喷涂实验的喷涂面，该面可看成一个自由曲面。工件采样点三角网格以及工件三角网格图形分别如图 2.5 和图 2.6 所示。按照长方体模型法，在该工件的侧面上生成的部分喷涂空间路径如图 6.7 所示。路径上取 52 个等份的离散点，即路径均匀分为 52 段，设在每一段上喷枪移动速率恒定，则有 52 个速率需要优化。喷涂轨迹优化算法中各个喷涂参数设置如下：理想涂层厚度 $q_d=50\times10^{-6}$mm，最大允许偏差厚度 $q_w=10\times10^{-6}$mm，喷涂半径 R=60mm，喷涂距离 H=100mm，三角面个数 N=790，分段段数 P=52，每段长度 d_k=100 mm，权向量 $\omega=(0.5,\ 0.5)^T$，优化喷涂时以 v=256.3mm/s 作为算法迭代的初始值。在喷涂机器人离线实验平台上进行喷涂实验后，采用涂层测厚仪在工件上均匀测取 200 个离散点的涂层厚度，采样点的涂层厚度如图 6.8 所示，测得的离散点的涂层厚度中涂层厚度最大值为 $q_{max}=55.2\times10^{-6}$mm，涂层厚度最小值为 $q_{min}=46.8\times10^{-6}$mm，喷涂时间为 21s。由此可见，所有采样点的涂层厚度均在最大允许偏差厚度 q_w 范围内，符合喷涂质量要求。

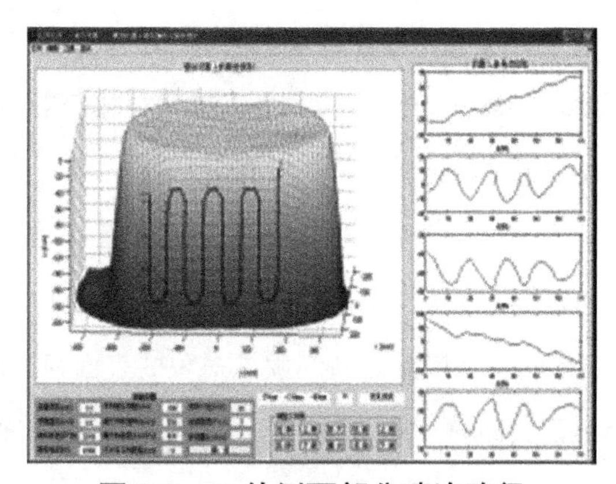

图 6.7　工件侧面部分喷涂路径

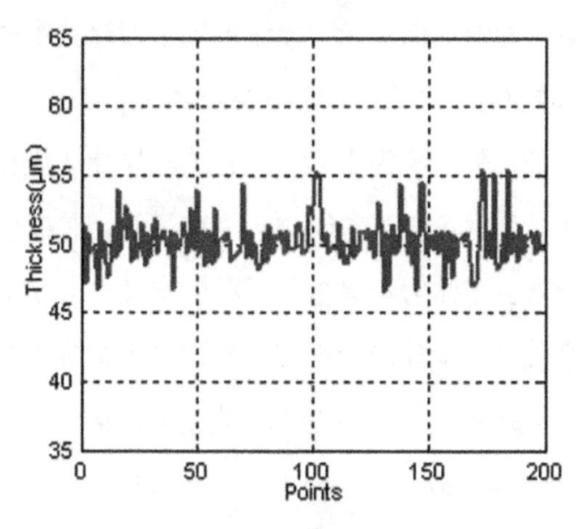

图 6.8　喷涂实验采样点涂层厚度

本节提出的自由曲面上的喷涂机器人轨迹优化的算法还可以用于其他类型机器人轨迹规划，例如机器人喷涂纤维材料轨迹优化、机器人研磨自由曲面轨迹优化、自由曲面上的清洁机器人轨迹优化等。

6.4　曲面上的静电喷涂机器人轨迹优化

静电喷涂是利用电荷同性相斥，异性相吸的基本特性设计成的一种新型涂漆方法。它是借助直流高压电场的作用，使末端执行器喷出的漆雾雾化得更细，同时使漆雾带电，通过静电引力而沉积在带异种电荷的工件表面形成均匀的漆膜，实现涂漆的目的，是将机械雾化与静电引力、斥力结合在一起的一种高效的涂装方式[126-128]。

静电喷涂机器人是一种非常重要的涂装生产装备，是一种利用高压静电电场力提高涂料微粒沉积效率的设备，在国内外广泛应用于汽车车身涂装生产线。静电喷涂机器人喷涂轨迹对喷涂对象的表面喷涂质量影响很大，因此，静电喷涂机器人轨迹优化算法、控制策略和离线编程系统的研究是国内外学者们近几年关注的热点。21 世纪初，德国 BMW 公司研制出了机器人高速旋杯式高压静电喷涂技术，大大推动了喷涂技术的发展。与空气喷涂相比，静电旋转喷杯（Electrostatic rotary bell applicator，ESRB）效率高，涂料利用率高出 3 倍，但影响因素多，包括旋杯转速、旋杯与工件间距、工件曲率、空气场、静电场、雾粒轨迹、电荷量等，其模型的建立涉及数学、控制学、电子学、流体力学等多门学科的交叉。为了提高产品质量和生产效率，节省涂料和减少环境污染等，现代汽车车身涂装主要采用静电旋转喷杯。这种高速旋杯式静电喷涂是将被涂工件接地作为阳极，静电旋杯接上负高压电（–50~–120kV）为阴极，旋杯采用空气透平驱动，空载时转速可达 6000 r/min，带负荷工作时可达 4000 r/min。当涂料被送到高速旋转的旋杯上时，由于旋杯旋转运动产生的离心作用，涂料在旋杯内表面伸展成为薄膜，并获得巨大的加速度向旋杯边缘运动，在离心力及强电场的双重作用下破碎为极细的且带电的雾滴，在整形空气和模式控制环的辅助作用下向极性相反的被涂工件运动，沉积于被涂工件表面形成涂膜[129]。旋转喷杯的口径大，甩出微粒时离心力就大，雾化得细，但中间无漆的空隙也增大，喷雾形中间与两侧的上漆量差别也增大，造成涂膜的均匀性差，因此缩小喷雾图形的中空区域面积，对大面积喷涂有重要意义。

本章前几节所提出的喷涂模型主要是指的空气喷枪喷涂模型，而对于静电喷涂机器人而言，现在普遍用 ESRB 进行喷涂，其喷涂模型要比空气喷枪喷涂模型复杂且影响参数也更多。虽然在喷涂模型上有很大差异，但是一节中的喷涂轨迹优化方法对于静电喷涂和空气喷涂来说都是适用的。因此，本节主要是在建立一种新型的 ESRB 涂层累积速率模型后，再进行喷涂机器人轨迹优化方法进行静电喷涂实验研究。

6.4.1 ESRB 喷涂模型的建立

由于 ESRB 在喷涂过程中与多种参数（静电电压、涂料雾粒直径、旋杯转速、涂料浓度、流量等）以及工件表面几何形状、喷涂距离和旋杯移动速度密切相关，因此，建立比较准确的 ESRB 数学模型难度较大。现有的 ESRB 静电喷涂模型研究都是利用实验方法在二维平面上理想条件下展开的，而适用于曲面上的喷涂模型远未研究成熟[130-134]。本节利用实验方法在得到静态喷涂的涂料空间分布的径向厚度剖面函数后，推导出一种新型的实用的 ESRB 涂层累积模型，并进行了喷涂实验研究。

根据大量的仿真实验和喷涂实验可知，喷涂时涂料的雾化是由 ESRB 高速旋转产生的离心力、高压静电的电场力以及整形空气的惯性力共同完成的，它所产生的涂料空间分布是一个环形[133]。在静电电压、喷涂间距、旋杯转速、涂料流量和涂料的黏度等参数保持一定的情况下，ESRB 垂直于工件表面并且在某个定点上喷涂一段时间后，所形成的涂料空间分布为一个中空的环形，如图 6.9 所示。

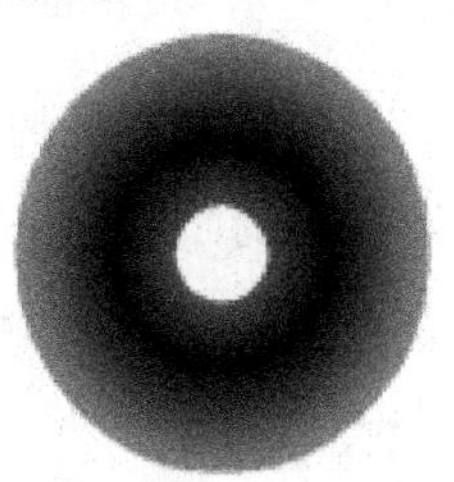

图 6.9 ESRB 涂料分布

如图 6.10 所示，当 ESRB 沿图中 A 方向移动喷涂时，会形成一个条纹形的涂料沉积区域。图 6.11 所示的是与图 6.10 中条纹形涂料沉积区域对应的沿 A-A 方向的涂层厚度横截面图形，它表示涂层剖面厚度在 y 方向的变化函数。

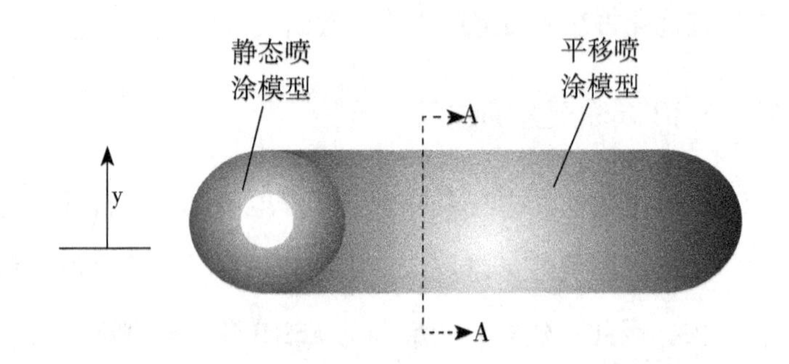

图 6.10　静态分布模型的平移示意图

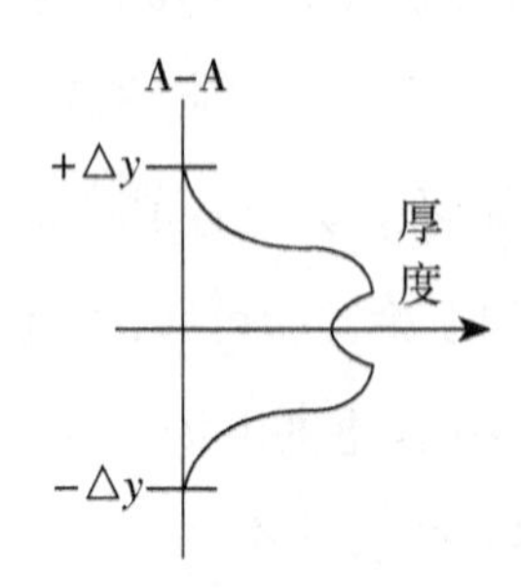

图 6.11　平移模型的截面厚度

设平面上静态喷涂涂料空间分布的径向厚度剖面函数为 h（r），则其函数图如图 6.13 所示。图中静态径向厚度剖面代表了轴对称静态喷涂剖面，若要将这个轴对称静态喷涂剖面转换成一个动态剖面或条纹形涂料沉积区域，就需要将这个轴对称静态喷涂剖面转换为圆形喷涂模型。如图 6.12 所示，厚度剖面绕对称轴旋转即可得圆形喷涂模型。

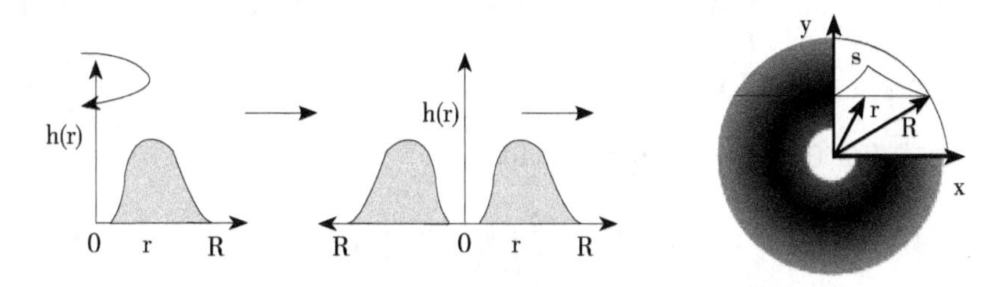

图 6.12　旋转径向厚度剖面形成圆形涂料空间分布

如图 6.13 所示，设静态喷涂剖面沿喷涂平移方向的积分为 H（y），则圆形静态喷涂模型的径向厚度剖面 h（r）沿喷涂平移方向可累积形成一个截面厚度剖面 H（y），而函数 H（y）即为沿 y 方向的涂层累积厚度。

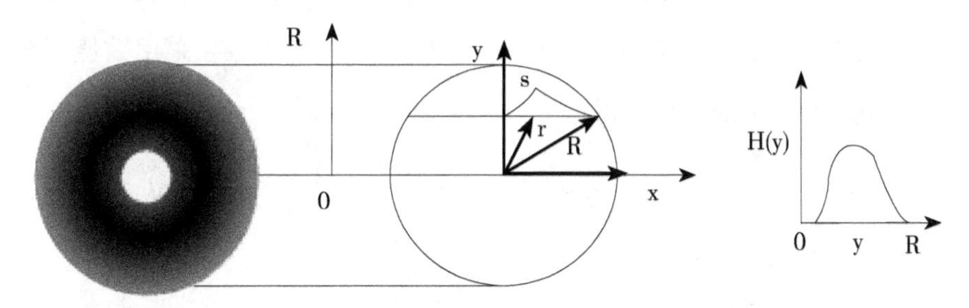

图 6.13　平移圆形沉积模型形成带状沉积模型的厚度剖面

设 ESRB 平移速率为 v，图 6.14 中若旋杯沿 x 方向平移，则在平面上沿平移方向的涂层累积速率是一致的，$H(y)$ 即为长度为 $s(y)$ 的弦上的涂料厚度积分，其表达式为：

$$H(y)=\frac{2}{v}\int_{0}^{s(y)} h(r)\,dx \qquad (6.47)$$

其中，$s(y)=\sqrt{(R^2-r^2)}$。因为半径 r 是关于距离 x 的函数，故式（6.47）可变为：

$$H(y)=\frac{2}{v}\int_{0}^{s(y)} h(r(x))\,dx \qquad (6.48)$$

进一步地，为了得到弦上的涂料厚度值，需要进行坐标变换：

$$2rdr=2xdr+2ydr \qquad (6.49)$$

由于 y 在弦上的值恒定，故 $dy=0$。将 $r=\sqrt{(x^2-y^2)}$ 代入式（6.49）可得：

$$dx=\frac{r}{x}dr=\frac{r}{\sqrt{(r^2-y^2)}}dr \tag{6.50}$$

将式（6.50）代入式（6.48）可得：

$$H(y)=\frac{2}{v}\int_0^{s(y)}h(r(x))dx=\frac{2}{v}\int_y^R\frac{rh(r)}{\sqrt{(r^2-y^2)}}dr \tag{6.51}$$

由于式（6.51）在 $r=y$（即 $x=0$ 时）时可能存在奇异点，不易求解，因此可采用分步积分法对其进行处理，则式（6.51）变为：

$$H(y)=-\frac{2}{v}hR\sqrt{(R^2-y^2)}+\frac{2}{v}\int_y^R\sqrt{(r^2-y^2)}\frac{rh(r)}{dr}dr \tag{6.52}$$

又由于实际工作中测取的都是离散的喷涂采样点的涂层厚度，因此可取 $\triangle r$ 足够小，并设 $h(r)$ 为 r 到 $\triangle r+r$ 之间的一个常数，采用数值积分方法对式（6.52）处理后可得：

$$H(y)=\frac{2}{v}\int_y^R\frac{rh(r)}{\sqrt{(r^2-y^2)}}dr\approx\frac{2}{v}\sum_{r=y}^R h\left(r+\frac{\triangle r}{2}\right)\int_r^{r+\triangle r}\frac{r}{\sqrt{(r^2-y^2)}}dr \tag{6.53}$$

进一步处理后可得：

$$H(y)\approx\frac{2}{v}\sum_{r=y}^R h\left(r+\frac{\triangle r}{2}\right)\left[\sqrt{(r^2-y^2)}\right]\Big|_r^{r+\triangle r} \tag{6.54}$$

至此，只要获得单位时间内 ESRB 的径向厚度剖面数据后，即可根据式（6.54）求出 ESRB 移动过程中的涂层累积厚度。

6.4.2 静电喷涂实验

以某品牌汽车车身为喷涂对象，使用 ABB 静电喷涂机器人进行清漆喷涂实验，该机器人采用的是 ESRB 喷涂方式，如图 6.14 所示。结合实验喷涂平台上喷涂机器人的安装位置分布，将车身分成四大块：车顶部分、车左侧部分、车的右侧部分和车尾部分。由于左右侧面完全对称，故只列举一个。这几部分可以利用多台（4 台）喷涂机器人组成的汽车喷涂线进行分区域喷涂，如图 6.15 所示。

图 6.14　某汽车厂 ABB 喷涂机器人

图 6.15　多个喷涂机器人组成汽车喷涂线

根据 6.4.1 节中的 ESRB 的喷涂模型及 6.3 节中介绍的自由曲面上的喷涂机器人轨迹优化方法在上述四大块车身上进行轨迹规划，在规划过程中根据曲面曲率的不同和工件形状的不同采用不同的轨迹间距、漆流量以及整形空气流量。根据实验平台的特点，机器人末端采用匀速移动性能更佳，而 ESRB 本身具有很好的油漆流量调节性能，因此在实验过程中，把本文前面采用的速度优化方法用漆流量优化方法替代，即轨迹优化后速度低的地方用相应的大漆流量替代，反之速度高的地方用小漆流量替代。由此，车顶部分、车左侧部分和车尾部分生成的优化后的喷涂轨迹分别如图 6.16、图 6.17、图 6.18 所示。其中，车顶部分分为 7 段优化轨迹（每一段轨迹的位置编号已在图中标明），车左侧部分分为 12 段优化轨迹，车尾部分分为 3 段优化轨迹，且不同段的优化轨迹在喷涂机器人离线编程系统中用不同的颜色显示。车身各部分的各段优化轨迹所对应的喷涂参数分别如表 6.2、表 6.3、表 6.4 所示。

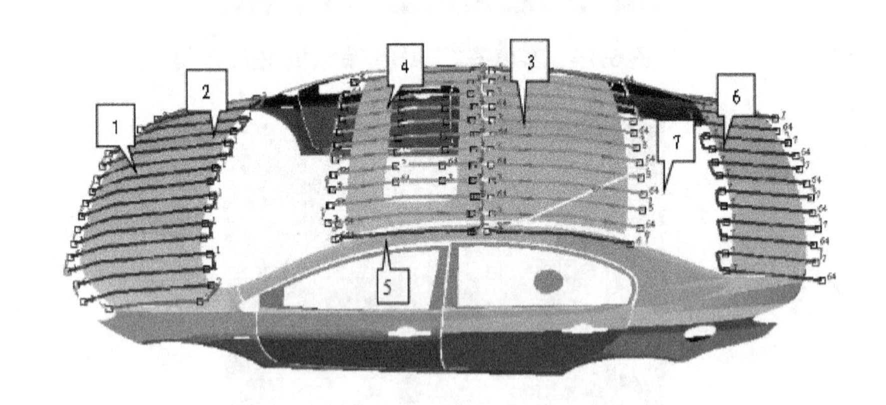

图 6.16　车顶优化喷涂轨迹

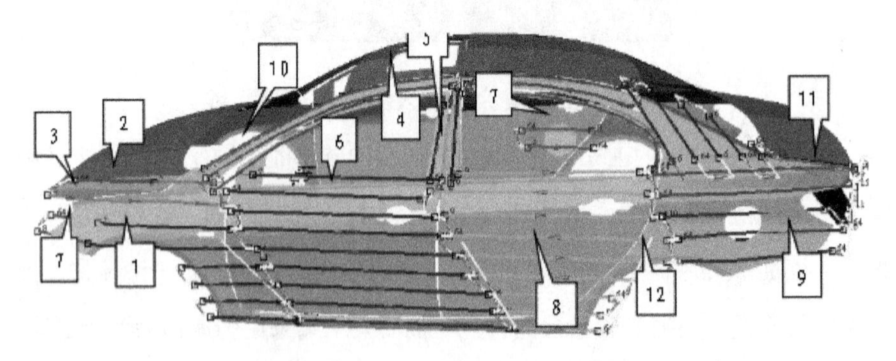

图 6.17　车侧面优化喷涂轨迹

图 6.18　车尾优化喷涂轨迹

表 6.2　车顶喷涂轨迹运行参数

轨迹		试验车车顶喷涂轨迹运行参数				
编号	颜　色	Del（L/min）	AM（kRpm）	SA1（L/min）	SA2（L/min）	HV（kv）
1		290	40	250	180	60
2		240	40	250	180	60
3		300	40	250	220	60
4		200	40	250	180	60
5		200	40	250	180	60
6		280	40	250	180	60
7		0	40	280	180	60

表 6.3　车侧面喷涂轨迹运行参数

轨迹		试验车侧面喷涂轨迹运行参数				
编号	颜　色	Del（L/min）	AM（kRpm）	SA1（L/min）	SA2（L/min）	HV（kv）
1		340	40	250	180	60
2		100	40	250	180	60
3		310	40	250	180	60
4		230	40	250	180	60
5		315	40	250	180	60
6		285	40	250	180	60
7		370	40	250	180	60
8		285	40	250	180	60
9		310	40	250	180	60
10		350	40	350	250	60
11		280	40	250	180	60
12		0	40	280	180	60

表 6.4　车尾喷涂轨迹运行参数

轨迹		试验车车尾喷涂轨迹运行参数				
编号	颜色	Del（L/min）	AM（kRpm）	SA1（L/min）	SA2（L/min）	HV（kv）
1		305	40	250	180	60
2		295	40	250	180	60
3		0	40	280	180	60

表 6.2、6.3、6.4 中，参数 Del、AM、SA1、SA2 和 HV 分别表示涂料流量、旋杯转速、空气 1 流量、空气 2 流量和旋杯静电电压。空气 1 是用来驱动涡轮机并带动旋杯旋转，空气 2 即为整形空气。其中黄色轨迹的涂料流量为 0（即表 6.2 中编号 7 的轨迹，表 6.3 中编号 12 的轨迹，表 6.4 中编号 3 的轨迹），此时 ESRB 不喷涂，只是喷涂机器人喷涂位置转移。

当实验车车身表面的喷涂轨迹全部规划好后，把这些信息输入到喷涂机器人控制器中，此时的喷涂轨迹为“基于被喷工件的喷涂轨迹”，还不是喷涂机器人的运动轨迹。喷涂机器人控制器根据车身传送带的传送速率、车身 CAD 模型、已标定好的各个机器人与车身的空间位姿等信息，将“基于被喷工件的喷涂轨迹”转换成实际的喷涂机器人的喷涂轨迹，也就是喷涂机器人各个关节的运动轨迹。在此过程中需要进行被喷工件空间坐标系和机器人基坐标系之间的转换（也称为工件标定），以及机器人基坐标系和机器人末端执行器坐标系的转换（也称为工具标定）[57]。

喷涂工作完成后，对车身进行油漆烘干，再采用专业的涂层厚度测试仪测实验车车身表面各个采样点的涂层厚度，各个采样点上的涂层厚度数据如图 6.19 所示。图中数据所在的位置为检测时车身上与之对应的位置，由此可以清晰地看到车身各个部位的涂层均匀性情况，并可根据车身上相应位置的表面形状来分析产生涂层厚度均匀性差异的原因。

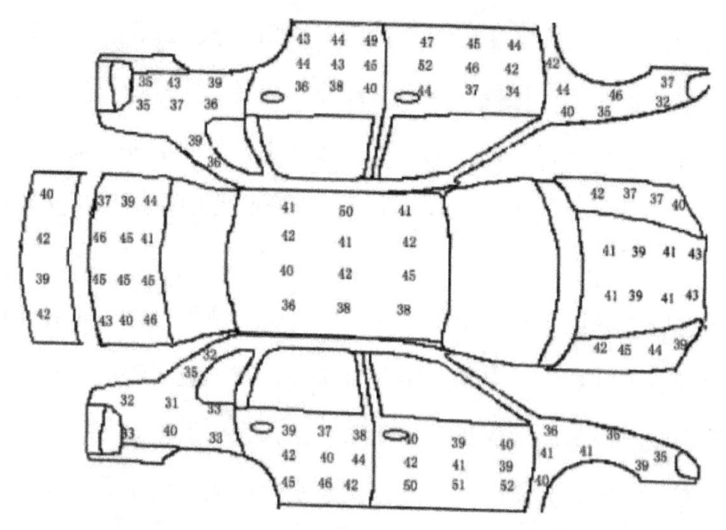

图 6.19　车身表面涂层厚度采样数据

根据该品牌汽车生产过程中的实际喷涂指标要求，即理想涂层厚度 $q_d=40\times10^{-6}$mm，最大允许偏差厚度 $q_w=5\times10^{-6}$ mm，则车身各个采样点的涂层厚度曲线图如图 6.20 所示，图中细曲线为涂层厚度变化曲线，数据录入的先后基本按照图 6.19 中位置分布：先左侧面，从车尾到车头；然后车身，从车头到车尾；最后是右侧面，从车头到车尾。图中粗实线为标准厚度的上下限值，由曲线图可知只有部分离散点的涂层厚度超出了涂层厚度上下限，涂层厚度基本满足要求，实验结果验证了轨迹优化方法的有效性。

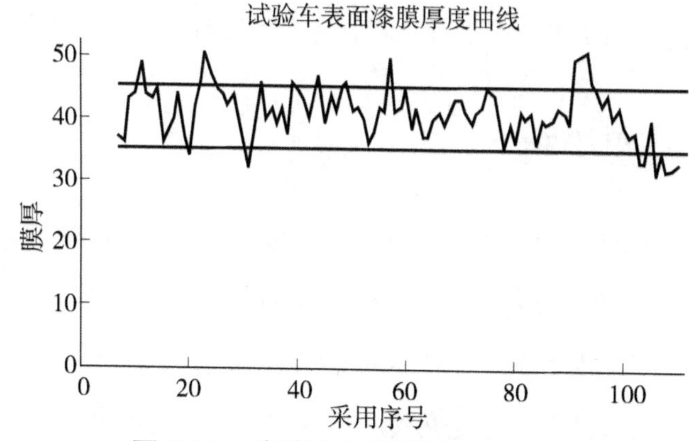

图 6.20　车表面涂层厚度变化曲线

针对局部区域涂层厚度超出了上下限的原因分析如下：

1. 该品牌汽车生产过程中喷涂指标要求较高，实验中设定的最大允许偏差厚度仅为 $q_w=5\times10^{-6}$mm；而对于一般性工件的喷涂要求而言，最大允许偏差厚度通常设定为 $q_w=10\times10^{-6}$mm，如按照此偏差阈值，实验结果数据是全部满足要求的。

2. 现有的喷涂设备性能限制了涂层厚度的一致性。由于现在用的喷涂机器人控制器内存容量的限制，实验时轨迹参数不能无限制地连续变化，只能用若干段轨迹来逼近优化后的喷涂轨迹，且精度不是很高。在表面曲率大的地方，优化后的喷涂轨迹运行参数变化很大，而实际喷涂中参数没有实现相应的变化，由此造成轨迹优化结果与实验结果的误差。

3. 实验车车身曲面的复杂性。由于车身表面曲面面积大且复杂，而且采用整车一次性喷涂，ESRB 在喷涂车身的不同部位时方向不同，地球引力对雾化后的雾粒的运动轨迹影响不一样。部分表面是水平的，另外部分表面是倾斜的，还有部分表面是垂直的，涂料喷到不同的表面后，在重力的影响下其附着效果也不同。这也是导致车尾侧面涂层厚度偏小的主要原因。

4. 喷涂效率的要求。根据本章提出的喷涂轨迹优化方法来看，如果要满足更高的喷涂要求，肯定会消耗更多的喷涂时间，即要牺牲喷涂效率。因此，在实际喷涂过程中，必须对喷涂效果和喷涂效率做一个折中。

6.5 本章小结

本章所提出的曲面主要是指范围在十几米范围内，各局部法向量方向差异不大的自由曲面或复杂曲面。复杂曲面分片后和三维实体的表面分片后相比，只是片与片之间的法向量夹角大小不同，而对于在每一片上的喷涂轨迹优化方法和喷涂轨迹进行优化组合的方法都是完全一致的。本章首先重点研究了自由曲面上的喷涂机器人轨迹优化问题并进行了仿真实验和喷涂实验研究；该问题是一个多目标优化问题，实际应用中可选取喷涂时间和涂层厚度作为优化目标进行优化；实验结果表明，该算法完全符合预设的喷涂质量和喷涂效率的要求。其次，研究了曲面上的静电喷涂机器人轨迹优化问题，在建立了基于 ESRB 喷涂模型后，以某品牌汽车车身为喷涂对象进行静电喷涂实验研究，并对喷涂结果进行了分析和讨论。

第7章　Bézier曲面上的喷涂机器人轨迹优化

7.1 引　言

在喷涂机器人离线编程工作中，工件曲面造型完成之后，下面的工作就是对喷涂机器人轨迹进行优化。由于在笛卡尔坐标系中，喷涂轨迹上的点是一个六维向量，因此在用数学式子表示时十分复杂，且求解过程也十分困难。因此，喷涂机器人轨迹优化工作通常的思路是：先找到工件表面上的喷涂机器人空间路径，再找出沿指定空间路径的最优时间序列，即末端执行器以怎样的速度沿指定空间路径喷涂作业时，工件表面涂层厚度一致性最高且喷涂时间最短。按照这个思路，喷涂优化轨迹由两个部分组成：喷涂空间路径和末端执行器移动速度。

另一方面，大量喷涂实验证明，在喷涂的初始阶段如果能够优化喷涂机器人初始轨迹，可以显著提高涂层厚度的均匀性，即提高喷涂效果[135-137]。也就是说，寻找到一条最佳的喷涂初始轨迹对后面的轨迹优化工作至关重要。因此，对喷涂机器人轨迹优化工作而言，可以分为以下4步：（1）寻找最优喷涂机器人初始轨迹；（2）根据喷涂工件表面几何特征，建立合适的喷涂模型；（3）规划合适的喷涂空间路径；（4）沿指定喷涂路径进行轨迹优化。

根据以上分析可以看出，初始轨迹选择、喷涂模型的建立、路径规划都是轨迹优化工作的基础。本章就是根据这个思路，在第 2 章基于 Bézier 方法的喷涂工件曲面造型基础上，由 Bézier 曲面的特点，先给出寻找最优喷涂机器人初始轨迹的方法；然后建立 Bézier 曲面的喷涂模型，给出 Bézier 曲面上某一点的涂层厚度数学表达式；在找出 Bézier 曲面等距面的离散点列阵后，根据精度要求使用相应的插值方法得到喷涂路径；最后沿指定喷涂路径，以涂层厚度均匀性和喷涂时间最短为优化目标，并采用数学规划中的理想点法进行求解，最终获得 Bézier 曲面上的优化轨迹。

这里需要特别指出的是，本章所提出轨迹优化方法对于第 2 章所提出的 Bézier 张量积曲面和 Bézier 三角曲面都是适用的。而对于 Bézier 三角曲面造型技术中使用三角面连接算法将各个 B-B 三角面连接成平面片后所得到的曲面而言，本章提出的轨迹优化方法同样也是完全适用的。

7.2 喷涂机器人最优初始轨迹选择方法

大量喷涂实践应用表明，在喷涂刚开始阶段如果能够确定一条好的喷涂机器人初始轨迹，可以显著提高涂层厚度的均匀性，即提高喷涂效果。同时也可以减少喷涂时间，提高喷涂效率并减少涂料浪费率。现阶段，已有的喷涂机器人最优初始轨迹选择方法中都是对已知的工件曲面使用平面切割法后，将获取的相交线作为喷涂机器人初始轨迹[138]。该方法可以在一定程度上提高喷涂效果，但随机性较大，且不能优化喷涂时间。本节采用基于测地曲率的喷涂机器人初始轨迹选择方法，不仅可以提高喷涂效果

（涂层厚度一致性），还可以提高喷涂效率（减少喷涂时间）。

喷涂轨迹上某一点的曲率可以分为两种：第一种用于表征过该点的喷涂轨迹沿曲面法向量方向弯曲的程度，称之为法矢曲率；第二种用于表征喷涂轨迹向曲面边界线弯曲的程度，称之为测地曲率。如图 7.1 所示，（a）图为零测地曲率喷涂轨迹，即在喷涂轨迹两边涂层厚度是均匀的；（b）图为测地曲率恒定的喷涂轨迹，很显然在轨迹凸起方向上涂料累积较多；（c）图为变测地曲率的喷涂轨迹，在轨迹两侧的涂层厚度不均匀。由此可见，喷涂轨迹上各个点的测地曲率的变化率对涂层厚度是有影响的，而为了提高涂料厚度的一致性，在选定喷涂初始轨迹时，必须考虑轨迹上各个点的测地曲率的变化。

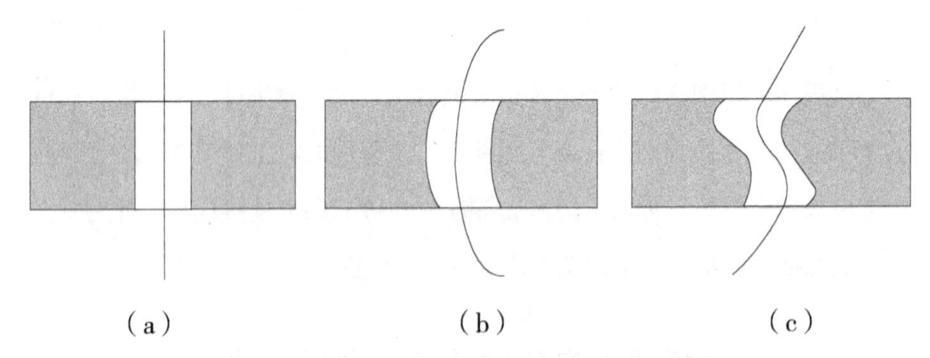

图 7.1　测地曲率对涂料沉积厚度一致性的影响

从图 7.1 所示的例子可以看出，确定初始轨迹时应尽量选择零测地曲率曲线，而喷涂初始轨迹同时也决定了后续轨迹的测地曲率。选择喷涂初始轨迹可以分为两个步骤：（1）喷涂初始轨迹与工件表面边界的相对位置的确定；（2）喷涂初始轨迹方向选择；如图 7.2（a），初始轨迹是测地线，然而当偏置曲线穿过立方体的顶点区域附近时，其测地曲率非常高。而在图 7.2（b）中，初始轨迹也是测地线，但是将表面对称平分为高斯曲率积分相同的两部分。由此可见，在确定初始轨迹的位置时，要选择能够使偏置曲线的测地曲率最小的位置。

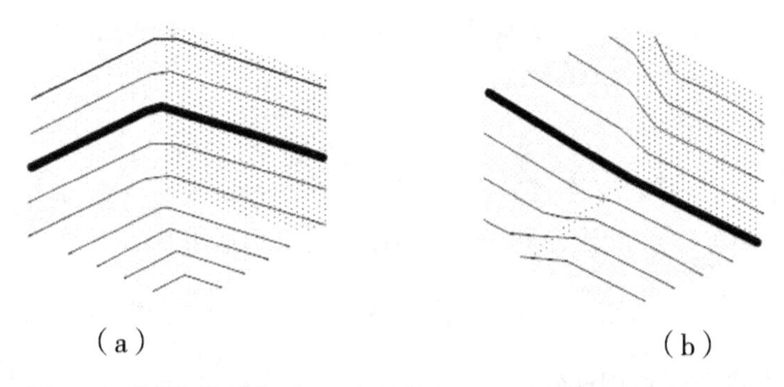

图 7.2　测地曲线与表面边界的相对位置对后续轨迹影响

7.2.1　初始轨迹相对位置确定

如图 7.3 所示，令光滑的初始轨迹 α_0 上的某一段为 C_{st}，用 $\alpha_0(t_0)$ 和 $\alpha_0(t_1)$ 表示 C_{st} 的两个端点。通过在点 $\alpha_0(t_0)$ 和 $\alpha_0(t_1)$ 处与初始轨迹垂直的测地线 γ_{t0} 和 γ_{t1} 测量偏置曲线与初始轨迹的距离，从而产生线段 C_{st} 的偏置曲线。设与 C_{st} 间距为△的偏置曲线为 C_{of}，且偏置距离△小于 α_0 的焦距。本文只需要考虑沿 C_{of} 的测地曲率的积分，故可以假设表面是连续的，那么可以假设 C_{of}、γ_{t0} 和 γ_{t1} 均为平滑曲线。设 ϕ 是由边界 C_{st}、C_{of}、γ_{t0} 和 γ_{t1} 围成的区域，连接 $\gamma_{t0}(\triangle)$ 和 $\gamma_{t1}(0)$ 的任意光滑曲线为 C_{dia}。再设以 C_{st}、γ_{t0} 和 C_{dia} 为边界的区域为 ϕ_1，它的边界 $\sigma\phi_1$ 包含了曲线 C_{st}、γ_{t0} 和 C_{dia} 及其相应的方向。ϕ_2 同理，表示以 C_{of}、γ_{t1} 和 C_{dia} 为边界的区域，$\sigma\phi_2$ 为 ϕ_2 的边界。

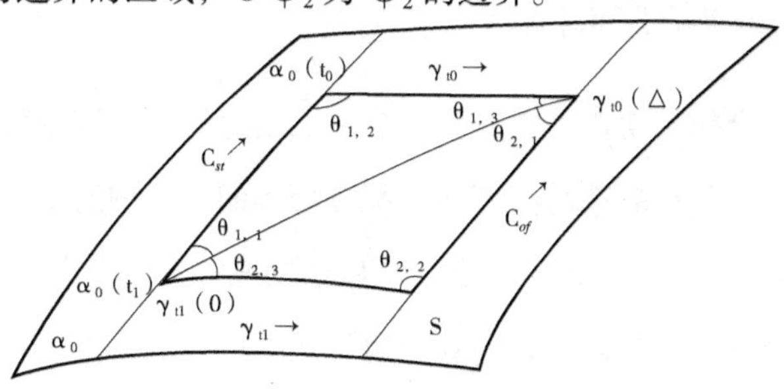

图 7.3　曲面上测地曲率积分和表面的高斯曲率间的关系

对三角形区域 ϕ_1 和 ϕ_2 应用高斯-波涅公式(Gauss-Bonnet formula)[139] 可得：

$$\iint_{\phi_1} Kd\sigma + \oint_{6\phi_1} k_g ds = \sum_{j=1}^{3} \theta_{i,j} - \pi \text{，} i=1\text{，}2 \tag{7.1}$$

上式中 K 表示表面 ϕ_i 的高斯曲率，k_g 是三角形边界 $6\phi_i$ 的测地曲率，$\theta_{i,j}$ 是边界 $6\phi_i$ 的第 j 个内角。由于 γ_{t0} 和 γ_{t1} 是测地线，故积分 $\int_{\gamma_{t0}} k_g ds$ 和 $\int_{\gamma_{t1}} k_g ds$ 均为零，因此有：

$$\oint_{6\phi_1} k_g ds + \oint_{6\phi_2} k_g ds$$

$$= \left(\int_{C_{st}} k_g ds - \int_{\gamma_{t0}} k_g ds - \int_{C_{dia}} k_g ds \right) + \left(\int_{\gamma_{t1}} k_g ds + \int_{C_{dia}} k_g ds - \int_{C_{of}} k_g ds \right) \tag{7.2}$$

$$\oint_{6\phi_1} k_g ds + \oint_{6\phi_2} k_g ds = \int_{C_{st}} k_g ds - \int_{C_{of}} k_g ds \tag{7.3}$$

很明显，$\iint_{\phi_1} Kd\sigma + \iint_{\phi_2} Kd\sigma = \int_{C_{st}} k_g ds - \int_{C_{of}} k_g ds$，$\gamma_{t0}$ 和 γ_{t1} 均与种子曲线垂直，则 $\theta_{1,1} + \theta_{2,3} = \theta_{1,2} = \frac{\pi}{2}$，代入式（7.1）中对三角形区域 ϕ_1 和 ϕ_2 求和得：

$$\int_{C_{of}} k_g ds = \iint_{\phi} Kd\sigma + \int_{C_{st}} k_g ds \tag{7.4}$$

最后，如果初始轨迹是测地线，则有：

$$\int_{C_{of}} k_g ds = \iint_{\phi} Kd\sigma \tag{7.5}$$

7.2.2 初始轨迹方向选择

为了保证沿初始轨迹喷涂时间最少，在选择初始轨迹空间方向时，就要从曲面无数个测地曲率与高斯曲率积分相等的曲线中选出一条作为初始轨迹。可以先给出曲面高度的定义，然后根据该定义确定出初始轨迹方向。曲面高度是指从初始轨迹开始向其两边延伸的最长的垂直于初始轨迹的测地曲线（直交测地线）之和，如图 7.4 所示。而最优的初始轨迹即为该曲面的最小曲面高度所对应的初始轨迹。在喷涂间距不变的前提下，沿最优初始轨迹作业所耗费的往复喷涂时间最少（如图 7.5 所示），且涂层一致性最佳，涂料消耗最少。

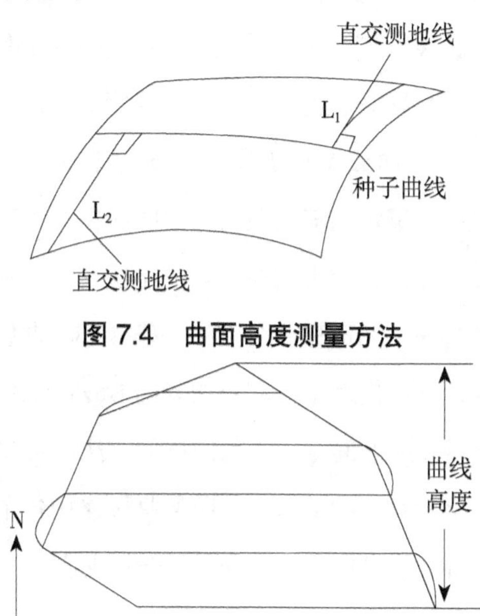

图 7.4　曲面高度测量方法

图 7.5　曲面高度与往复喷涂时间的关系

7.3　喷涂机器人空间路径生成方法

一般情况下，使用 Bézier 方法生成的曲面都比较复杂，如果在 Bézier 曲面上直接进行喷涂轨迹优化难度较大。另一方面，在喷涂作业中，末端执行器与工件表面的距离始终保持恒定且垂直于工件表面。这种情况下，喷涂设备末端执行器实质上就是在工件表面的等距面上进行往复运动。因此按照这个思路，就可以先根据工件表面形状，找出其等距面，然后再在等距面上进行喷涂轨迹优化即可。这里需要指出的是，严格来说按照此方法找出的不是 Bézier 曲面等距面，而是 Bézier 曲面等距面的离散点列阵。

在喷涂机器人空间路径规划中，实质上只要找出路径上的离散点，再根据精度要求使用相应的数学方法拟合出喷涂路径即可。

在实际工程应用中，生成曲面等距面的方法很多。由于本文第 2 章已经介绍了 Bézier 法对工件曲面进行造型的方法，因此这里生成的即为 Bézier 曲面等距面。本节中生成 Bézier 曲面等距面的思路是：先以 Bézier 曲面边界线上的一条 U 向或 V 向 Bézier 曲线为基准，在一定的精度下将其离散化，再指定一个恒定的喷涂距离，沿曲线在这些离散点的法向量方向找出离散点在 Bézier 曲面上方的等距点，将这些等距点用平滑的曲线连接起来，即可找到 Bézier 曲面边界线上的一条 Bézier 曲线的等距线；以此类推，在 Bézier 曲面上指定若干条间距相等的 Bézier 曲线（该间距一般即为 2 条相邻喷涂路径之间的间距），用同样的方法即可找到 Bézier 曲面等距面离散点列阵；然后用 3 次 Cardinal 样条曲线连接各个离散点列，相邻两段 3 次 Cardinal 曲线段之间用 Hermite 样条曲线连接，这样就可求出指定的喷涂空间路径。

7.3.1 Bézier 曲面等距面离散点列计算

下面详细给出 Bézier 曲面等距面的离散点列的计算方法。

设 Bézier 参数曲面为 $s(u, v)=(x(u, v), y(u, v), z(u, v))$，简记为 $s(u, v)$，参数定义域为 $[u_0, u_n]\times[v_0, v_n]$。如果在 U、V 方向的偏导数记为 $r_u=\frac{6s}{6u}$，$r_v=\frac{6s}{6u}$，则曲面上某点的法矢为 $n(u, v)=\frac{r_u\times r_v}{|r_u\times r_v|}$。在非退化情况下，Bézier 参数曲面的等距面表达式可以表示成：

$$s_0(u, v)=s(u, v)\pm h\cdot n(u, v) \tag{7.6}$$

式（7.6）中 h 为 Bézier 参数曲面等距面的偏移量，取正号时偏移方向为曲面外侧，取负号时偏移方向为曲面内侧。

等距面的离散点列具体计算步骤如下：

（1）初始化$\triangle u_0$、$\triangle v_0$、控制精度参数 δ，经 i 步计算后，得到曲面上的点坐标 $s(u_i, v_j)$，法矢 $n(u_i, v_j)$ 以及对应的等距面上的点 $s_0(u_i, v_j)$。

（2）计算等距面上的新点 $s_0(u_i, \triangle u, v_j)$。

（3）分析弦 $s_0(u_i, v_j)\,s_0(u_i, \triangle u, v_j)$ 逼近相应曲线的误差 ε 的值，若 $\varepsilon<\delta$，则取$\triangle u$为 $1.312\times\triangle u$，否则$\triangle u$为 $0.618\times\triangle u$，且$\triangle u_{i+1}=u_i+\triangle u$；若 $u_i<u_n$，转入（2），否则进入下一步。

（4）如果 $v_j>v_m$，计算结束；如果 $v_j\leqslant v_m$，则 u_i 的可取值范围内均匀采样点 u_0、u_1、u_2、u_3、u_4，令 $u_4=u_n$；计算用弦 $s_0(u_k, v_j)\,s_0(u_k, \triangle u, v_j+\triangle v)$ 逼近相应曲线的误差 ε，k=0，1，…，4；若 $\varepsilon>\delta$，取$\triangle v$为 $0.618\times\triangle v$，重复本步工作；若 $\varepsilon<\delta$，则转入（5）。

（5）对采样点 u_0、u_1、u_2、u_3、u_4 排序并找出最大误差 ε_{max} 及其左右两点 $\varepsilon_{max}-1$ 和 $\varepsilon_{max}+1$，这三点形成单峰区域，求出极大值所处的 u^*_i，用 u^*_i 对应的$\triangle v$作为 V 向的步长，令$\triangle v_{j+1}=v_j+\triangle v$，再转入（1）循环执行。直到找到并计算出所有点的等距面的离散点列，结束。

7.3.2 离散点列的连接

下面以 U 向为例，采用 3 次样条曲线连接该方向上的每一行的离散点列。根据样条曲线的特点，样条曲线中两个控制点是曲线段端点，另两个控制点用来确定样条曲线端点的斜率。设 $P(u)$ 是两个控制点 P_k 和 P_{k+1} 间的参数三次函数式（$0\leqslant u\leqslant 1$），则由 P_{k-1} 到 P_{k+2} 的四个控制顶点构成的 Cardinal 样条曲线段的边界条件为：

$$P(0)=P_k \qquad (7.7)$$

$$P(1)=P_{k+1} \qquad (7.8)$$

$$P'(0)=\frac{1}{2}(1-t)(P_{k+1}-P_{k-1}) \tag{7.9}$$

$$P'(1)=\frac{1}{2}(1-t)(P_{k+2}-P_{k}) \tag{7.10}$$

由表达式（7.9）和（7.10）可知，控制点 P_k 和 P_{k+1} 处的斜率大小与弦 $P_{k-1}P_{k+1}$ 和 P_kP_{k+2} 弦成正比。假设张力参数为 t，该参数主要是用于控制样条曲线的松紧度，根据（7.7）、（7.8）、（7.9）、（7.10），则有：

$$P(u)=(u^3 \quad u^2 \quad u^1 \quad 1)M_c\begin{pmatrix}P_{k-1}\\P_k\\P_{k+1}\\P_{k+2}\end{pmatrix} \tag{7.11}$$

$$\text{其中 } M_c=\begin{pmatrix}-s & 2-s & s-2 & s\\ 2s & s-3 & 3-2s & -s\\ -s & 0 & s & 0\\ 0 & 1 & 0 & 0\end{pmatrix} \tag{7.12}$$

为 Cardinal 矩阵，$s=(1-t)/2$。为了便于编程计算，将上述矩阵方程展开成多项式形式，得：

$$\begin{aligned}P(u)=&P_{k-1}(-su^3+2su^2-su)+P_k[(2-s)u^3+(s-3)u^2+1]+P_{k+1}[(s-2)u^3+(3-s)u^2+su]+P_{k+2}[(su^3-su^2)]\\=&P_{k-2}\cdot CAR_0(u)+P_k\cdot CAR_1(u)+P_{k+1}\cdot CAR_2(u)\\&+P_{k+2}\cdot CAR_3(u)\end{aligned} \tag{7.13}$$

其中，多项式 $CAR_k(u)$（k=0，1，2，3）是 Cardinal 混合函数，且 $0\leqslant u\leqslant 1$。

下面采用 Hermite 样条作为连接相邻两段 3 次 Cardinal 曲线之间的过渡曲线。因为 Hermite 样条曲线仅仅依赖于两个端点的约束，因此可以分段局部调控。如图 7.6 所示，假设在控制点 P_k 和 P_{k+1} 之间的曲线段是参数三次函数，则 Hermite 曲线段的边界条件表达式是：

$$P(0)=P_k \tag{7.14}$$

$$P(1)=P_{k+1} \tag{7.15}$$

$$P'(0)=DP_k \tag{7.16}$$

$$P'(1)=DP_{k+1} \tag{7.17}$$

式（7.16）、（7.17）中 DP_k 和 DP_{k+1} 表示控制点 P_k 和 P_{k+1} 所对应的导数，即曲线的斜率。

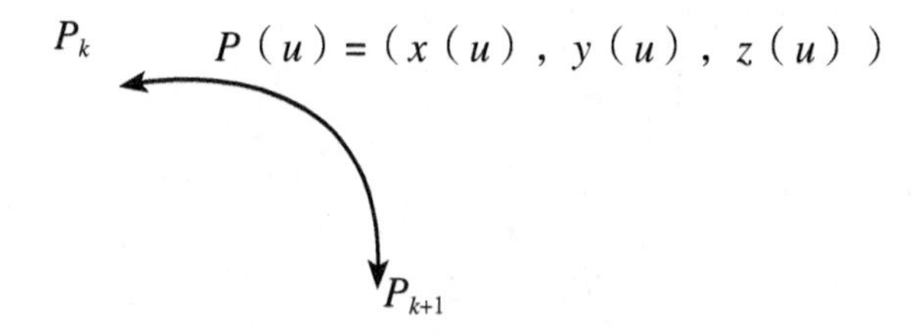

图 7.6　在控制点 P_k 和 P_{k+1} 间的 Hermite 曲线段及其参数函数式

对这个 Hermite 曲线段，令

$$P(u)=au^3+bu^2+cu+d,\ 0 \leqslant u \leqslant 1 \tag{7.18}$$

其中，P 的分量 x 是 $x(u)=a_xu^3+b_xu^2+c_xu+d_x$，分量 y 和 z 类似。与方程（7.18）等价的矩阵方程是：

$$P(u)=\begin{pmatrix} u^3 & u^2 & u^1 & 1 \end{pmatrix}\begin{pmatrix} a \\ b \\ c \\ d \end{pmatrix} \tag{7.19}$$

函数的导数可以表示为：

$$P'(u)=\begin{pmatrix} 3u^2 & 2u & 1 & 0 \end{pmatrix}\begin{pmatrix} a \\ b \\ c \\ d \end{pmatrix} \tag{7.20}$$

以 0 和 1 代替上两个方程中的 u，可以把 Hermite 边界条件式（7.14）至（7.17）表示为矩阵形式：

$$\begin{pmatrix} P_k \\ P_{k+1} \\ DP_k \\ DP_{k+1} \end{pmatrix} = \begin{pmatrix} 0 & 0 & 0 & 1 \\ 1 & 1 & 1 & 1 \\ 0 & 0 & 0 & 0 \\ 3 & 2 & 1 & 0 \end{pmatrix} \begin{pmatrix} a \\ b \\ c \\ d \end{pmatrix} \tag{7.21}$$

该方程对多项式系数求解，有：

$$\begin{pmatrix} a \\ b \\ c \\ d \end{pmatrix} = \begin{pmatrix} 0 & 0 & 0 & 1 \\ 1 & 1 & 1 & 1 \\ 0 & 0 & 0 & 0 \\ 3 & 2 & 1 & 0 \end{pmatrix}^{-1} \begin{pmatrix} P_k \\ P_{k+1} \\ DP_k \\ DP_{k+1} \end{pmatrix}$$

$$= \begin{pmatrix} -2 & -2 & 1 & 1 \\ -3 & 3 & -2 & -1 \\ 0 & 0 & 0 & 0 \\ 1 & 0 & 0 & 0 \end{pmatrix} \begin{pmatrix} P_k \\ P_{k+1} \\ DP_k \\ DP_{k+1} \end{pmatrix} = M_H \begin{pmatrix} P_k \\ P_{k+1} \\ DP_k \\ DP_{k+1} \end{pmatrix} \tag{7.22}$$

其中，M_H 是 Hermite 矩阵，也是边界约束矩阵的逆矩阵。根据边界条件，方程（7.19）可以写成：

$$P(u) = (u^3 \quad u^2 \quad u^1 \quad 1)\, M_H \begin{pmatrix} P_k \\ P_{k+1} \\ DP_k \\ DP_{k+1} \end{pmatrix} \tag{7.23}$$

算出方程（7.23）中的矩阵乘积，即可得：

$$P(u) = P_k(2u^3+3u^2+1) + P_{k+1}(-2u^3+3u^2) + DP_k(u^3-2u^2+u) + DP_{k+1}(u^3-u^2)$$

$$= P_k H_0(u) + P_{k+1} H_1(u) + DP_k H_2(u) + DP_{k+1} H_3(u) \tag{7.24}$$

由于多项式 $H_k(u)$（k=0，1，2，3）是考虑了边界约束值（终点坐标和斜率）后，再求得曲线上每个坐标点位置，故该多项式称为混合函数。

至此，即可用 3 次样条曲线完成连接各个离散点列，相邻 3 次曲线段之间用 Hermite 样条曲线连接，连接而成的曲线即为指定的喷涂空间路径。

7.4 喷涂机器人轨迹优化

在实际的喷涂机器人离线编程过程中，在曲面上进行喷涂机器人轨迹优化必须要考虑以下几个因素：（1）曲面的数学模型；（2）曲面上的喷涂模型；（3）曲面上某一点的涂层厚度表达式；（4）曲面上优化轨迹的数学表达式及其求解方法。从本质上说，喷涂机器人轨迹优化问题实际上是一个带约束条件的多目标优化问题，而该问题中的约束条件很多，如涂层厚度偏差、末端执行器运动路径、运动速度、被涂工件表面形状、末端执行器参数、空气压力、涂料黏度等，因此如何有效地处理约束函数来引导算法搜索是轨迹优化问题的关键[140-141]。另一方面，喷涂机器人轨迹优化问题中可选择的优化目标通常也有多个，如喷涂时间最少、涂层厚度方差最小、涂料总量消耗最少、涂料利用率最高、机器人路径拐点最少等。在这些喷涂优化目标中，轨迹优化问题中的各个目标函数并不是相互独立的，它们往往是具有耦合关系且处于相互竞争的状态。因此，这使得喷涂机器人轨迹多目标优化问题的精确解求解过程变得十分困难。

为了能够获得高效率的喷涂轨迹，比较理想的方法就是做一定的假设，即在误差允许的情况下，在喷涂过程中假设多个变量参数保持不变，而只是考虑喷涂过程中的主要因素。这样一种思路使得喷涂轨迹优化问题得到大大简化，同时也使得带约束条件的喷涂轨迹多目标优化问题易于求解。

本节在针对 Bézier 曲面上的喷涂机器人轨迹优化问题时，就是根据以上思路对该问题进行简化后，再进行求解。具体思路为：在使用 Bézier 三角曲面造型方法得到参数曲面后，先建立一个简单的涂层累积模型，在此基础上推出一般性的 Bézier 曲面上的喷涂模型并推导出任意一点的涂层厚度数学表达式，最后选取喷涂速度和喷涂时间为优化目标，推出 Bézier 曲面上的喷涂机器人多目标优化函数后，使用适当的数学规划方法进行求解，最终得到 Bézier 曲面上的喷涂机器人优化轨迹。

涂料空间分布模型和涂层累积速率函数图如第 4 章中所介绍，此处不再赘述。在喷涂完一个曲面 S 以后，假设表面平均厚度为 q_d，任意一点 s 上的涂层厚度为 q_S，允许的最大涂层厚度偏离值为 q_W，则有：

$$\max_{s\in S}\left(|q_d-q_s|\right)\leqslant q_W \tag{7.25}$$

假定曲面上所有采样点中涂层厚度最大值为 q_{max}，涂层厚度最小值为 q_{min}，且所有采样点的法向量与曲面平均法向量最大偏离角度为 β_{th}，则任意一点 s 上的涂层厚度能够满足下列不等式：

$$q_{min}\cdot\cos\beta_{th}\leqslant q_w\leqslant q_{max} \tag{7.26}$$

任意一点 s 上的涂层厚度满足要求（7.26），即有：

$$|q_s-q_d|\leqslant q_w,\ s\in S \tag{7.27}$$

则有：

$$q_{max}-q_d\leqslant q_w \tag{7.28}$$

进一步，则有：

$$q_d\cdot q_{min}\cdot\cos\beta_{th}\leqslant q_w \tag{7.29}$$

如果式(7.29)要能满足，则最大偏离角度 β_{th} 就能用式(7.30)计算出来。也就是说，对于任意的曲面，如果偏离角度 β 满足 $\beta\leqslant\beta_{th}$，那么曲面上任意一点的喷涂厚度就能够满足式（7.26）。

7.5 应用实例

下面根据上文所提出 Bézier 曲面上的喷涂机器人空间路径生成方法和 Bézier 曲面上的喷涂机器人轨迹优化方法分别举例进行验证说明。

例 7.1 以第 2 章例 2.1 中 Bézier 曲面为例，现在按照 Bézier 张量积曲面造型方法得到该曲面后，按照本章 7.3 节所提出的 Bézier 曲面上的喷涂机器人空间路径生成方法，先取该 Bézier 曲面的等距面离散点列阵，然后用 3 次 Cardinal 样条曲线连接各个离散点列，而相邻两段 3 次 Cardinal 曲线段之间用 Hermite 样条曲线连接，这样就可求出指定的喷涂空间路径。由此，Bézier 曲面的 U 向空间路径如图 7.7 所示，Bézier 曲面的 V 向空间路径如图 7.8 所示。

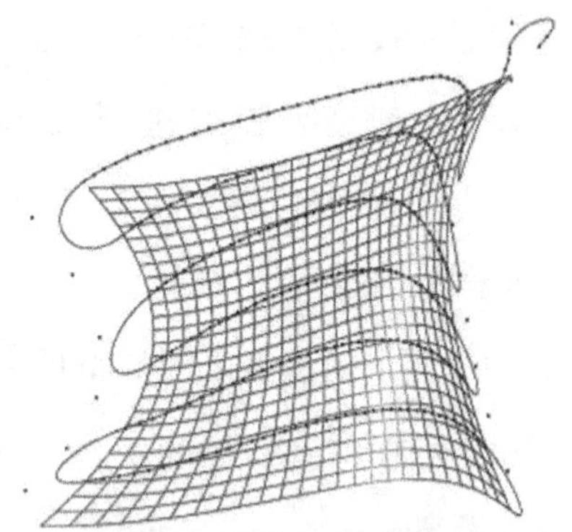

图 7.7 Bézier 曲面 U 向喷涂空间路径

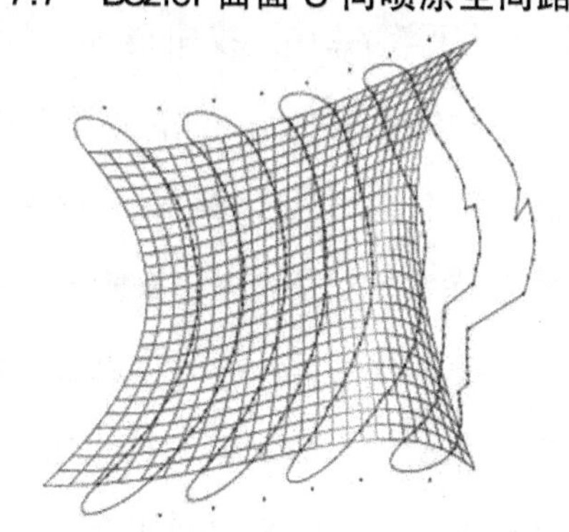

图 7.8 Bézier 曲面 V 向喷涂空间路径

例 7.2 以第2章例2.3中喷涂工件为例进行喷涂实验。喷涂工件如图2.9，利用Bézier三角曲面技术对喷涂工件造型之后，按照本章7.3节所提出的Bézier曲面上的喷涂机器人空间路径生成方法，获得该工件表面U向空间路径和V向空间路径。

设期望的涂层厚度为q_d=50μm，最大允许偏差为q_w=10μm，末端执行器喷出的圆锥形涂料底面半径R=60mm。按照式（7.25）表示形式，在平板上进行喷涂实验后，根据实验得到涂层累积速率表达式为：

$$f(r)=\frac{1}{15}(R^2-r^2)\ \mu\text{m/s} \tag{7.30}$$

得到平面上的优化轨迹后，求得喷涂机器人喷涂速率（匀速）为：v=256mm/s。

在获得喷涂空间路径后，按照7.4节Bézier曲面上的喷涂机器人轨迹优化方法沿指定喷涂路径进行轨迹优化。同时按照7.2节中Bézier曲面上喷涂机器人初始轨迹选择方法选择初始轨迹。U向路径离散点列阵中共有432个离散点，每两个离散点之间的路径再分为10段。V向路径离散点列阵中共有402个离散点，每两个离散点之间的路径再分为10段。算法中各个参数设置如下：理想涂层厚度q_d=50μm，最大允许偏差q_w=10μm，喷涂半径R=50 mm，喷涂距离h=100 mm，三角面个数N=1566，分段每段长度d_k=50 mm，二次分段段数m=10，权向量ω=（0.5，0.5）T，匀速喷涂时v=256 mm/s（平面上的优化速度），优化喷涂时以v=256 mm/s作为算法迭代的初始值。下面分沿U向路径优化喷涂和沿V向路径优化喷涂两种情况进行实验。实验室喷涂实验过程如图7.9所示。喷涂实验后，使用涂层测厚仪对离散点涂层厚度进行测量。沿U向路径优化喷涂432个采样点的涂层厚度曲线图如图7.10所示，沿V向路径优化喷涂402个采样点的涂层厚度曲线图如图7.11所示，实验结果数据如表7.1。

对实验结果进行分析后可知，对喷涂轨迹进行优化后，沿 U 向路径喷涂和沿 V 向路径喷涂都能满足喷涂要求，即涂层厚度偏差在允许范围内。但是，经过对比可以发现，对于此工件而言，沿 U 向路径喷涂明显喷涂效果更好，且喷涂效率更高一些。由此可以看出，在规划喷涂路径时应该充分考虑工件表面的形状，并且喷涂路径的走向对喷涂效果和效率有一定影响。

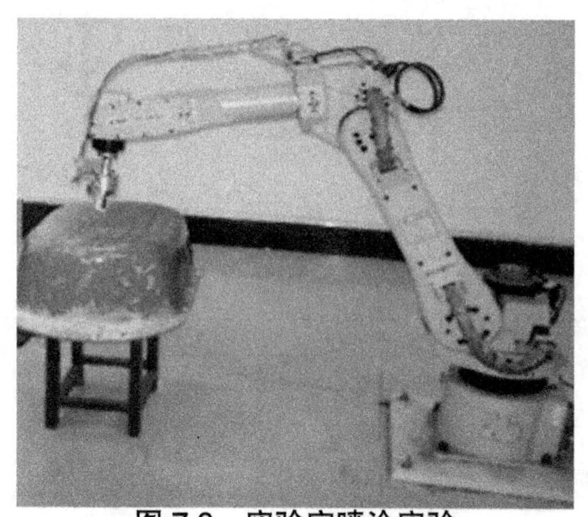

图 7.9　实验室喷涂实验

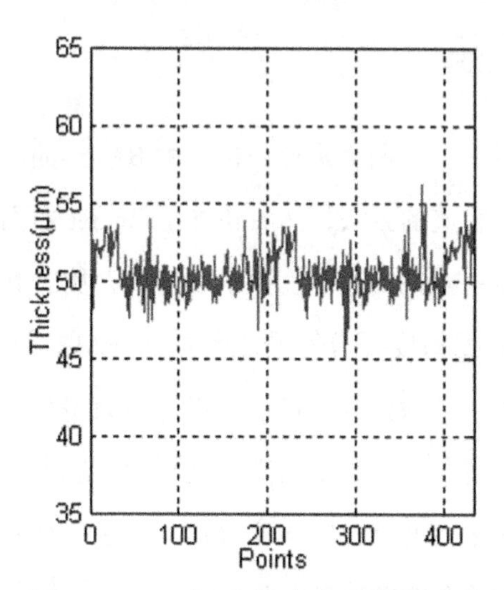

图 7.10　U 向路径喷涂涂层厚度曲线

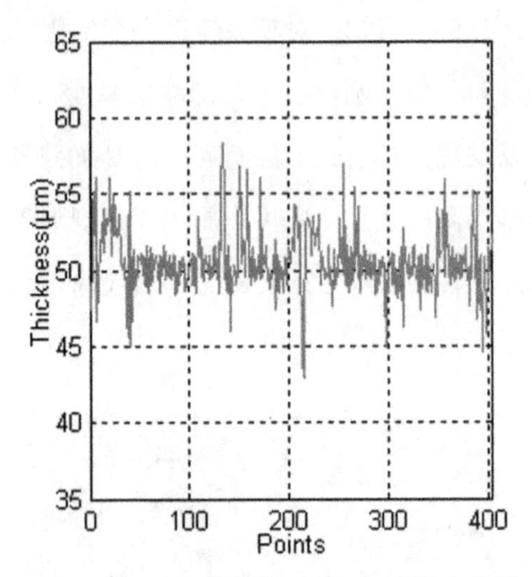

图 7.11　V 向路径喷涂涂层厚度曲线

表 7.1　喷涂实验结果

	U 向路径优化喷涂	V 向路径优化喷涂
平均涂层厚度（μm）	51.2	52.1
最大涂层厚度（μm）	56.2	58.3
最小涂层厚度（μm）	45.1	43.0
机器人喷涂时间（s）	83	95

7.6　本章小结

本章首先通过对 Bézier 曲面进行分析，由 Bézier 曲面的特点给出寻找最优喷涂机器人初始轨迹的方法；然后建立了 Bézier 曲面的喷涂模型，给出了 Bézier 曲面上某一点的涂层厚度数学表达式；找出 Bézier 曲面等距面的离散点列阵后，根据精度要求使用 3 次 Cardinal 曲线段和 Hermite 样条曲线插值方法，规划出喷涂路径；最后沿指定喷涂路径，以涂层厚度均匀性和喷涂时间最短为优化目标，采用数学规划中理想点法进行求解，最终获得了 Bézier 曲面上的优化轨迹。本章最后进行了实例验证和喷涂实验，证明了本章所提方法的有效性和实用性。

第 8 章　基于 Bézier 方法的复杂曲面喷涂机器人轨迹优化

8.1 引　言

在实际工业生产中，会遇到各种各样表面形状复杂多变的工件，对其进行喷涂时工件表面曲率变化都比较大。在这种复杂曲面上的喷涂轨迹优化工作中，现有的方法基本步骤如下：

（1）在获取工件表面 CAD 数据后直接对曲面进行三角划分，使用相应的方法对曲面进行造型；

（2）按照曲面拓扑结构对复杂曲面进行分片后，将每一片近似看成平面，再在每一片上进行喷涂轨迹优化；

（3）对片与片交界处的喷涂轨迹进行优化，具体需要根据每两片上的喷涂路径的几何位置关系分三种情况来优化，即平行 - 平行、平行 - 垂直、垂直 - 垂直；

（4）将每一片上的喷涂轨迹进行优化组合，具体可以采用蚁群算法或遗传算法等。

总体来说，这样的复杂曲面上的喷涂轨迹优化方法基本上可以满足喷涂需要。但是，该方法执行步骤较多，且在实际过程中需要经过片上的轨迹优化、每两片交界处的喷涂轨迹优化、每一片上的喷涂轨迹优化组合等三次优化工作，操作较为麻烦且会耗费大量系统时间，效率偏低。另外，当复杂曲面面积较大或分片较多时，该方法会出现以下两个问题：

（1）在对片与片交界处的喷涂轨迹进行优化之后，需要将片与片交界处的喷涂优化轨迹进行合并，这个过程中误差会较大，会使得片与片交界处的涂层厚度均匀性变差，且耗费大量系统执行时间；

（2）分片较多时，在将每一片上的喷涂轨迹进行优化组合过程中，种群规模会增大，这种情况下使用遗传算法或蚁群算法收敛速度较慢，且算法易陷入不同的局部最优域，导致喷涂效果变差，喷涂效率降低。

正因为有上述问题的存在，在目前的喷涂作业中，对复杂曲面工件喷涂的效果仍然不是十分理想。本章就是在此背景下，提出了一种新的基于Bézier方法的复杂曲面喷涂轨迹优化方法。该方法具体思路为：在运用第2章中提出的Bézier三角曲面造型技术对复杂曲面进行造型之后，采用Bézier曲面等距面离散点列计算方法找出该复杂曲面等距面上的离散点列；再采用基于指数平均Bézier曲线的喷涂空间路径生成方法获取复杂曲面上的喷涂空间路径；然后根据一种新的复杂曲面上的轨迹优化方法沿指定空间路径优化喷涂轨迹，从而得到完整的复杂曲面上的喷涂优化轨迹。该方法最大的优点就是不需要对复杂曲面进行分片，而是充分利用了指数平均Bézier曲线所特有的灵活的调控性质先对喷涂空间路径进行规划。该方法不仅增加了优化过程中的灵活性和“柔性”，而且大大简化了复杂曲面上喷涂作业的步骤，满足了喷涂效果的同时提高了效率。

8.2 基于指数平均 Bézier 曲线的喷涂空间路径生成方法

在喷涂作业中，由于外观为复杂曲面的工件表面曲率变化可能比较大，且工件表面形状极其复杂，这就使得在优化喷涂轨迹时难度更大。在第 2 章生成喷涂空间路径的过程中，采用了 3 次 Cardinal 样条曲线将 Bézier 曲面等距面上的离散点列连接，且每相邻的两段 Cardinal 样条曲线又采用 Hermite 样条曲线连接。由于 Cardinal 曲线和 Hermite 曲线的基都是参数 3 次多项式，从而使得对于曲线的局部调控性质特别差，而且一般情况下很难对曲线的几何形状做出直接与几何直观的预估。

在当前 CAGD 的自由曲线曲面造型技术中，Bézier 理论和方法作为一套成熟的算法理论，在 CAM/CAD 系统中得到了广泛的应用，显示出较强的生命力和实用价值[142]。其主要原因在于 Bézier 方法计算简单，操作方便，具有良好的几何性质。传统的 Bézier 曲线定义方式是用 Bernstein 基函数作权对空间位置向量作凸组合，这也是一种平均值。但传统的 Bézier 曲线在描述实体的几何形状时也有很大的局限性，它的有理形式和多项式形式也有很多不足之处。因此，寻找 Bézier 曲线的新的基函数就显得尤为关键。本节将 Bézier 曲线与指数平均结合起来，提出了带参数的指数平均 Bézier 曲线的定义，给出了这类曲线的升阶、de casteljan 算法、分割定理等三个基本性质，并将其运用于复杂曲面上喷涂空间路径生成方法中，可以获得较好的效果。

8.2.1 指数平均族及其性质

假设记 $R_+=[0, \infty)$，$\overline{R}_+=[0, \infty)\cup\{+\infty\}$，$R_+^*=R_+\backslash\{1\}$。

定义 8.1 称 $L_s(P,\omega)=\begin{cases}\log_s\sum\limits_{i=0}^{n}\omega_i s^{p_i}, & s\in R_+^*\\ \sum\limits_{i=0}^{n}\omega_i P_i, & s=1\end{cases}$ （8.1）

为 $\{P_i\}_{i=1}^n$ 的以 $\{\omega_i\}_{i=1}^n$ 为权的 s 阶指数平均族，其中 $\omega_i>0$，$\sum\limits_{i=0}^{n}\omega_i=1$。同幂平均族一样，指数平均族也关于参数单调增。因为

$$e^{Ls(P,\omega)}=\left(\sum_{i=0}^{n}\omega_i s^{p_i}\right)^{\frac{1}{\ln s}} \tag{8.2}$$

令 $\ln s=t$，$e^{p_i}=x_i$ 则：

$$e^{Ls(P,\omega)}=\left(\sum_{i=0}^{n}\omega_i x_i^t\right)^{\frac{1}{t}} \tag{8.3}$$

又因为

$$\frac{d}{ds}e^{Ls(P,\omega)}=e^{Ls(P,\omega)}\frac{d}{ds}\left(L_s(P,\omega)\right)=\frac{d}{ds}\left(e^{Ls(P,\omega)}\right)\frac{dt}{ds}$$

$$=e^{Ls(P,\omega)}\left(\sum_{i=0}^{n}\omega_i x_i^t\right)^{\frac{1}{t}}\frac{1}{s}>0 \tag{8.4}$$

所以有$\frac{d}{ds}\left(L_s(P,\omega)\right)>0$，即 $L_s(P,\omega)$ 关于参数 s 单调增。

另外，由定义 8.1 可得：

$$\lim_{s\to+\infty}L_s(P,\omega)=\max_{0\leqslant i\leqslant n}P_i \tag{8.5}$$

$$\lim_{s\to 0}L_s(P,\omega)=\max_{0\leqslant i\leqslant n}P_i \tag{8.6}$$

即 $L_s(P,\omega)$ 满足正规性。由此，称 $\{L_s(P,\omega)\}_{s\in R+}$ 为闭指数平均族，为开指数平均族。

定义 8.2 设 f:[0，1]→R，称多项式

$$B_n(f{:}x)=\sum_{i=0}^{n}f\left(\frac{i}{n}\right)B_{i,n}(x) \tag{8.7}$$

为 f 的 n 次 Bernstein 函数。其中 $B_{i,n}(x)=C_n^i t^i(1-t)^{n-i}$ 为 Bernstein 基函数。

显然，若 $f(x)$ 在 [0，1] 上连续，则 $B_n(f{:}x)$ 一致逼近 $f(x)$，即为 Weierstrass 逼近定理。由此可以得到指数平均 Bernstein 函数的定义。

定义8.3 设$f(x)$在[0，1]上连续，令

$$L_n^s(f;x)=\begin{cases}\log_s\sum_{i=0}^{n}B_{i,n}(x)s^{f(\frac{i}{n})}, & s\in R_+^*\\ \sum_{i=0}^{n}f\frac{i}{n}B_{i,n}(x), & s=1\end{cases} \tag{8.8}$$

满足：

$$\lim_{s\to+\infty}L_n^s(f;x)=\max_{0\leqslant i\leqslant n}f\left(\frac{i}{n}\right) \tag{8.9}$$

$$\lim_{s\to 0}L_n^s(f;x)=\min_{0\leqslant i\leqslant n}f\left(\frac{i}{n}\right) \tag{8.10}$$

称$L_n^s(f;x)$为f的n次s阶指数平均Bernstein函数，称$\{L_n^s(f;x)\}_{s\in \bar{R}+}$为闭指数平均Bernstein函数族，$\{L_n^s(f;x)\}_{s\in R+}$为开指数平均Bernstein函数族。

需要注意的是，由于闭指数平均Bernstein函数族中，当$s=0$，$+\infty$时，函数只为一点，故以下只研究开指数平均Bernstein函数族，简称指数平均Bernstein函数族。对照Bernstein函数的性质和$L_n^s(f;x)$的定义，不妨设f单调增，则$f(0)\leqslant f\left(\frac{i}{n}\right)\leqslant L(1)$，$s\in R_+^*$时有：

$$(L_n^s(f;x))'=\frac{\sum_{i=0}^{n}s^{f(\frac{i}{n})}(B_{i-1,n-1}(x)-B_{i,n-1}(x))}{\sum_{i=0}^{n}B_{i,n}(x)s^{f(\frac{i}{n})}\ln s}$$

$$=\frac{n}{\ln s}\frac{\sum_{i=0}^{n}s^{f(\frac{i}{n})}B_{i-1,n-1}(x)-\sum_{i=0}^{n}s^{f(\frac{i}{n})}B_{i,n-1}(x)}{\sum_{i=0}^{n}B_{i,n}(x)s^{f(\frac{i}{n})}}$$

$$=\frac{n}{\ln s}\frac{\sum_{i=0}^{n-1}B_{i,n-1}(x)\left(s^{f(\frac{i+1}{n})}-s^{f(\frac{i}{n})}\right)}{\sum_{i=0}^{n}B_{i,n}(x)s^{f(\frac{i}{n})}} \tag{8.11}$$

$s>1$ 时，$f(\frac{i+1}{n}) \geqslant (\frac{i}{n})$，故 $s^{f(\frac{i+1}{n})} \geqslant s^{f(\frac{i}{n})}$，又 $\ln s>0$，故式（7.11）大于0。$0<s<1$ 时，$f(\frac{i+1}{n}) \geqslant (\frac{i}{n})$，故 $s^{f(\frac{i+1}{n})} \leqslant s^{f(\frac{i}{n})}$，又 $\ln s<0$，故式（7.11）也大于0，即 $L_n^s(f;\ x)$ 是单调递增函数。$s=1$ 时，$L_n^s(f;\ x)=B_n(f;\ x)$，故 $L_n^s(f;\ x)$ 是单调递增函数。f 单调减的情形类似。

由定义8.3易知，若 f: $[0,\ 1] \to R$ 为连续函数，则 $L_n^s(f;\ x)$ 关于参数 s（$s \in R_+$）也单调增。若 f 又为二阶可导的凸函数，则 $L_n^s(f;\ x) \geqslant L_{n+1}^s(f;\ x)$，$s \geqslant 1$。

事实上，若 f: $[0,\ 1] \to R$ 是二阶可导的凸函数，则 $f''(x) \geqslant 0$。$s \geqslant 1$ 时有：

$$(s^{f(x)})''=s^{f(x)}(\ln s)^2(f')^2+s^{f(x)}f''\ln s \geqslant 0 \tag{8.12}$$

故 $s^{f(x)}$ 也是凸函数。又

$$\begin{aligned}
&\sum_{i=0}^{n} B_{i,n}(x)\, s^{f(\frac{i}{n})} - \sum_{i=0}^{n+1} B_{i,n+1}(x)\, s^{f(\frac{i}{n+1})} \\
&= \sum_{i=0}^{n} [(1-\frac{i}{n+1}) B_{i,n+1}(x) + \frac{i+1}{n+1} B_{i+1,n+1}(x)] s^{f(\frac{i}{n})} - \sum_{i=0}^{n+1} B_{i,n+1}(x)\, s^{f(\frac{i}{n+1})} \\
&= \sum_{i=0}^{n+1} [(1-\frac{i}{n+1}) s^{f(\frac{i}{n})} + s^{f(\frac{i-1}{n})} - s^{f(\frac{i}{n+1})}] B_{i,n+1}(x) \\
&\geqslant \sum_{i=0}^{n+1} [s^{f((1-\frac{i}{n})\frac{i}{n}+\frac{i}{n+1}\frac{i-1}{n})} - s^{f(1-\frac{i}{n+1})}] B_{i,n+1}(x) \\
&= \sum_{i=0}^{n+1} [s^{f(\frac{i}{n+1})} - s^{f(\frac{i}{n+1})}] B_{i,n+1}(x) = 0
\end{aligned} \tag{8.13}$$

而

$$s^{L_n^s(f;\ x)} = \sum_{i=0}^{n} B_{i,n}(x)\, s^{f(\frac{i}{n})} \tag{8.14}$$

$$s^{L_{n+1}^s(f;\ x)} = \sum_{i=0}^{n+1} B_{i,n+1}(x)\, s^{f(\frac{i}{n+1})} \tag{8.15}$$

从而 $s^{L_n^s(f;\ x)} \geqslant s^{L_{n+1}^s(f;\ x)}$，所以 $L_n^s(f;\ x) \geqslant L_{n+1}^s(f;\ x)$。

8.2.2 指数平均 Bézier 曲线定义与性质

传统的算术加权的 Bézier 曲线定义如下：

$$B_n(t)=\sum_{i=0}^{n}B_{i,n}(t)V_i,\quad 0\leqslant t\leqslant 1 \tag{8.16}$$

其中 Bernstein 基函数 $B_{i,n}(t)=C_n^i t^i(1-t)^{n-i}$，$0\leqslant t\leqslant 1$。$V_i$（$i$=0，1，L，$n$）是控制顶点。由于$\sum_{i=0}^{n}B_{i,n}(t)=1$，因此 $B_n(t)$ 就可以看成控制顶点 V_0、V_1、L、V_n 的加权平均[143]。

在此基础上做控制顶点的指数平均，就可以得到指数平均 Bézier 曲线的定义。

定义 8.4 定义

$$L_n^s(t)=\begin{cases}\log_s\sum_{i=0}^{n}B_{i,n}(x)s^{Vi}, & s\in R_+^*\\ \sum_{i=0}^{n}B_{i,n}(t)V_i, & s=1\end{cases},\quad 0\leqslant t\leqslant 1 \tag{8.17}$$

对$\forall S\in R_+$，$L_n^s(t)$ 称为 n 次 s 阶指数平均 Bézier 曲线。

显然，n 次 1 阶指数平均 Bézier 曲线即为传统意义上的 Bézier 曲线。引入上文中提到的位移算子 E、差分算子$\triangle$和单位算子 I，则有：

$$\log_s\sum_{i=0}^{n}B_{i,n}(t)s^{V_i}=\log_s((1-t)I+tE)^n s^{V_0}=\log_s(I+\triangle t)^n s^{V_0} \tag{8.18}$$

所以 $L_n^s(t)$ 有如下算子表示形式：

$$L_n^s(t)=\begin{cases}\log_s(I+\triangle t)^n s^{V_0}, & s\in R_+^*\\ (I+\triangle t)^n V_0 & s=1\end{cases} \tag{8.19}$$

下面给出 $L_n^s(t)$ 的导数公式：

$$(L_n^s(t))'=\begin{cases}\dfrac{n(I+t\triangle)^{n-1}\triangle s^{V_0}}{(I+t\triangle)^n s^{V_0}\ln s}, & s\in R_+^*\\ n(I+t\triangle)^{n-1}\triangle V_0 & s=1\end{cases} \tag{8.20}$$

显然，

$$(L_n^s(0))'=\begin{cases}\dfrac{n}{\ln s}\dfrac{s^{V_1}-s^{V_0}}{s^{V_0}}, & s\in R_+^*\\ n(V_1+V_0), & s=1\end{cases} \tag{8.21}$$

$$(L_n^s(1))'=\begin{cases}\dfrac{n}{\ln s}\dfrac{s^{V_n}-s^{V_{n-1}}}{s^{V_n}}, & s\in R_+^*\\ n(V_n+V_{n-1}), & s=1\end{cases} \tag{8.22}$$

记由控制顶点 V_0、V_1、L、V_n 确定的指数平均 Bézier 曲线为 $L_n^s(V_0, V_1, L, V_n; t)$，则它在端点处满足插值性质，即

$$L_n^s(V_0, V_1, L, V_n; 0)=V_0,\ L_n^s(V_0, V_1, L, V_n; 1)=V_n \tag{8.23}$$

而且当 $s\in R_+^*$ 时，由 $B_{i,n}(t)=B_{n-i}(1-t)$，得：

$$\begin{aligned}&L_n^s(V_0, V_1, L, V_n; t)\\&=\log s\sum_{i=0}^{n}B_{n-i}(1-t)s^{V_{n-i}}\\&=\log s\sum_{i=0}^{n}B_{i,n}(1-t)s^{V_i}\\&=L_n^s(V_0, V_1, L, V_n; 1-t)\end{aligned} \tag{8.24}$$

$s=1$ 时，同理可得：

$$\begin{aligned}&L_n^s(V_n, V_{n-1}, L, V_0; t)\\&=\sum_{i=0}^{n}B_{i,n}(t)V_{n-i}=\sum_{i=0}^{n}B_{n-i,n}(1-t)V_{n-i}\\&=\sum_{i=0}^{n}B_{i,n}(1-t)V_i=L_n^s(V_0, V_1, L, V_n; 1-t)\end{aligned} \tag{8.25}$$

由此可知，同一控制多边形定义的指数平均 Bézier 曲线是唯一的。参数三次 Hermite 插值不具有如上述公式所表示的“对称性”。

Bézier 曲线设计中，在保持曲线形状不变的前提下，可以通过增加控制顶点的数目来提高曲线设计的灵活性，称为升阶。指数平均 Bézier 曲线也是参数多项式曲线段，具有整体性质。在复杂曲面等距面上的离散点列

中，有可能无论怎样移动调整控制顶点都达不到理想的曲线（路径）形状，也就是曲线（路径）“刚性”有余，“柔性”不足。升阶增加了控制顶点，从而可以降低复杂曲面上喷涂路径的“刚性”，增加了其“柔性”，增强了对复杂曲面上喷涂路径的进行形状控制的潜在灵活性。

定理 8.5 当 $s \in R_{+}^{*}$ 时，设 n 次 s 阶指数平均 Bézier 曲线

$$L_n^s(t)=\log s\sum_{i=0}^{n}B_{i,n}(t)s^{V_{i,n}} \tag{8.26}$$

控制顶点为 $V_{0,n}$，$V_{1,n}$，$V_{n,n}$，$n+m$ 次 s 阶指数平均 Bézier 曲线

$$L_{n+m}^s(t)=\log s\sum_{i=0}^{n+m}B_{i,n+m}(t)s^{V_{i,n+m}} \tag{8.27}$$

控制顶点为 $V_{0,n+m}$，$V_{1,n+m}$，$V_{n+m,n+m}$ 则 n 次曲线 $L_n^s(t)$ 可升阶为 $n+m$ 次曲线 $L_{n+m}^s(t)$，并且满足：

$$s^{V_{i,n+m}}=\sum_{j=0}^{m}\frac{C_n^{i-j}C_m^j}{C_{n+m}^i}s^{V_{i-j,m}},\ i=0,\ 1,\ \mathrm{L},\ n+m \tag{8.28}$$

证明 $L_n^s(t)=\log s\sum_{i=0}^{n}B_{i,n}(t)s^{V_{i,n}}=\log s\sum_{i=0}^{n}C_n^it^i(1-t)^{n-i}(1-t+t)^m s^{V_{i,n}}$

$$=\log s\sum_{j=0}^{m}\sum_{i=0}^{n}\frac{C_n^iC_m^jC_{n+m}^{i+j}}{C_{n+m}^{i+j}}t^{i+j}(1-t)^{n+m-(i+j)}s^{V_{i,n}}$$

$$=\log s\sum_{j=0}^{m}\sum_{k=j}^{n+j}\frac{C_n^{k-j}C_m^jC_{n+m}^k}{C_{n+m}^k}t^k(1-t)^{n+m-k}s^{V_{k-j,n}}$$

$$=\log s\sum_{i=0}^{n+m}B_{i,n+m}(t)\sum_{j=0}^{m}\frac{C_n^{i-j}C_m^jC_{n+m}^i}{C_{n+m}^i}s^{V_{i-j,n}} \tag{8.29}$$

又 $L_{n+m}^s(t)=\log s\sum_{i=0}^{n+m}B_{i,n+m}(t)s^{V_{n,n+m}}$，故：

$$s^{V_{n,n+m}}=\sum_{j=0}^{m}\frac{C_n^{i-j}C_m^j}{C_{n+m}^i}s^{V_{i-j,m}}\ i=0,\ 1,\ \mathrm{L},\ n+m \tag{8.30}$$

当 $s=1$ 时，n 次 1 阶指数平均 Bézier 曲线

$$L_n^s(t)\sum_{i=0}^{n}B_{i,n}(t)V_{i,n} \tag{8.31}$$

一样可升阶为 $n+m$ 次 1 阶指数平均 Bézier 曲线 $L_{n+m}^{s}(t)=\sum_{i=0}^{n+m}B_{i,n+m}(t)V_{i,n+m}$。

特别地，m=1 时，且 $s\in R_{+}^{*}$ 时，

$$s^{V_{i,n+1}}=\frac{i}{n+1}s^{V_{i+1,n}}+\left(1-\frac{i}{n+1}\right)s^{V_{i,n}},\ i=0,\ 1,\ \mathrm{L},\ n+1 \tag{8.32}$$

s=1 时，

$$V_{i,n+1}=\frac{i}{n+1}V_{i-1,n}+\left(1-\frac{i}{n+1}\right)V_{i,n},\ i=0,\ 1,\ \mathrm{L},\ n+1 \tag{8.33}$$

其中，$V_{i,n}$ 为 n 次 s 阶指数平均 Bézier 曲线 $L_{n}^{s}(t)$ 的控制顶点，$V_{i,n+1}$ 为升阶后 $n+1$ 次 s 阶指数平均 Bézier 曲线 $L_{n+1}^{s}(t)$ 的控制顶点。

在根据复杂曲面等距面上的离散点列选取控制顶点过程中，复杂曲面本身的几何性质就已经决定了由这些控制顶点得到的 Bézier 曲线几何特性也比较复杂。而 de Casteljau 算法生成的每一个中间顶点的过程都是线性插值，该算法可以把一个复杂的几何计算问题化解为一系列的线性运算。从而使得算法非常简单又稳定可靠，易于编程实现，且速度也相当地快，有利于复杂曲面上的喷涂空间路径的快速生成。

设 $\{V_i\}_{i=0}^{n}$ 为 n 次 s 阶指数平均 Bézier 曲线 $L_{n}^{s}(t)$ 的控制顶点，对任意固定的参数 $t\in[1,\ 0]$，令

$$V_i^{[1]}=\begin{cases}\log_s(1-t)s^{V_i}+ts^{V_{i+1}}, & s\in R_{+}^{*}\\ (1-t)V_i+tV_{i+1}, & s=1\end{cases}\quad i=0,\ 1,\ \mathrm{L},\ n-1 \tag{8.34}$$

得到 n 个点 $V_0^{[1]}$，$V_1^{[1]}$，$V_{n-1}^{[1]}$，又令

$$V_i^{[2]}=\begin{cases}\log_s\left((1-t)s^{V_i^{[1]}}+ts^{V_{i+1}^{[1]}}\right), & s\in R_{+}^{*}\\ (1-t)V_i^{[1]}+tV_{i+1}^{[1]}, & s=1\end{cases}\quad i=0,\ 1,\ \mathrm{L},\ n-2 \tag{8.35}$$

得到 n-1 个点 $V_0^{[2]}$，$V_1^{[2]}$，L，$V_{n-1}^{[2]}$，重复这一过程，最后得到一个点 $V_0^{[n]}$，

$$V_0^{[n]}=\begin{cases}\log_s\left(\left(1-t\right)s^{V_0^{[n-1]}}+ts^{V_0^{[n-1]}}\right), & s\in R_+^*\\ \left(1-t\right)V_0^{[n-1]}{}_i+tV_0^{[n-1]}, & s=1\end{cases}\tag{8.36}$$

由此得到以下的指数平均 Bézier 曲线的 de Casteljau 算法定理。

定理 8.6（de Casteljau 算法定理）$L_n^s(t)$ 为 n 次 s 阶指数平均 Bézier 曲线，设控制顶点 $\{V_i\}_{i=0}^n$ 及参数 $t\in[1,0]$ 已给定，则以下方式定义的：

$$V_i^{[r]}=\begin{cases}\log_s\left(\left(1-t\right)s^{V_i^{[r-1]}}+ts^{V_i^{[r-1]}}\right), & s\in R_+^*\\ \left(1-t\right)V_i^{[r-1]}{}_i+tV_i^{[r-1]}, & s=1,\ r=1,\ 2,\ \mathrm{L},\ n-r\\ V_i^{[0]}=V_i, & \end{cases}\tag{8.37}$$

满足 $L_n^s(t)=V_i^{[0]}$，$s\in R_+$

证明 $s=1$ 时，

$$L_n^s(t)=\sum_{i=0}^{n}B_{i,n}(t)V_i=\left(\left(1-t\right)I+tE\right)^nV_0\tag{8.38}$$

而

$$V_i^{[r]}=\left(1-t\right)V_i^{[r-1]}+tV_{i+1}^{[r-1]}=\left(\left(1-t\right)I+tE\right)V_i^{[r-1]}$$

$$=\left(\left(1-t\right)I+tE\right)^rV_i^{[0]}=\left(\left(1-t\right)I+tE\right)^rV_0\tag{8.39}$$

令 $i=0$，$r=n$ 有

$$V_i^{[0]}=\left(\left(1-t\right)I+tE\right)^nV_0=L_n^s(t)\tag{8.40}$$

$s\in R_+^*$ 时，

$$L_n^s(t)=\mathrm{log}s\sum_{i=0}^{n}B_{i,n}(t)s^{V_i}=\mathrm{log}s\left(\left(1-t\right)I+tE\right)^ns^{V_0}\tag{8.41}$$

而

$$V_i^{[r]}=\mathrm{log}s\left(\left(1-t\right)s^{V_i^{[r-1]}}+ts^{V_{i+1}^{[r-1]}}\right)=\mathrm{log}s\left(\left(1-t\right)I+tE\right)s^{V_i^{[r-1]}}\tag{8.42}$$

从而

$$V_i^{[r]}=\left(\left(1-t\right)I+tE\right)s^{V_i^{[r-1]}}=\mathrm{L}=\left(\left(1-t\right)I+tE\right)^rs^{V_i^{[0]}}$$

$$=\left(\left(1-t\right)I+tE\right)^rs^{V_i}\tag{8.43}$$

所以

$$V_i^{[r]}=\log_s\left(\left(1-t\right)I+tE\right)^r s^{V_i} \tag{8.44}$$

令 $i=0$，$r=n$ 则有

$$V_0^{[n]}=\log_s\left(\left(1-t\right)I+tE\right)^n s^{V_0}=L_n^s\left(t\right) \tag{8.45}$$

de Casteljau 算法定理提高了复杂曲面上的喷涂空间路径生成的快速性。但由于复杂曲面本身曲率变化较大，在实际喷涂作业时，有时需将整条喷涂路径进行分段处理，也就是说需要将整条路径曲线分成两条子路径曲线段。而 de Casteljau 算法不仅可以确定路径曲线上的一个点，也可以引出路径曲线分割问题。在 de Casteljau 算法中，有两组点 V_0，$V_0^{[1]}$，L，$V_0^{[n]}$ 和 $V_0^{[n]}$，$V_1^{[n-1]}$，L，V_0，使用这两组点作为控制顶点确定的指数平均 Bézier 曲线，即可将整条指数平均 Bézier 曲线分割为两条子曲线段。

定理 8.7（路径曲线分割定理）设 $t\in[1,0]$，对 $\forall s\in R_+$，有：

$$(1)\ L_n^s\left(V_0, V_0^{[1]}, L, V_0^{[n]}; u\right)=L_n^s\left(V_0, V_1, L, V_n; ut\right) \tag{8.46}$$

$$(2)\ L_n^s\left(V_0^{[n]}, V_1^{[n-1]}, L, V_n; u\right)$$

$$=L_n^s\left(V_0, V_1, L, V_n; 1-\left(1-u\right)\left(1-t\right)\right) \tag{8.47}$$

证明 $s\in R_+^*$ 时，

$$(1)\ L_n^s\left(V_0, V_1, L, V_n; ut\right)=\log_s\sum_{i=0}^{n}B_{i,n}\left(ut\right)s^{V_{i,n}}$$

$$=\log_s\left(\left(1-ut\right)I+utE\right)^n s^{V_0}$$

$$=\log_s\left[\left(1-u\right)I+u\left(1-t\right)I+tE\right]^n s^{V_0}$$

$$=\log_s\sum_{i=0}^{n}C_n^i\left(1-u\right)^{n-i}u^i\left(\left(1-t\right)I+tE\right)^i s^{V_0}$$

$$=\log_s\sum_{i=0}^{n}B_{i,n}\left(ut\right)s^{V_0^{[i]}}$$

$$=L_n^s\left(V_0, V_0^{[1]}, L, V_0^{[n]}; u\right) \tag{8.48}$$

（2）L_n^s（V_0，V_1，L，V_n；1-（1-u）（1-t））

$=\log s[(1-u)(1-t)I+(1-(1-u)(1-t))E]^n s^{V_0}$

$=\log s[uE+(1-u)[(1-t)I+tE]]^n s^{V_0}$

$=\log s\sum_{i=0}^{n} C_n^i (1-u)^{n-i}[(1-t)I+tE]^{n-i} s^{V_i}$

$$=\log s\sum_{i=0}^{n} B_{i,n}(u)\, s^{V_i^{[n-i]}}=L_n^s(V_0^{[n]},\ V_1^{[n-1]},\ \mathrm{L},\ V_n;\ u) \quad (8.49)$$

s=1 时同理可证。

分割定理实际上是求出喷涂路径子曲线段上的两组控制顶点，从而得到的两个小控制多边形，并且比原来的控制多边形更加贴近曲线。当然，若要对复杂曲面上某小段喷涂路径曲率变化大的曲线段分割时，则至多分割两次即可。

8.2.3 指数平均 Bézier 曲线喷涂空间路径生成

在第 3 章中求得 Bézier 曲面等距面上的离散点列后，以 U 向为例，用 3 次 Cardinal 样条曲线连接这些离散点列，然后用 Hermite 样条连接相邻两段曲线。然而，由于本章研究的复杂曲面往往曲率变化比较大，而 Cardinal 样条以及 Hermite 样条本身的参数多项式表达式的形式就决定了其局部调控性比较差，因此本章采用了能够克服这些缺点的带参数指数平均 Bézier 曲线。将离散点列（U 向或 V 向）看成实验数据点列，用一条指数平均的 Bézier 曲线拟合这些数据点，然后再反求曲线的控制顶点，从而生成喷涂空间路径。下面以一阶（s=1）指数平均 Bézier 曲线为例说明。

以 U 向为例，将离散点列表示成数据点集合：

$$P_i=(i=0,\ 1,\ \mathrm{L},\ m) \quad (8.50)$$

求一条指数平均 Bézier 曲线

$$L_n^1(t)=\sum_{j=0}^{n} B_{j,n}(t_i)\, V_i,\ 0\leqslant t\leqslant 1,\ n<m \quad (8.51)$$

拟合这些数据点，此时控制顶点 V_i 待定，下面采用常用的最小二乘逼近方法求该曲线。

首先，对 P_i（i=0，1，L，m）进行参数化。采用规范积累弦长参数化[59]决定参数序列：$0=t_0<t_1<\mathrm{L}<t_m=1$，于是有：

$$L^1_n(t)=\sum_{j=0}^{n}B_{j,n}(t_i)V_i=P_i,\ i=0,\ 1,\ \mathrm{L},\ m \tag{8.52}$$

问题就变成求解方程组的最小二乘解。这可由求解如下正则化方程给出：

$$\Phi^T\Phi\begin{pmatrix}V_0\\V_1\\\mathrm{M}\\V_n\end{pmatrix}=\Phi^T\begin{pmatrix}P_0\\P_1\\\mathrm{M}\\P_n\end{pmatrix} \tag{8.53}$$

其中，

$$\Phi=\begin{pmatrix}B_{0,n}(t_0) & B_{1,n}(t_0) & \mathrm{L} & B_{n,n}(t_0)\\B_{0,n}(t_1) & B_{1,n}(t_1) & \mathrm{L} & B_{n,n}(t_1)\\\mathrm{M} & \mathrm{M} & \mathrm{O} & \mathrm{M}\\B_{0,n}(t_n) & B_{1,n}(t_n) & \mathrm{L} & B_{n,n}(t_n)\end{pmatrix} \tag{8.54}$$

实际问题中，常常希望 $V_0=P_0$，$V_n=P_m$ 即曲线两端点与数据点的首末点重合。这时上述方程（8.53）就变为如下方程组：

$$\sum_{j=0}^{n-1}B_{j,n}(t_i)V_t=P_i-[B_{0,n}(t_i)P_0+B_{n,n}(t_i)P_m],\ i=1,\ 2,\ \mathrm{L},\ m-1 \tag{8.55}$$

则它的最小二乘解 V_j（i=1，2，L，$n-1$）连同两端点 P_0，P_m，组成曲线的控制顶点。

下面采用 Beta 约束公式求相邻两段曲线段光滑拼接的条件。设左侧曲线 $L_-(t)$ 的控制顶点为 $\{V^-_i\}^n_{i=0}$，右侧曲线 $L_+(t)$ 的控制顶点为 $\{V^+_i\}^n_{i=0}$，两曲线段要做到于连接点处有公共的单位切矢，公共的曲率矢，则需要满

足:

$$L_+(0)=L_-(1) \tag{8.56}$$

$$L'_+(0)=\beta_1 L'_-(1) \tag{8.57}$$

$$L''_+(0)=\beta_2 L'_-(1)+\beta_1^2 L''_-(1) \tag{8.58}$$

通过求 $L(t)$ 的导数，可知上述条件可变为:

$$V_0^+=V_n^- \tag{8.59}$$

$$m\Delta V_0^+=\beta_1 n\Delta V_{n-1}^- \tag{8.60}$$

即

$$\Delta V_0^+=\frac{\beta_1 n}{m}\Delta V_{n-1}^- \tag{8.61}$$

$$m(m-1)\Delta^2 V_0^+=\beta_2 n\Delta V_{n-1}^-+\beta_1^2(n-1)\Delta V_{n-2}^-$$

即

$$\Delta V_0^+=\frac{n(n-1)}{m(m-1)}\beta_1^2\Delta^2 V_{n-2}^-+\beta_2\Delta V_{n-1}^- \tag{8.62}$$

至此，相邻两段光滑拼接后得到的曲线即为指定的喷涂空间路径。

指数平均 Bézier 曲线这三个基本性质的应用以及其自带的参数提高了复杂曲面上喷涂路径的“柔性”，增强了喷涂路径的进行形状控制的潜在灵活性；同时使得算法非常简单又稳定可靠，易于编程实现，且速度也相当的快，十分有利于复杂曲面上的喷涂机器人路径的快速生成。

8.3 复杂曲面上喷涂机器人轨迹优化算法

在按照 8.2 节方法生成指数平均 Bézier 曲线喷涂空间路径后，本节将介绍一种新的简单的复杂曲面上喷涂轨迹优化算法，该方法表达式简单，且运算速度快，能满足复杂曲面上喷涂质量要求。

当末端执行器在一个特定位置时，曲面上某一点 $(x, y, h(x, y))$ 处的喷涂轨迹及位置向量 $p(t)$ 可以表示为 $f_s(p(t), x, y)u(t)$。其中，

$f_s(p(t), x, y)$ 为喷涂轨迹，$u(t)$ 为涂料流量，$u(t)$ 是随末端执行器的移动而变化的，而喷涂轨迹 $f_s(p(t), x, y)$ 由末端执行器与曲面的距离以及它在空间的位置所确定。该喷涂系统模型如图 8.1 所示，这里使用实验方法建立涂层累积速率模型。实验中在一段时间内，在某个固定位置上的测量末端执行器涂层累积分布后，采用反求流量分布的方法确定涂层累积速率模型。当末端执行器的位置为 $p(t)$ 时，喷涂轨迹表达式为：

$$f_s(p(t), x, y) = \frac{\cos(\theta_{imp})\Theta(\theta, \gamma)\zeta(\theta_{imp})}{|\gamma^2|} \tag{8.63}$$

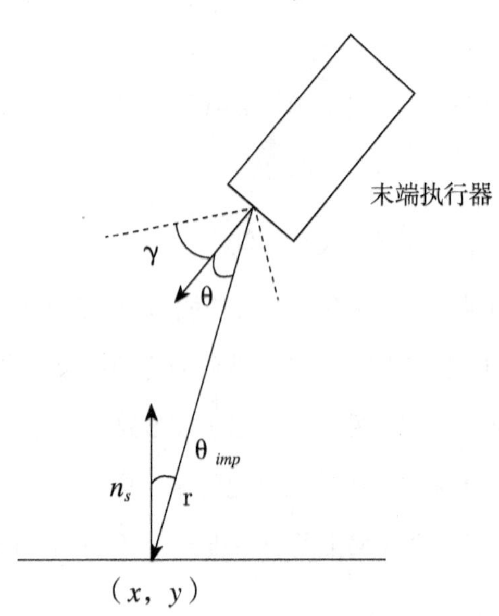

图 8.1　喷涂系统模型

其中，r 表示末端执行器到点 (x, y) 的向量，θ_{imp} 表示 r 与过点 (x, y) 的法向量 n_s 的夹角，$\Theta(\theta, \gamma)$ 表示圆锥形涂料流的液滴分布。液滴分布取决于末端执行器的法向量（由末端执行器的位置确定）、r 与末端执行器中垂线的夹角以及圆锥形涂料流的内半角 γ，它可以表示为一个正则化狄拉克（Dirac）[144] 函数：

$$\Theta(\theta,\gamma)=\frac{(\gamma^2-\pi^2)[1+\cos\frac{\pi\theta}{\gamma}]}{2\pi[2\gamma^2-\pi^2+\pi^2\cos\gamma]} \tag{8.64}$$

通过大量喷涂实验可以发现，通常情况下 $\gamma=0.32rad$。在一些喷涂实验中（尤其是金属表面上的喷涂），由于涂料飞溅以及黏效率 $\zeta(\theta_{imp})$ 的影响，很大一部分涂料都浪费了。黏效率 $\zeta(\theta_{imp})$ 的表达式为：

$$\zeta(\theta_{imp})=\zeta(0)[1-\alpha\theta^2_{imp}(1-\frac{2\theta^2_{imp}}{\pi^2})] \tag{8.65}$$

其中，$\zeta(0)$ 表示涂料效率，α 表示拟合参数（一般 $\zeta(0)=0.67$，$\alpha=0.04$）。实际上，在图 8.1 模型中已经假设了喷雾锥角的外面没有涂料沉积。而实际喷涂中，会有少量的飞溅的涂料落在喷雾锥角外，但这种情况可以忽略不计。

假设曲面上的涂层分布厚度为 $m(x,y)$，喷涂工作的目标之一就是要实现涂层分布厚度 $m(x,y)$ 达到期望值。实际喷涂作业中，涂层分布厚度 $m(x,y)$ 在曲面上是变化的。但在实验中，通常都是先在系统中预先设定一个期望值，即涂层分布厚度为一个常量[145]。因此，对于确定喷嘴的轨迹和位置的向量 $p(t)$ 以及流量 $u(t)$，可以选择实际涂料分布和实际的涂层分布厚度两者之间的差值最小作为优化目标函数，即

$$\min_{p(t)u(t)}=\iint_S|m(x,y)-\int_0^T f_s(p(t),x,y)u(t)dt|^2dxdy \tag{8.66}$$

其中，S 表示涂层曲面，T 表示喷涂完成时间。由于该目标函数不是凸函数，所以该优化问题很难求解[146]。假设 $h(x,y)$ 为常量，末端执行器与曲面距离保持恒定且始终垂直于曲面，则喷涂轨迹表达式为：

$$f_s(p(t),x,y)=f(x-x_\alpha(t),y-y_\alpha(t)) \tag{8.67}$$

其中，$f(x-x_\alpha(t),y-y_\alpha(t))$ 表示常量喷涂轨迹。若是在喷涂过程中末端执行器移动速度保持不变，而涂料流量可以调整，则上述优化问

题就变为：

$$\min_{x_\alpha, y_\alpha, u(t)} = \iint_S |m(x, y) - \int_0^T f(x - x_\alpha(t), y - y_\alpha(t)) dt|^2 dxdy \quad (8.68)$$

这里可采用数学规划中的黄金分割法[147]即可求解出喷涂轨迹上离散点，从而可得到复杂曲面上的优化轨迹。

8.4 喷涂实验

以第 2 章例 2.3 中喷涂工件为例进行喷涂实验。利用 Bézier 三角曲面技术对喷涂工件造型之后，最后得到该工件的曲面造型图。按照第 3 章介绍的方法找出 Bézier 曲面等距面的离散点列阵后，使用本章 8.2 节所提出的基于指数平均 Bézier 曲线的喷涂空间路径生成方法，获得该工件表面 V 向空间路径，从不同方向上获得的空间路径如图 8.2、图 8.3、图 8.4 所示。

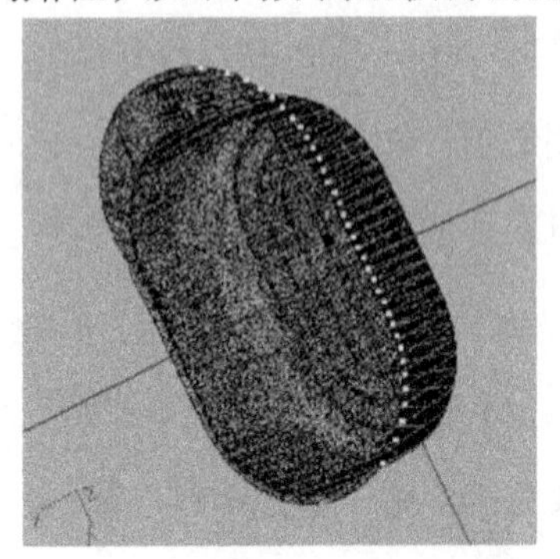

图 8.2　喷涂路径（X 轴方向）

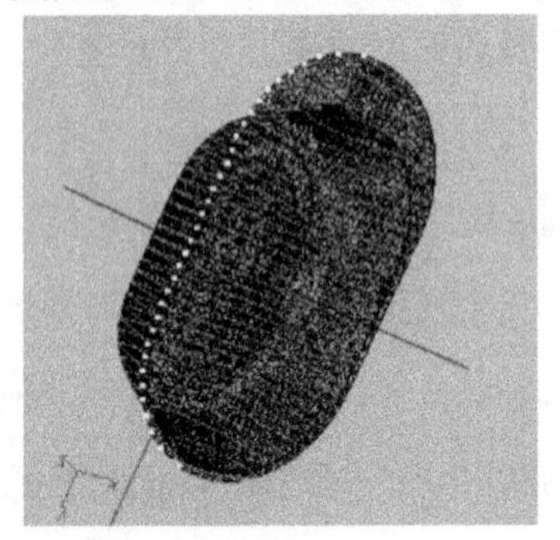

图 8.3　喷涂路径（Y 轴方向）

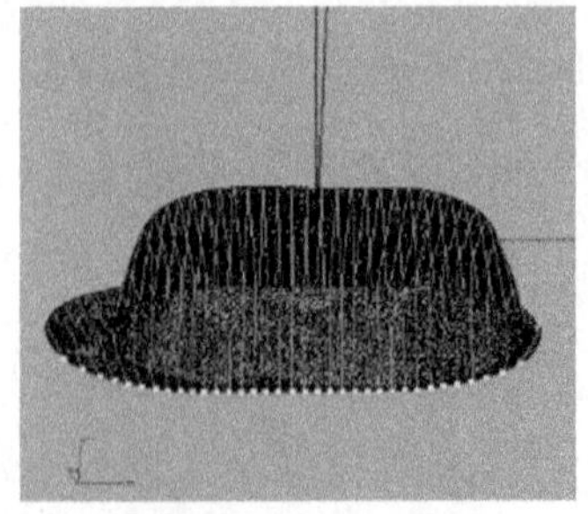

图 8.4　喷涂路径（Z 轴方向）

下面将沿着指定的喷涂路径进行喷涂实验。实验之前有以下两点需要说明：

（1）这里进行实验的目的是为了验证本章所提出的基于指数平均 Bézier 曲线的喷涂空间路径生成方法以及复杂曲面上的新喷涂模型。第 7 章中实验结果显示使用 7.3 节中的路径规划方法得到的沿 U 向路径喷涂效果较好，且在现有技术下想进一步提高效果已实属不易；而沿 V 向路径的喷涂效果不太理想，因此这里只是生成了 V 向路径，以便于二者形成对比。

（2）由于本节实验使用了基于指数平均 Bézier 曲线的喷涂空间路径生成方法，该方法精度较高但计算过程中比较复杂，故计算中需要再生成更多的等距面的离散点，由此生成的工件表面 V 向空间路径密度也较大（即相邻 2 条路径之间的距离小）。因此在喷涂实验时，不再对喷涂轨迹进行优化，即实验中只是沿生成的路径匀速喷涂。

喷涂实验中以涂层累积速率如式（7.31），理想涂层厚度 q_d=50μm，最大允许偏差 q_w=10μm，喷涂半径 R=50*mm*，喷涂距离 h=100*mm*，喷涂速度 v=256*mm/s*（平面上的优化速度）匀速喷涂，喷涂后在工件表面均匀取 400 个离散点，使用涂层测厚仪对离散点上的涂层厚度进行测量后，绘制涂层厚度曲线图如图 8.5 所示，与使用第 7 章喷涂方法得到的实验数据对比结果见表 8.1。

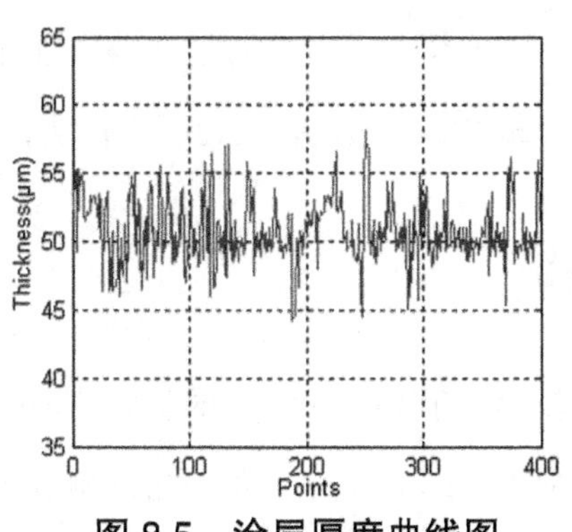

图 8.5　涂层厚度曲线图

表 8.1 喷涂实验结果数据对比

	本章方法 V 向路径匀速喷涂	使用第 7 章方法沿 V 向路径的优化轨迹喷涂
平均涂层厚度（μm）	51.8	52.1
最大涂层厚度（μm）	58.1	58.3
最小涂层厚度（μm）	44.2	43.0
机器人喷涂时间（*s*）	136	95

由实验结果对比可以看出，使用本章所提出的方法进行匀速喷涂作业时，喷涂效果比使用第 7 章方法 V 向路径上优化喷涂效果要好一些，但花费的喷涂时间明显增加。其主要原因有两点：

（1）使用基于指数平均 Bézier 曲线的喷涂空间路径生成方法得到的喷涂路径较长，导致喷涂时间变长；

（2）由于使用本章所提出的方法进行的是匀速喷涂，喷涂速度没有得到优化，即机器人在喷涂作业时没有加速和减速过程，因此喷涂时间较长。

然而，需要指出的是，第 7 章中的方法虽然能够对喷涂速度进行优化，但是该优化方法是建立在工件被划分为若干个三角面基础上的，而当喷涂工件比较大时，所得到的三角面数目也会非常巨大。而带约束条件的多目标优化问题中，涂层厚度均匀性和喷涂时间这两个优化目标本身就是耦合在一起且处于相互竞争的状态，因此，对此多目标优化问题的精确解求解过程变得十分困难。在这种情况下，对于大型曲面工件而言，进行求解时，必定会导致系统运算速度变慢，系统实时性变差，且计算误差也会变大。此时，考虑使用本章所提出的方法进行匀速喷涂作业，效果应该会更好。

8.5 本章小结

本章提出了一种新的基于 Bézier 方法的复杂曲面喷涂轨迹优化方法。该方法在运用第 2 章中提出的 Bézier 三角曲面造型技术对复杂曲面进行造型之后，采用 Bézier 曲面等距面离散点列计算方法找出复杂曲面等距面上的离散点列；再采用基于指数平均 Bézier 曲线的喷涂空间路径生成方法获取复杂曲面上的喷涂空间路径；然后根据一种新的复杂曲面上的喷涂模型中涂层厚度算法沿指定空间路径优化喷涂轨迹，从而得到完整的复杂曲面上的喷涂轨迹。该方法最大的优点就是不需要对复杂曲面进行分片，而是充分利用了指数平均 Bézier 曲线所特有的灵活的调控性质先对喷涂空间路径进行规划。该方法增强了喷涂路径形状控制的潜在灵活性，使得算法简单又稳定可靠，易于编程实现，十分有利于复杂曲面喷涂机器人轨迹的快速生成。同时，可以不需要进行复杂曲面分片，省去或简化后续的优化算法就可以实现较好的喷涂效果，大大简化了复杂曲面喷涂作业步骤，提高了系统运算速度。本章最后进行了喷涂实验，并将实验结果与第 7 章实验结果进行详细的对比分析。实验结果表明，在对大型曲面工件进行喷涂作业时，使用本章提出的方法进行匀速喷涂效果会更好。

第 9 章　高压静电喷涂机器人轨迹优化研究

9.1 引　言

20 世纪 80 年代后期，美国 Ransburg Automotive 公司发明了高压静电喷涂装置 Atomizer，并将该装置运用于喷涂机器人上，开创了静电喷涂的历史。1996 年，德国 BMW 公司开始将旋杯技术应用于静电喷涂中。21 世纪初，BMW 公司又研制出机器人高速旋杯式高压静电喷涂技术，从而进一步推动了汽车车身喷涂技术的发展。

现在在高压静电喷涂设备中，应用最为广泛的就是静电旋转喷杯（Electrostatic rotary bell applicator，简称 ESRB）。与空气喷涂相比，高压静电喷涂效率很高，涂料利用率可以达到 80%，但是高压静电喷涂中的影响因素非常多，包括静电电压、旋杯转速、旋杯与工件间距、工件曲率、涂料雾粒直径、空气场压力、静电场大小、带电雾粒密度、雾滴电荷量等。而对高压静电喷涂的研究涉及数学、控制学、计算机学、电子学、流体力学、机械学等多门学科的交叉[148-152]。因此，如何建立精确的多变量因素影响下的高压静电旋杯喷涂模型是一件非常困难的事情。

目前，国内在对高压静电喷涂过程中喷涂模型的理论研究基本上是空白的。而国外在此领域的理论研究中，基本上都是忽略了许多参量对喷涂模型的影响，只是在考虑了静电电压等一些主要因素的基础上，建立起来的比较粗糙的静电喷涂模型[152-159]。在实际应用中，国外喷涂设备生产厂家主要是通过静电喷涂实验获得大量实验数据后，再根据这些数据推出静电喷涂模型[160-163]。这种方法简单实用，但是精度并不是很高。

本章就是在此研究背景下，首先利用流体力学、空气动力学、静电学相关知识，研究了高压静电喷涂过程中的三种数学模型：空气场湍流模型、静电场模型、静电喷涂雾滴轨迹模型，并研究了一种新型的静电旋转喷杯模型；再根据静电喷涂的特点，提出了一种基于T-Bézier曲线的喷涂空间路径生成方法；然后通过有限元分析软件ANSYS进行仿真实验，验证各种数学模型的正确性；最后以某品牌轿车车身为喷涂对象进行喷涂实验，实验中按照离线编程系统中汽车喷涂路径规划要求，将实验轿车车身分成三部分进行路径规划，实验结果验证了所提方法的有效性。

9.2 高压静电喷涂中相关数学模型研究

在静电喷涂过程中，相关数学模型中的变量非常多，其中包括静电旋转喷杯旋转速度、静电电压、油漆流量、整流空气、工件几何形状参数、雾滴从旋杯到工件表面之间的转移率等。本节主要研究静电喷涂过程中的四种数学模型：空气场湍流模型、静电场模型、静电喷涂雾滴轨迹模型和高压静电旋转喷杯喷涂模型。静电喷涂系统几何示意图如图9.1所示，图中h表示喷涂距离，ϕ 表示喷涂范围。

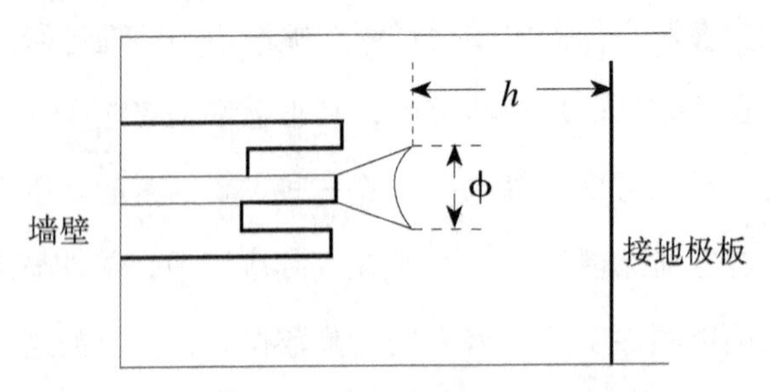

图 9.1　静电喷涂系统几何示意图

9.2.1　空气场湍流模型

在喷涂过程中，末端执行器的整流空气为雾滴提供推力，从而会影响雾滴轨迹。而末端执行器喷涂速度、雾滴尺寸、雾滴电荷量、静电场大小、雾滴与整流空气的相对速度等参数共同决定了雾滴推力。根据流体力学中著名的 Navier-Stokes（纳维叶—斯托克斯）方程[134]可以得到喷涂过程中整流空气的速度和压强满足以下表达式：

$$\rho_g \frac{6u}{6t} - \nabla \cdot \mu_g (\nabla \mu + (\nabla \mu)^T) + \rho_g (\mu \cdot \nabla) \mu + \nabla p = F \quad (9.1)$$

上式中，是向量微分算子，ρ_g、μ、μ_g、p、F 分别代表空气密度、空气瞬时速度、空气黏度、空气压强、空气自身应力，t 表示时间，T 是常系数。这里为了简化空气湍流计算，假设整个封闭的空间体积始终保持不变。

对于湍流空气流，瞬时速度等于平均时间速度 $\bar{u}$ 与扰动的平均速度（也叫湍流速度）$\tilde{u}$ 之和，即

$$u=\bar{u}+\tilde{u} \quad (9.2)$$

由于喷涂过程中，高压气流中的雷诺数变化剧烈，故其对空气速度的扰动会始终存在，从而会形成涡流，而这些涡流的形成使得湍流对瞬时速度的影响巨大。把方程（9.2）代入方程（9.1），即可得到：

$$\rho_g \frac{6u}{6t} - \mu_g \nabla \cdot \nabla \bar{u} + \rho_g \bar{u} \cdot \nabla \bar{u} + \nabla p + \nabla \tilde{u} = F \tag{9.3}$$

在方程（9.3）中，计算时间平均的过程消除了除方程左边最后一项的所有湍流速度项。而方程左边的最后一项即为雷诺应力项，该项的大小主要是由空气流平均速度决定的。下面将具体来介绍如何使用一个空气气流场方程来计算雷诺应力项。

本课题组成员使用著名的流体、电磁场分析与一体的有限元分析软件ANSYS 来模拟空气湍流速度，并通过一个轴对称的湍流能量消散模型[148]（也被称为双方程模型或模型）计算湍流速度。假设湍流速度场由许多单独的涡流组成，涡流具有离散的速度和寿命（也就是说一段时间后就会消散），则雷诺应力方程为：

$$-\frac{C_\mu k^2}{\varepsilon}\left(\nabla \bar{u} + (\nabla \bar{u})^T\right) = \tilde{u} \tag{9.4}$$

上式中 k 为湍流能量，ε 为漩涡消耗率，C_μ 为实验参数。根据方程（9.1）至（9.4），即可得到以下空气涡流扩散方程和消散方程：

$$\rho_g \frac{6u}{6t} - \nabla \cdot \left[\left(\mu_g + \rho_g \frac{C_\mu}{\sigma_k}\frac{k^2}{\varepsilon}\right)\nabla k\right] + \rho_g \bar{u} \cdot \nabla k$$

$$= \rho_g C_\mu \frac{k^2}{\varepsilon}\left(\nabla \bar{u} + (\nabla \bar{u})^T\right)^2 - \rho_g \varepsilon \tag{9.5}$$

$$\rho_g \frac{6u}{6t} - \nabla \cdot \left[\left(\mu_g + \rho_g \frac{C_\mu}{\sigma_\varepsilon}\frac{k^2}{\varepsilon}\right)\nabla \varepsilon\right] + \rho_g \bar{u} \cdot \nabla \varepsilon$$

$$= \rho_g C_\varepsilon C_\mu k\left(\nabla \bar{u} + (\nabla \bar{u})^T\right)^2 - \rho_g C_{\varepsilon 2}\frac{\varepsilon}{k^2} \tag{9.6}$$

涡流消散率方程是通过计算雷诺应力方程的卷积而得到涡流的扰动速度比例的。至此，一般情况下喷涂作业时空气流速度方程即为：

$$u = \left(\frac{1}{k}\ln\left(\frac{y}{l^*}\right) + C\right)\sqrt{\frac{C_\mu k^2}{\varepsilon}\frac{6u}{6t}} \tag{9.7}$$

上式中，y 为喷涂距离，l^* 是气流特征长度，C 为经验系数。假设喷涂工件表面光滑（即工件表面没有小块凸起或凹陷存在），根据实际喷涂经验可知，常数 C 取为 5.0。

9.2.2 静电场模型

为了讨论问题的方便，本文直接采用泊松方程（Poisson's equation）描述带有雾滴的静电场。在柱面坐标系中，泊松方程形式如下：

$$\nabla^2\Phi = \frac{1}{r}\frac{d}{dr}\left(r\frac{d\Phi}{dr}\right) + \frac{1}{r^2}\frac{d^2\Phi}{dr} + \frac{d^2\Phi}{dz^2} = -\frac{\rho}{\varepsilon} \tag{9.8}$$

式（9.8）中 ∇^2 表示拉普拉斯算子，Φ 表示静电场，ρ 表示带电雾滴密度，r、θ、z 分别表示圆柱坐标系中径向距离、方位角和高度。为了保持与流体力学计算的一致性，可以在有限元分析软件 ANSYS 中编程求解该静电场模型方程。由于上式（9.8）泊松方程是线性表达式的，故 ANSYS 中刚度矩阵只需要一次计算和保存就可得到，从而减少了整个计算时间。这里假设静电场中没有带电雾滴在内，即雾滴和静电场之间的关系是弱双向耦合关系。但是，当空间电荷是静电场的主要影响因子时，该假设就不成立，则必须通过下一节中的雾滴轨迹模型进行迭代计算求解静电场模型方程。

9.2.3 静电喷涂雾滴轨迹模型

通常情况下，在流体力学中，模拟雾滴轨迹运动的方法主要有欧拉法和拉格朗日法[118]。欧拉法也叫两相流法，该方法把粒子场作为一个统一体并使用标准的流动方程；而拉格朗日法恰好相反，该方法是分别处理每个粒子。为了使欧拉法更准确，计算中必须考虑大量的粒子（至少 10^4 个）来保持一个相对稳定的平均值。本文使用拉格朗日法来模拟静电喷涂雾滴轨迹运动。

这里使用流体力学中著名的粒子运动方程 Basset-Boussinesq-Oseen（BBO）方程的改进形式来描述静电雾滴的运动轨迹，改进主要体现在 BBO 方程中考虑了静电场的影响。BBO 方程是牛顿第二运动定律的一种形式，包含了作用在粒子上的所有力，这些作用力分别是稳态空气推力 F_D、浮力、虚拟惯性力（也叫虚拟质量力）、Basset 力（非恒定气动力）、重力 F_g 和静电力 $F_{E/S}$。改进的 BBO 方程如下所示：

$$m\frac{dv}{dt}=3\pi\mu D(u-v)+\frac{\pi}{6}D_g^3\rho_g\frac{du}{dt}+\frac{\pi}{12}D_g^3\rho\frac{d(u-v)}{dt}$$

$$\frac{\frac{3}{2}D^3\sqrt{\pi\rho_g\mu}\left[\int_0^t\frac{u-v}{\sqrt{t-t'}}\right]dt'+\frac{(u-v)_0}{\sqrt{t}}}{4}+\frac{mg}{5}+\frac{qE}{6} \tag{9.9}$$

上式中 u、D_s、ρ_g、q 分别为雾滴瞬时速度、雾滴直径、雾滴密度、雾滴电荷，v、D、ρ、t 分别为粒子瞬时速度、粒子直径、粒子密度、粒子运动时间，μ 为涂料的黏性系数，E 为静电势场。由动量定理，这些作用力之和等于粒子质量与加速度之积。虚拟惯性力是由周围的雾滴的感应而产生的。Basset 力是指其他粒子穿过形成的黏性力，类似于湖水中的波纹。由于本系统中假设喷涂模型为稀疏模型，故 Basset 力和虚拟惯性力均可以忽略不计。这个假设在喷涂模型系统中大部分区域都是适用的，但是在旋杯喷嘴附近不能成立。对于 BBO 方程在速度场中可以做一个稳态假设，可以通过改进 BBO 方程使其包含了瞬时速度场，在本文研究的整个喷涂过程中，BBO 方程的许多项就可以加以忽略。例如，当处理气液多项系统，气体和液体的密度比大概是 10^{-3} 的数量级，而由于浮力、虚拟惯性力和 Basset 力都用这个比率作为系数，所以都可以忽略不计。因此，经过上述参数简化与近似之后，静电雾滴轨迹简化模型可以表示为：

$$m\frac{dv}{dt}=\sum F=F_D+F_{D/S}+F_g \tag{9.10}$$

另外，大量静电喷涂实验证明重力对静电雾滴轨迹方程的影响也是非常小的，所以尽管雾滴轨迹模型相当复杂，但是只有两个主要的作用力会影响雾滴的动量，即周围湍流空气的推力和在静电场中带电雾滴所受的静电力。而湍流空气推力可以由斯托克斯定律推出：

$$F_D=3\pi\mu_g D_p f(u-v) \tag{9.11}$$

其中，$u=\bar{u}+\tilde{u}$

μ_g、D_p、f、$u-v$ 分别是空气黏度、雾滴直径、阻力因数和周围空气 u 和雾滴 v 的相对速度。阻力因数依赖于相对雷诺数（Re），雷诺数允许这个模型拥有更宽的相对速度范围而不需要斯托克斯流动（蠕动流）假设。由此，本文中阻力因数的定义如下：

$$f=1+\frac{\mathrm{Re}_r^{2/3}}{6} \qquad \mathrm{Re}_r<1000 \tag{9.12}$$

$$f=0.0183\mathrm{Re}_r \qquad 1000\leqslant \mathrm{Re}_r<3\times10^5$$

$$\mathrm{Re}_r=\frac{D_p|u-v|\rho}{\mu_g} \tag{9.13}$$

方程（9.12）和（9.13）都基于气体瞬时速度，瞬时速度如方程（9.14）所示：

$$u=\bar{u}+\tilde{u} \tag{9.14}$$

平均气体速度 $\bar{u}$ 和湍流强度 k 可由 9.2.1 节讨论的 k-ε 模型得到，而湍流强度就是湍流速度 $\tilde{u}$ 的模的平方，在球面坐标系中随机产生的一个单位向量可以作为湍流速度方向。瞬时速度 u 是三维空间中平均速度和湍流速度的矢量和，主要是被用来计算雾滴轨迹的，可以通过模拟湍流气体流得到。由于湍流速度和时间相关，因此在雾滴轨迹计算过程的每一个单位时间都需要产生一个新的随机矢量。

静电力是雾滴电荷 q 和静电场 E 的乘积，E 即为静电势的散度。因此，雾滴轨迹方程又可以写为：

$$m\frac{dv}{dt}=m\frac{d^2x}{dt^2}=3\pi\mu D_p f(u-v)-q\nabla\Phi \tag{9.15}$$

方程（9.15）是一个向量方程，该雾滴轨迹方程可以通过定步长 Δt 欧拉时间积分计算求解。由于静电场对喷涂粒子的响应时间 Δt_e 远小于空气对喷涂粒子的响应时间 Δt_f，在仿真过程中静电响应时间 Δt_e 可以忽略不计。因此，Δt_f 就是欧拉积分的时间步长（$\Delta t=\Delta t_f$）。

实际的静电喷涂中，雾滴轨迹、静电场和空气场三者是密切相关的，图 9.2 说明了三者之间的相互关系。即由静电场模型和空气场模型可以推出雾滴轨迹模型，反之，由雾滴轨迹数学模型也可推出与之对应的静电场模型和空气场模型。

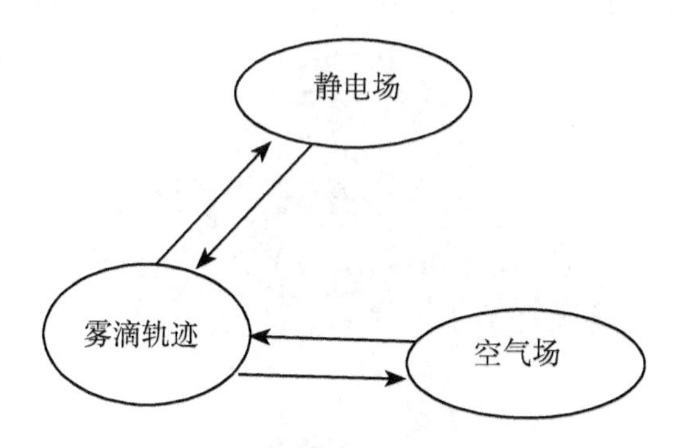

图 9.2　三个主要静电喷涂模型之间的关系

9.2.4　静电旋转喷杯喷涂模型

与空气喷涂不同，静电旋转喷杯（简称 ESRB）在喷涂时，旋杯高速旋转产生的离心力（1400~5600rev/min 的速度）和高压静电（40~100kV 的静电）的电场力共同完成对喷涂涂料的雾化，它所产生的喷涂图形是火山形。当静电电压、喷涂间距、旋杯转速、涂料流量和涂料的黏度等参数保持恒定时，静电旋转喷杯喷涂沉积图形如图 9.3 所示，喷涂图形为中空的环形，可以近似看成一个内环直径为 d 和外环直径为 D 的圆环。随着静电电压的变化，雾化后的带电雾粒所受电场力也发生变化，在旋杯转速固定，即离心力不变的情况下，实验得到喷涂图形的内外径均随静电电压的增加而变小。通过进一步研究得到喷涂沉积图形与各个参数之间的函数，即可实现静电喷涂机器人变量喷涂。增加旋杯转速提高涂层均匀性和增加喷涂图形面积的同时，由于雾粒太小太多，导致荷值比下降，不受电场力影响的雾粒增加，从而导致转速增加到一定值后同时也带来了油漆的挥发，降低了沉积率。在供漆流量和压力一定的情况下，旋杯平移速率与涂层生长率成反比，可以通过调节静电旋杯的平移速率来改变涂层生长率。图 9.3 所对应的涂料空间分布为一个中空的环形，如图 9.4 所示。ESRB 喷涂模型建立过程具体见 6.4.1 节，此处不再赘述。

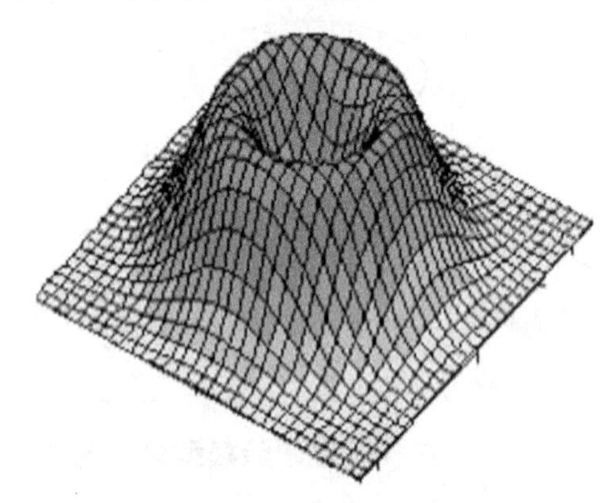

图 9.3　喷涂沉积图形

图 9.4　ESRB 涂料分布

9.3　基于 T-Bézier 曲线的喷涂机器人路径生成

由 9.2 节可知，在静电喷涂作业中，由于喷涂作业中影响喷涂效果和效率的参数非常多，这就使得在优化喷涂轨迹时难度更大。在第 6 章生成喷涂空间路径的过程中，采用了 3 次 Cardinal 样条曲线和 Hermite 样条曲线将 Bézier 曲面等距面上的离散点列连接。由上文可知，由于 Cardinal 曲线和 Hermite 曲线的基是参数 3 次多项式，使得对于曲线的局部调控性质特别差，而且一般情况下很难对曲线的几何形状做出直接与几何直观的预估。第 7 章中采用了基于带参数的指数平均 Bézier 曲线的喷涂空间路径生成方法，但是这种方法中曲线本身表达式就比较复杂，若是用在参数非常多的静电喷涂过程中，又会过于烦琐，导致系统实时性变差。因此，在静电喷涂系统中，必须寻找到一种合适的静电喷涂路径规划方法。

在此背景之下，本节提出一种基于 T-Bézier 曲线的静电喷涂路径规划方法。在构建一组新的三角函数基作为 T-Bézier 基后，可以生成 T-Bézier 曲线；然后利用该曲线拟合工件曲面等距面上的离散点列阵，最终生成静电喷涂路径。

9.3.1　T-Bézier 基的生成

Bézier 方法在自由型曲线曲面造型中占有至关重要的位置，传统的 Bézier 基是 n 次多项式构成的空间的一组基。然而，它的有理形式和多项式形式却有很多不足之处，尤其是它不能精确表示螺旋线、摆线、悬链线、指数曲线等类型的超越曲线[119-124]。因此，找寻新的空间的基就显得尤为关键。在这方面，Carnicer[125-128]等人做了大量的工作，创造了由下列基等生成的 Bézier 曲线：

{1，t，cos$t$，⋯，cosmt}，{1，sin$t$，cos$t$，⋯，sinmt，cosmt}，

{1，t，cos$t$，sin$t$}，{1，sin$t$，cos$t$，sin2t，cos2t}，{1，t，t^2，cos$t$，cos$t$}，

{1，t，cos$t$，sin$t$，$t$cos$t$，$t$sin$t$}

然而，上述曲线至多只能表示两类圆锥曲线，换言之，它们不能作为定义工业产品几何形状的唯一数学方法。为此，本节提出一种新的三角函数 Bézier 基—T-Bézier 基，由此生成的 T-Bézier 曲线有多项式基的 Bézier 和 B 样条曲线大部分性质。

首先，定义 4 个初始 T-Bézier 基函数：

$$
\begin{aligned}
&B_{0,3}(t)=(\cos t)^4,\\
&B_{1,3}(t)=2(\cos t)^4(\sin t)^2,\\
&B_{2,3}(t)=2(\sin t)^4(\cos t)^2,\\
&B_{3,3}(t)=(\sin t)^4,
\end{aligned}
\tag{9.16}
$$

其中 $t\in[0,\dfrac{\pi}{2}]$。当 $t>3$ 时，T- Bézier 基函数为：

$$B_{i,n}(t)=(\cos t)^2B_{i,n-1}(t)+(\sin t)^2B_{i-1,n-1}(t) \tag{9.17}$$

其中，$i<0$ 或 $i>0$ 时 $B_{i,n}(t)=0$。图 9.5 为 3 次 T-Bézier 基函数曲线图，图 9.6 为 4 次 T-Bézier 基函数曲线图。

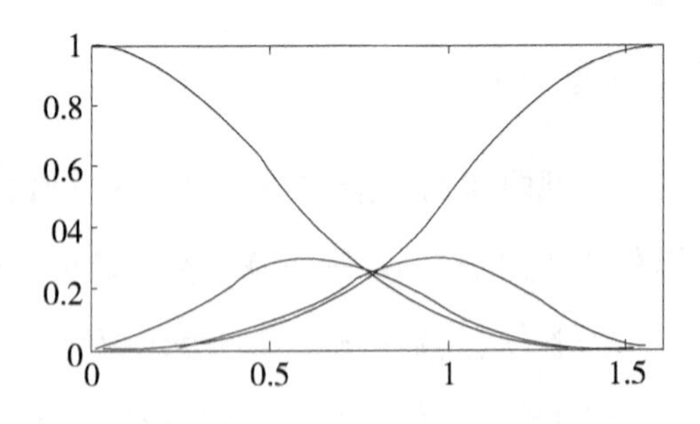

图 9.5　3 次 T-Bézier 基函数曲线图

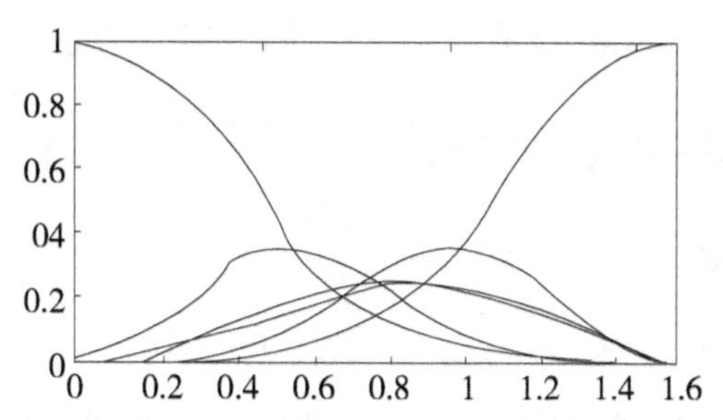

图 9.6　4 次 T-Bézier 基函数曲线图

T-Bézier 基具有如下的性质：

（1）规范性：

$$\sum_{i=0}^{n} B_{i,n}(t)=1 \tag{9.18}$$

（2）非负性：

$$B_{i,n}(t) \geqslant 1 \tag{9.19}$$

（3）端点性质：

$$B_{0,n}(0)=B_{n,n}\left(\frac{\pi}{2}\right)=1,\ B_{0,n}\left(\frac{\pi}{2}\right)=B_{n,n}(0)=0,$$

$$B_{i,n}(0)=B_{i,n}\left(\frac{\pi}{2}\right)=0,\ 0<i<n \tag{9.20}$$

（4）线性无关性：是线性无关的。

（5）对称性：

$$B_{i,n}(t)=B_{n-i,n}\left(\frac{\pi}{2}-t\right) \tag{9.21}$$

（6）B- 基特性：$B_{0,n}(t)$，$B_{1,n}(t)$，…，$B_{nn}(t)$，是由 1，cos$t$，…cosnt 生成的正规 B 基。

事实上，由性质 1 和性质 2 可知，T- Bézier 基是标准正基，又由洛必达法则可知：

$$\inf\left\{\frac{B_{i,n}(t)}{B_{j,n}(t)} \middle| B_{j,n}(t) \neq 0\right\}=0 \tag{9.22}$$

9.3.2 T-Bézier 曲线的几何性质与喷涂机器人路径生成

n 次 T-Bézier 曲线可以表示为：

$$p(t)=\sum_{i=0}^{n} B_{i,n}(t)V_i,\ t\in[0,\ \frac{\pi}{2}] \tag{9.23}$$

其中 $\{B_{i,n}(t)\}_{i=0}^{n}$ 是 T-Bézier 基函数，$V_i(i=0, 1, \cdots, n)$ 是控制顶点，将 V_i 顺序首尾相接，从 V_0 的末端到 V_n 的末端所形成的折线称为控制多边形或 Bézier 多边形。T-Bézier 曲线的几何性质主要有以下几点：

（1）端点的几何性质

$$p(0)=V_0,\ p(\frac{\pi}{2})=V_n$$

T-Bézier 曲线的首末端点正好分别是 Bézier 多边形的首末端点，即有 $p(0)=V_0$，$p(\frac{\pi}{2})=V_n$。

（2）对称性

将 Bézier 多边形顺序取反，定义同一条曲线，仅曲线方向取反，即

$$p(V_n,\ V_{n-1},\ \cdots,\ V_0;\ t)=p(V_0,\ V_1,\ \cdots,\ V_n;\ \frac{\pi}{2}-t) \tag{9.24}$$

（3）凸性定理

若 Bézier 多边形是凸的，则所定义的 T-Bézier 曲线也是凸的。

（4）仿射不变性

在仿射变换下不改变曲线形状，即

$$p(V_0+rV_1+r,\ \cdots,\ V_n+r;\ t)=p(V_0,\ V_1,\ \cdots,\ V_n;\ t)+r$$

$$p(V_0+{*T},\ V_1{*T},\ \cdots,\ V_n{*T};\ t)=p(V_0,\ V_1,\ \cdots,\ V_n;\ t){*T} \tag{9.25}$$

其中，r 是任意向量，T 是任意（n+1）×（n+1）矩阵。

另外，如同从 Bézier 曲线得到张量积 Bézier 曲面一样，也从 T-Bézier 曲线得到如下的张量积 T-Bézier 曲面：

$$p(u,\ v)=\sum_{i=0}^{n}\sum_{j=0}^{m} B_{i,n}(u)B_{j,m}(v)V_{i,j} \tag{9.26}$$

其中 $V=[V_{i,j}]$ 为曲面控制顶点。控制顶点沿 V 向和 U 向分别形成 $m+1$ 和 $n+1$ 个控制多边形，一起组成曲面的控制网格或称 Bézier 网格，$B_{i,n}(u)$，$B_{j,m}(v)$ 分别是 n 次和 m 次 T-Bézier 基。

利用第 3 章中方法求得曲面的等距面的离散点列后，将离散点列（U 向或 V 向）看成实验数据点列，用一条 T-Bézier 曲线拟合这些数据点（拟合方法见 8.2.2 节），然后反求曲线的控制顶点，即可获得静电喷涂空间路径。

9.4　高压静电喷涂模型仿真实验

由 9.2 节可知，静电喷涂作业时，空气场模型、静电场模型和雾滴轨迹模型都是相互耦合的。但是，在得到空气场模型和静电场模型数据后，将其作为初始数据通过迭代计算就可以得到雾滴的轨迹。所以本节主要是仿真湍流空气场模型和静电场模型，仿真实验在 ANSYS 软件中编程进行，其中静电喷涂几何模型如图 9.1 所示。仿真实验主要分为以下三个部分：

9.4.1　网格划分

利用 ANSYS 软件完成图 9.1 实体模型的造型后，下面是对模型划分网格。图 9.7 显示了经过网格划分后模型中的各个节点，为了使得计算的结果更精确，可以发现在末端执行器的出口到极板这块区域内的节点较多，其他的地方节点较少，这主要是为了节约计算机系统运行时间。

9.4.2　空气场

图 9.8 是去除静电粒子后的空气场的仿真结果，在给出了模型中各个位置的空气速度矢量后，可以发现在旋杯的两侧有明显的涡流出现。

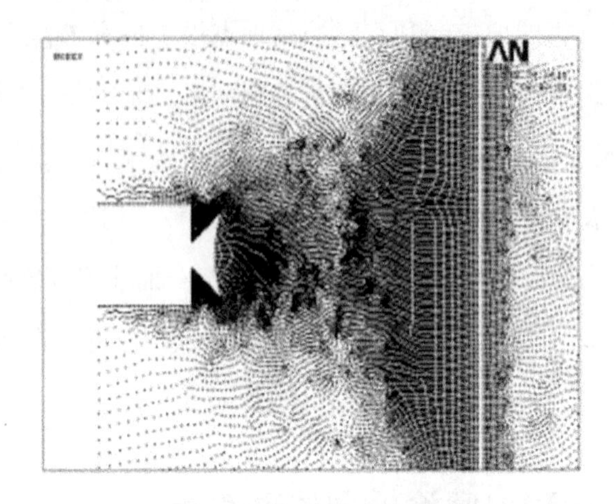

图 9.7　模型节点示意图

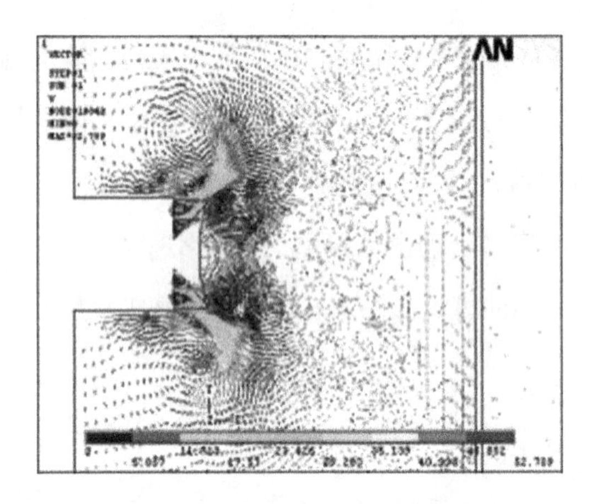

图 9.8　空气场空气速度矢量分布

图 9.9、图 9.10、图 9.11 分别是距旋杯 1mm、50mm、195mm 处，不同径向位置的空气速度曲线，图中青色线条表示 x 向速度曲线，紫色线条表示 y 向速度曲线，红色线条表示合成速度曲线。经过分析可以发现，在旋杯边缘处的空气速度最大，可以达到 25m/s，然后会逐渐减小，在极板附近轴向速度几乎为零，而向速度不为零，低于 1m/s，并会在极板附近形成层流（但速度较小）。

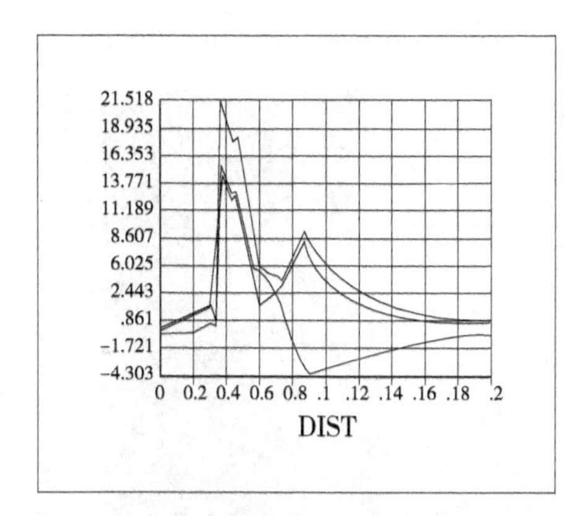

图 9.9　距旋杯边缘 1mm 处空气速度

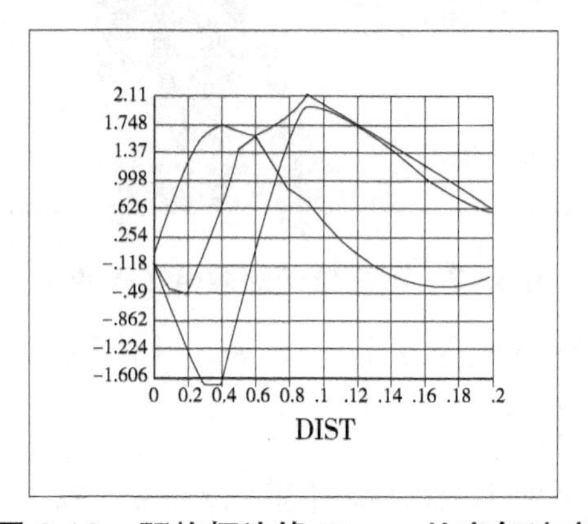

图 9.10　距旋杯边缘 50mm 处空气速度

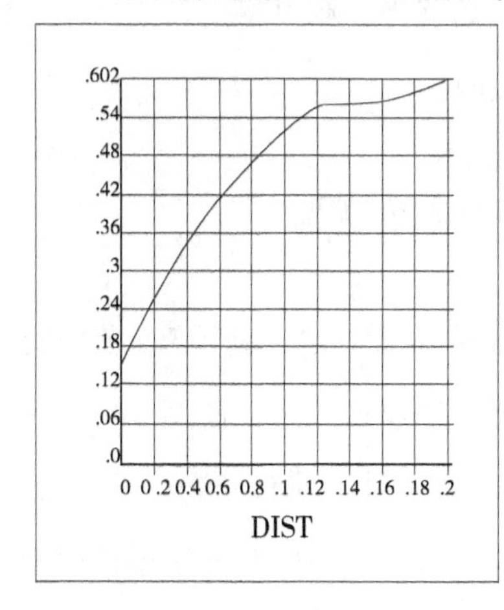

图 9.11　距旋杯边缘 195mm 处空气速度

9.4.3 静电场

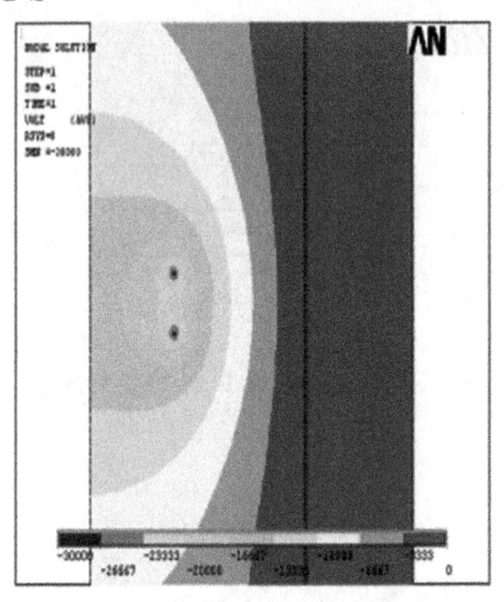

图 9.12 不带粒子的静电场等势图

图 9.12 是不带粒子的静电场仿真结果，图中显示出了静电场模型中各个位置的电势的大小。

当粒子从末端执行器喷出后，不带粒子的空气场和静电场的仿真结果都可以算作是模型的初始状态，则可将仿真数据作为初始数据通过迭代计算就可以得到雾滴的轨迹。

9.5 高压静电喷涂实验

以某品牌轿车为喷涂实验对象，利用 9.2 节中提出的 ESRB 喷涂模型和 9.3 节中提出的喷涂路径规划方法，使用 6.4 节中介绍的先进的、柔性度高的 ABB 静电喷涂机器人对实验车型进行喷涂实验。按照 ABB 静电喷涂机器人离线编程系统中对某品牌轿车喷涂路径规划的要求以及实验轿车车身几何特性，将实验轿车车身分成三部分分别进行喷涂机器人路径规划，即车顶部分路径、车左侧及左侧车尾部分路径、车的右侧及右侧车尾部分路径。

喷涂实验采用 9.2.4 节中介绍的 ESRB 的喷涂模型，利用 Bézier 三角曲面技术对车身分成三大块造型之后，最后得到车身三大块的曲面造型图。按照第 3 章介绍的方法找出 Bézier 曲面等距面的离散点列阵后，使用本章 9.3 节所提出的基于 T-Bézier 曲线的喷涂空间路径生成方法，获得车身三大块表面上的空间路径，即车顶部分、车左侧及左侧车尾部分、车的右侧及右侧车尾部分生成的喷涂路径。

另外，根据喷涂机器人汽车喷涂线实验平台的特点，机器人末端执行器 ESRB 匀速移动时，机器人各个关节运动突变较小且更加平稳，性能更好。相比其他种类的末端执行器，由于 ESRB 本身就具有出色的涂料流量实时控制调节功能，因此在实验过程中，采用对涂料流量进行优化控制完全替代喷涂速度优化的方法。即在离线编程系统中进行喷涂机器人轨迹优化后，优化轨迹上需要机器人运动速度慢的地方在实际中采用相应的大涂料流量喷涂，反之优化轨迹上需要机器人速度快的地方在实际中采用相应的小涂料流量喷涂。当然，这个过程中需要建立喷涂机器人移动速度与涂料流量之间的函数关系，而这个函数关系通常是通过对喷涂机器人实验标定后的大量数据得到的，本文在此不复赘述。车顶部分分为 4 段优化轨迹，车左侧及左侧车尾部分分为 9 段优化轨迹，车的右侧及右侧车尾部分分为 9 段优化轨迹，分别如图 9.13、图 9.14、图 9.15 所示。实验车型车身静电喷涂运行参数分别如表 9.1、表 9.2、表 9.3 所示。

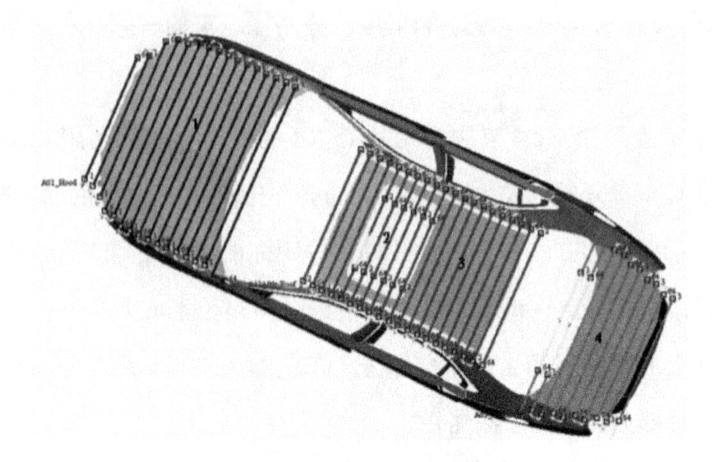

图 9.13　车顶喷涂轨迹

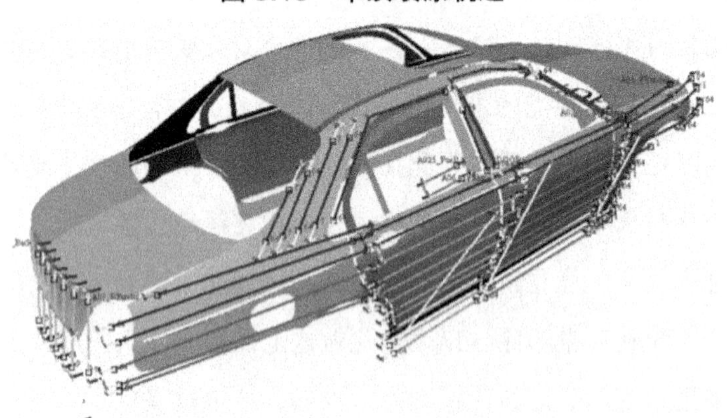

图 9.14　车身左侧及车尾左侧喷涂轨迹

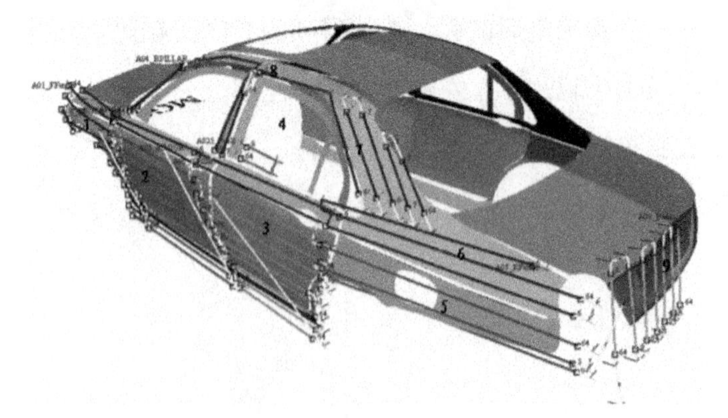

图 9.15　车身右侧及车尾右侧喷涂轨迹

表 9.1　车顶喷涂轨迹运行参数（古堡灰）

轨迹		试验车车顶喷涂轨迹运行参数				
序号	颜色	Mfl（L/min）	CS（kRpm）	AF 1（L/min）	AF 2（L/min）	EV（kv）
1		350	35	300	200	60
2		0	0	0	0	60
3		350	35	300	200	60
4		350	35	300	200	60

表 9.2　车身左侧及车尾左侧喷涂轨迹运行参数（古堡灰）

轨迹		实验车左侧及车尾左侧喷涂轨迹运行参数				
序号	颜色	Mfl（L/min）	CS（kRpm）	AF 1（L/min）	AF 2（L/min）	EV（kv）
1		350	35	300	200	60
2		350	35	300	200	60
3		350	35	300	200	60
4		0	0	0	0	60
5		350	35	300	200	60
6		220	35	300	200	60
7		350	35	300	200	60
8		300	35	300	200	60
9		300	35	300	200	60

表 9.3　车身右侧及车尾右侧喷涂轨迹运行参数（古堡灰）

轨迹		实验车左侧及车尾左侧喷涂轨迹运行参数				
序号	颜色	Mfl（L/min）	CS（kRpm）	AF 1（L/min）	AF 2（L/min）	EV（kv）
1		350	35	300	200	60
2		350	35	300	200	60
3		350	35	300	200	60
4		0	0	0	0	60
5		350	35	300	200	60
6		220	35	300	200	60
7		350	35	300	200	60
8		300	35	300	200	60
9		300	35	300	200	60

表 9.1、9.2、9.3 中，参数 Mfl、CS、AF 1、AF 2 和 EV 分别表示涂料流量、旋杯转速、空气 1 流量、空气 2 流量和旋杯静电电压。空气 1 是用来驱动涡轮机并带动旋杯旋转，空气 2 即为整形空气。其中黑色轨迹的涂料流量、旋杯转速、空气 1 流量、空气 2 流量均为 0（即表 9.1 中编号 2 轨迹，

表 9.2 中编号 4 轨迹，表 9.3 中编号 4 轨迹），此时 ESRB 运行至车窗位置，不进行喷涂，只是按照规划轨迹进行移动。

在喷涂线上完成静电喷涂之后，进入烘干房对车身进行高温烘干，采用专业的高精度涂层测厚仪测得各采样点的涂层厚度（漆膜厚度），采样点的涂层厚度数据记录表图片如图 9.16 所示。由于涉密原因，数据记录表中检查者姓名、实验日期和实验车型栏目全部抹去。图中标识采样点涂层厚度数据的位置与实际涂层厚度测试仪测得的实验车型车身上离散点的位置一一对应。由涂层厚度数据记录表可以直观地看到车身各个部位上离散点的涂层厚度情况，根据这些离散点上的涂层厚度以及对应的离散点的位置就可以具体分析实验结果数据，并对实验结果中出现的一些问题进行分析和讨论。

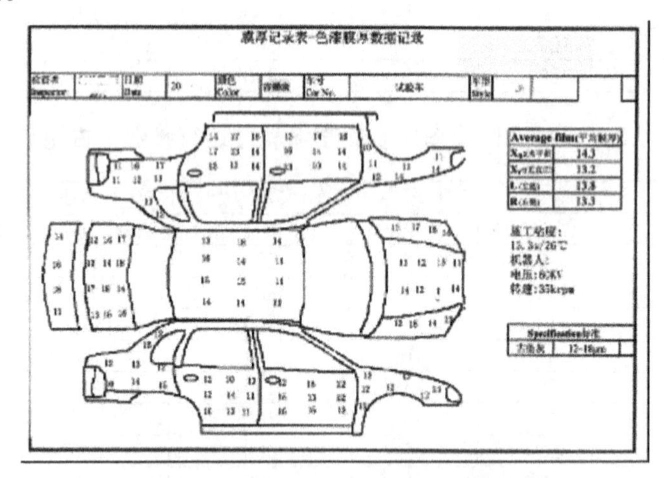

图 9.16　油漆膜厚度数据记录表图片

根据实验轿车车身的实际喷涂指标要求，规范涂层厚度标准范围为 q_d=12–18μm，喷涂实验时喷涂施工黏度为 13.3s/26℃，旋杯静电电压为 60KV，静电旋转喷杯转速为 35kRpm，车顶水平面涂层平均厚度（膜厚）为 14.3μm，车尾垂直面涂层平均厚度为 13.2μm，左侧车身平均涂层平均厚度为 13.8μm，右侧车身平均涂层平均厚度为 13.3μm。车身各个采样点的涂层厚度曲线图如图 9.17 所示，图中红色细曲线为涂层厚度（漆膜厚度）变化曲线，数据录入的顺序是按照图 9.16 中采样点的位置分布：第一部分为车身左侧面，顺序为从车尾到车头；第二部分为车尾、车顶、车前部；最后部分为是右侧面，从车尾到车头。

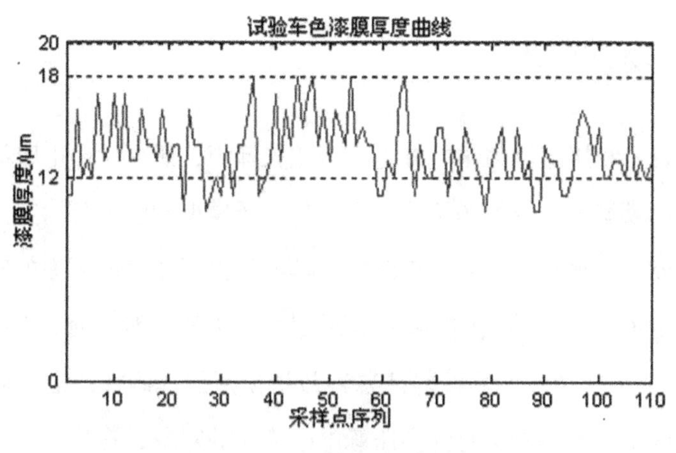

图 9.17　油漆膜厚度数据曲线图

由图 9.17 可以明显看出，涂层厚度曲线中部分采样点上的涂层厚度超出了规范涂层厚度范围，其主要原因如下：

1. 静电喷涂实验过程中，离线编程系统中默认的实验车身喷涂指标要求是按照欧洲进口轿车的指标设定的，即允许的规范涂层厚度标准范围最大偏差厚度仅为 q_w=6μm；很显然，在我国现有国家标准要求下，该要求明显偏高，而对于实际生产中汽车喷涂要求和一般性工件的喷涂要求，涂层厚度最大允许偏差为 10μm，如果按照此偏差阈值，本次实验结果数据是全部满足要求的。

2. 实验中采用的是基于 T-Bézier 曲线的喷涂空间路径生成方法，该方法本身具有的特性决定了在工件边缘处生成的路径喷涂效果并不是很好，从而导致了实验中车身边缘处少量离散点的涂层厚度偏差较大。

3. 油漆本身黏稠度等物理特性决定了离散点的涂层厚度偏差较大。由于本次实验采用的是有颜色的油漆，而不是使用的清漆实验。有色油漆本身黏稠度较大，且本次实验中由于成本节约等原因使得所喷涂层厚度值并不是很大，只有 12-18μm，而通常情况下一次喷涂汽车车身涂层厚度为 50μm 左右。这也是造成车身上部分离散点涂层厚度偏差较大的原因之一。

9.6 本章小结

本章首先利用流体力学、静电学等相关知识，研究了静电喷涂过程中的三种数学模型——空气场湍流模型、静电场模型和静电喷涂雾滴轨迹模型，并研究了一种新型的静电旋转喷杯模型；再根据静电喷涂的特点，提出一种基于 T-Bézier 曲线的喷涂空间路径生成方法；然后通过有限元分析软件 ANSYS 进行仿真实验，验证各种数学模型的正确性；最后以某汽车制造公司的某品牌轿车车身为高压静电喷涂实验对象，在喷涂车间使用多机器人喷涂生产线进行喷涂实验，验证所提方法的有效性，并对实验结果中出现的一些问题进行了分析和讨论。

第 10 章　结束语

10.1　总　结

随着工业水平的发展，喷涂机器人在工业生产中的应用已经越来越广泛，但是原有的喷涂机器人喷涂模型以及轨迹优化理论已经不能适应越来越高的生产要求。在当前市场竞争激烈，原材料和能源价格不断上涨和适应环保要求的形势下，“提高喷涂质量”“减少 VOC（易挥发有机物质）排放”“节约能源”“降低经营总成本”等已成为迫切需要解决的难题。本书深入研究了喷涂机器人轨迹优化技术中的若干关键问题，并形成了一套完整的基本上能适用于各种喷涂对象的喷涂机器人轨迹优化方法。具体而言，本书主要做了以下一些工作：

（1）工件曲面造型是进行喷涂机器人轨迹优化的第一步。喷涂工件的表面结构千变万化，可能简单也可能十分复杂，因此现在还没有一套能够适用于各种喷涂工件的曲面造型方法。针对工业生产中喷涂工件复杂多样的特点，首先提出了两种适用于不同场合的实用性较强的喷涂工件曲面造型方法：一种是基于平面片连接图 FPAG 的曲面造型方法，该方法主要包括曲面三角网格划分、三角面连接成平面片和基于平面片连接图 FPAG

的合并算法三个部分；另一种是基于点云切片技术的曲面造型方法，该方法主要分为总体算法描述、切片层数的确定、切片数据的分离、切片数据计算、多义线重构五个部分。实验结果表明，这两种方法分别可以应用于一般性曲面（包括自由曲面和复杂曲面）以及曲率变化大的工件曲面的造型，并且计算速度快，完全满足喷涂机器人工作的需要，从而为后续的喷涂机器人轨迹优化工作奠定了基础。另外，为了得到较为精确的曲面特征，利用 Bézier 方法提出两种曲面造型方法：一种是 Bézier 张量积曲面造型方法，该方法主要适用于表面面积较小且形状较为简单的工件曲面造型；另一种是 Bézier 三角曲面造型方法，该方法以 Bernstein 多项式为基函数构造出 Bézier 三角曲面，同时将 Bézier 三角曲面网格中每一个三角面（片）称为 B-B 三角面，在此基础上提出 B-B 三角面的合并算法，先将各个三角面合并为平面片，再根据平面片的位置拓扑关系建立平面片连接图，将各个较小的平面片合并为较大的片。最后进行了实例验证，结果表明了 Bézier 张量积曲面造型方法和 Bézier 三角曲面造型方法均是有效的，且计算实时性较好。

（2）由于仅仅从喷涂机器人轨迹优化方法的角度上来提高喷涂效果有一定的局限性，因此为了获得更佳的优化轨迹并得到更好的喷涂效果，必须对喷涂机器人空间路径规划方法进行深入研究。根据喷涂机器人实际工作的需要，提出两种喷涂机器人空间路径规划方法：一种是基于分片技术的喷涂机器人空间路径规划，这种方法主要应用于复杂曲面上的路径规划，由此提出了复杂曲面分片问题的算法及每一片上的喷涂路径规划方法；另一种是基于点云切片技术的喷涂机器人空间路径规划，该方法通过设定切片方向（与喷涂路径方向相关）和切片层数（与喷涂路径往返次数相关），对点云模型进行切片处理，得到切片多义线后对其平均采样，然后估算所有采样点的法向量，最后利用偏置算法获取喷涂机器人空间路径。实验结果表明，这两种方法都比较实用，且计算速度较快，能够在保证喷涂机器人喷涂效率的同时，达到更佳的喷涂效果。

（3）提出了平面和规则曲面上喷涂机器人喷枪轨迹优化方法。在写出平面或规则曲面的函数表达式后，研究了三种涂层累积速率数学模型：β 分布模型、无限范围模型和有限范围模型。以采样点上的涂层厚度方差最小为优化目标，对沿指定空间路径的喷枪轨迹优化问题进行研究；然后根据约束条件的不同将喷枪轨迹优化问题分成一般约束条件和指定空间路径两类；最后详细分析了指定空间路径的喷涂机器人轨迹优化问题的求解方法，并进行了仿真实验。由于提出的数学模型和优化方法中数学表达式都比较复杂，且计算机计算时间长，因此，该方法只能运用于平面或规则曲面上喷涂机器人轨迹优化。

（4）针对实际工业生产中许多喷涂工件形状都比较复杂，喷涂时会遇到多个喷涂面且每个喷涂面的法向量夹角都比较大的问题，提出了面向三维实体的喷涂机器人空间轨迹优化方法。利用实验方法建立一种简单的涂层累积速率数学模型并采用基于平面片连接图 FPAG 的曲面造型方法对三维实体进行分片；规划出每一片上的喷涂路径后，以离散点的涂层厚度与理想涂层厚度的方差为目标函数，在每一片上进行喷涂轨迹的优化，并按照两片交界处空间路径方向的不同分 PA–PA（平行 - 平行）、PA–PE（平行 - 垂直）、PE–PE（垂直 - 垂直）三种情况研究了两片交界处的喷涂轨迹优化情况，仿真实验结果表明两片交界处的喷涂空间路径为 PA–PA 时涂层厚度均匀性最佳；采用哈密尔顿图形表示各个分片上的喷涂轨迹优化组合问题，分别采用改进的 GA 算法、ACO 算法、PSO 算法对其进行求解，并通过仿真实验验证了各个算法的可行性。最后，在自行设计的喷涂机器人离线编程实验平台上进行了喷涂实验，并对几种算法结果进行了比较。实验结果表明，面向三维实体的喷涂机器人轨迹优化方法完全能满足涂层厚度均匀性的要求；而使用 PSO 算法虽然需要消耗少量的系统运算执行时间，但与其他算法相比更加节约喷涂时间，显著提高了喷涂效率。

（5）针对在十几米范围内，各局部法向量方向差异不大的自由曲面或复杂曲面上的喷涂问题，提出了曲面上的喷涂机器人空间轨迹优化方法。首先研究了自由曲面上的喷涂轨迹优化方法：由于现有涂层累积速率模型表达式过于复杂，故采用实验方法建立了表达式较简单的涂层累积速率模型后，通过分析喷涂过程中各个可控参数对喷涂效果的影响，建立自由曲面上涂层厚度数学模型；在此基础上生成喷涂机器人喷枪空间路径，得出轨迹优化设计是带约束条件的多目标优化问题，并选取时间最小和涂层厚度方差最小作为目标函数，应用带权无穷范数理想点法进行求解；仿真实验和喷涂实验表明，该算法完全符合预设的喷涂质量和喷涂效率的要求。其次，研究了曲面上的静电喷涂机器人轨迹优化问题，在利用实验方法在得到静态喷涂的涂料空间分布的径向厚度剖面函数后，推导出一种新型的实用的 ESRB 涂层累积模型；以某品牌汽车车身为喷涂对象进行静电喷涂实验研究，并对喷涂结果进行了分析和讨论。

（6）通过对 Bézier 曲面进行分析，由 Bézier 曲面的特点先给出寻找最优喷涂机器人初始轨迹的方法；然后建立了 Bézier 曲面的喷涂模型，给出了 Bézier 曲面上某一点的涂层厚度数学表达式；找出 Bézier 曲面等距面的离散点列阵后，根据精度要求使用 3 次 Cardinal 样条曲线和 Hermite 样条曲线插值方法，规划出喷涂路径；最后沿指定喷涂路径，给出喷涂机器人轨迹多目标优化问题的数学表达式，并采用数学规划中理想点法进行求解，最终获得了 Bézier 曲面上的优化轨迹。

（7）提出了一种新的基于 Bézier 方法的复杂曲面喷涂轨迹优化方法。该方法在运用 Bézier 三角曲面造型技术对复杂曲面进行造型之后，采用 Bézier 曲面等距面离散点列计算方法找出该复杂曲面等距面上的离散点列；

再采用基于指数平均 Bézier 曲线的喷涂空间路径生成方法获取复杂曲面上的喷涂空间路径；然后根据一种新的复杂曲面上的喷涂模型中涂层厚度算法沿指定空间路径优化喷涂轨迹。该方法最大的优点就是不需要对复杂曲面进行分片，而是充分利用了指数平均 Bézier 曲线所特有的灵活的调控性质对喷涂空间路径进行规划。实验结果表明，在面向大型曲面工件进行喷涂作业时，使用该方法进行匀速喷涂效果会更好。

（8）利用流体力学、静电学相关知识，研究了静电喷涂过程中的三种数学模型——空气场湍流模型、静电场模型和静电喷涂雾滴轨迹模型，并研究了一种新型的静电旋转喷杯模型；再根据静电喷涂的特点，提出一种基于 T-Bézier 曲线的喷涂空间路径生成方法；然后通过有限元分析软件 ANSYS 进行仿真实验，验证各种数学模型的正确性；最后以某汽车制造公司的某品牌轿车车身为高压静电喷涂实验对象，在喷涂车间使用多机器人喷涂生产线进行喷涂实验，验证所提方法的有效性。

10.2 以后的研究工作

本书结合项目的研究背景和需求，在相关领域进行了研究和探索，取得了一些研究成果。但研究过程中同时还存在着一些不足之处以及有待解决的问题，还有待做进一步的研究，主要有以下几个方面：

第一，点云切片算法还需要进一步完善。切片方向、切片层数和切片厚度是点云切片中比较难以确定的参数，本文通过人工交互指定切片层数和切片方向，虽避免了复杂的特征分析和计算，而且也得到满足本课题要求的喷涂机器人初始喷枪位姿信息，但是还没有实现完全由计算机自主完成的点云切片算法。

第二，本书提出的自由曲面上的喷涂模型中，自由曲面的曲率大小以及表面一小块的凸起或凹陷对模型的影响非常大。如何针对特殊情况研究出更加准确的喷涂模型是十分重要的。

第三，变量喷涂技术是近年来在喷涂机器人轨迹优化领域中提出的一种新的解决问题的思路。该技术主要是通过机器人自动改变喷涂过程（尤其是静电喷涂）中的一些可变参量来获取更佳的喷涂效果。应当指出，作者已经在变量喷涂技术上获得一些成果，并证明了该方法的可行性，但是到目前为止在技术层面上仍然没有获得能够应用于实际喷涂的比较大的突破。因此，今后在变量喷涂技术方面也是值得进一步研究的。

第四，Bézier 曲面上的轨迹优化问题是约束多目标优化问题。该问题的约束条件很多，故如何有效地处理约束函数来引导算法搜索是轨迹优化问题的关键。另一方面，轨迹优化问题中可选择的优化目标通常也有多个，如喷涂时间最少、涂层厚度方差最小、涂料总量消耗最少、涂料利用率最高、喷涂路径拐点最少等。它们往往耦合在一起且处于相互竞争的状态，这使得喷涂机器人轨迹多目标优化问题的精确解求解过程变得十分困难。因此，寻找到一种合适的快速的算法求出较精确的解是需要进一步研究的问题。类电磁机制算法（electromagnetism-1ike mechanism，EM）是 Birbil 等人 2003 年提出的一种新型的自然启发算法[164]。求解约束优化的 EM 算法采用了一种新的约束处理技术，可以减少类似于喷涂机器人轨迹多目标优化问题中可选择的优化目标求解的复杂性，并简化求解过程，提高求解效率[165-166]。尝试使用例如 EM 算法等新的算法求解 Bézier 曲面上的喷涂机器人轨迹优化问题是下一步要做的工作。

第五，提出的 T-Bézier 和指数平均 Bézier 曲线曲面是作为 Bézier 曲线曲面的推广形式，丰富了曲线曲面的表示方法，并将其运用在了喷涂机器人轨迹优化中。对于这两种 Bézier 曲线曲面，能否通过添加形状控制参数或改变权因子，使得在几何造型中曲线的形状控制与调整变形更加灵活是值得进一步思考的问题。而在CAGD领域中，进一步研究其他空间的基函数，并对由基函数构成的曲线曲面进行理论和应用研究是下一步需要讨论的问题。

第六，高压静电旋杯喷涂影响因素非常多，包括静电电压、旋杯转速、旋杯与工件间距、工件曲率、涂料雾粒直径、空气场压力、静电场大小、带电雾粒密度、雾滴电荷量等。而静电喷涂的研究又涉及数学、控制学、计算机学、电子学、流体力学、机械学等多门学科的交叉。因此，如何建立精确的多变量因素影响下的高压静电旋杯喷涂模型是值得进一步研究的问题。

第七，单个喷涂设备或机器人在喷涂例如船舶分段等大型复杂曲面工件时，所表现出来的能力明显不足，往往需要多喷涂设备或机器人相互协调和配合来完成任务。真正意义上的多喷涂机器人不是简单地把一个个机器人组合在一起，而是应该把它们作为一个独立的机器人系统，多个喷涂机器人之间应存在着很高的协调关系：各个机器人在喷涂作业时存在任务的耦合，应能够实现在共同区域（干涉区）并行工作；在对多喷涂机器人进行轨迹规划时，必须把多个机器人统筹在一起考虑。然而，现在有关多喷涂机器人轨迹优化理论研究仍处于起步阶段，需要进行深入研究。

参考文献

[1] 熊有伦．机器人学 [M]．北京：机械工业出版社，1993:6-8.

[2] 朱世强，王宣银．机器人技术及其应用 [M]．杭州：浙江大学出版社，2001:9-13.

[3] 王育哲．喷漆机器人在汽车车身涂装中的应用 [J]．中国涂料，2007，22（4）:44-48.

[4] 张明．浅谈机器人喷涂的膜厚控制 [J]．现代涂料与涂装，2006（6）:31-33.

[5] 刘宽信，朱小兰，陈云阁．机器人自动涂装应用工程研究 [J]．现代涂料与涂装，1995（2）:15- 20.

[6] 方丹丹，邓思豪，廖汉林．热喷涂机器人离线编程 [J]．软件导刊，2007（7）:26-28.

[7] 石银文．快速发展的机器人自动喷涂技术 [J]．机器人技术与应用，2007（9）:10-14.

[8] 王全福，刘进长．机器人的昨天、今天和明天 [J]．中国机械工程，2000，11（2）:173-177.

[9] 李瑞峰．新一代工业机器人系列产品开发 [J]．机器人，2001，23（7）:633-635.

[10] 张春生 . 喷漆机器人应用及发展策略 [J]. 机器人技术与应用，1994，3:22-26.

[11] 张恩洲，韩军 . 多级计算机控制的喷漆机器人 [J]. 江苏机械制造与自动化，1997，6:27-30.

[12] 冯川，孙增圻 . 机器人喷涂过程中的喷炬建模及仿真研究[J]. 机器人，2003，25（4）:353- 358.

[13] 潘沛霖，高学山，阎国荣 . 履带式磁吸附爬壁机器人喷漆机构的设计 [J]. 机器人，1997（3）: 147-150.

[14] 刘淑良，赵言正，高学山，等 . 喷砂、喷漆、测量用磁吸附爬壁机器人 [J]. 高技术通讯，2000（9）:85-88.

[15] 罗均，吕恬生，梁庆华 . 缆索涂装机器人喷涂机构的设计 [J]. 机械设计，2001（1）:27-28.

[16] 杨志永，张大卫，吴军 . 喷漆机械手优化设计及其计算扭矩控制 [J]. 机床与液压，2003（5）: 52-55.

[17] 梅江平，杨志永，张大卫 . 喷漆机器人尺寸优化设计及控制系统总体规划 [J]. 组合机床与自动化加工技术，2004（10）:62-64.

[18] 张友兵，史旅华，田瑞庭，等 . 汽车混流自动线顶喷漆机器人控制系统的开发和应用 [J]. 机床与液压，2005（8）:34-37.

[19] 王燚，赵德安，王振滨，等 . 喷漆机器人喷枪最优轨迹规划的研究 [J]. 江苏理工大学学报 : 自然科学版，2001，22（5）:55-59.

[20] 王振滨，赵德安，李医民，等 . 喷漆机器人离线编程系统探讨 [J]. 江苏理工大学学报 : 自然科学版，2000，21（5）:78-82.

[21] 王振滨 . 喷漆机器人最优轨迹设计与仿真 [D]. 镇江，江苏大学硕士论文，2001.

[22] Klein A.CAD-Based Off-line Programming of Painting Robots [J].

Robotica，1987，5（4）:267–271.

[23] Antonio J K.Optimal Trajectory Planning Problems for Spray Coating [C]. IEEE International Conference on Robotics and Automation，USA: Atlanta，1993:2570–2577.

[24] Antonio J K.Optimal Trajectory Planning Problems for Spray Coating [R]. Puedue University，School of Electrical Engineering，Technical Report No.TR–EE–93–29，September. 1993.

[25] Ramabhadran R，Antonio J K.Planning Spatial Paths for Automated Spray Coating Applications [C].IEEE International Conference on Robotics and Automation，USA: Minneapolis，1996:1255–1260.

[26] Ramabhadran R，Antonio J K. Fast Solution Techniques for a Class of Optimal Trajectory Planning Problems with Applications to Automated Spray Coating [J]. IEEE Transactions on Robotics and Automation，1997，13（4）:519–530.

[27] Ramabhadran R，Antonio J K.Fast Solution Techniques for a Class of Optimal Trajectory Planning Problems with Applications to Automated Spray Coating [R].Puedue University，School of Electrical Engineering，Technical Report No.TR–EE–95–9，March. 1995.

[28] Antonio J K，Ramabhadran R，Ling T L.A Framework for Trajectory Planning for Automated Spray Coating [J].International Journal of Robotics and Automation，1997，12（4）:124–134.

[29] Chen H P，Sheng W H，Xi N，Song M. Automated Robot Trajectory Planning for Spray Painting of Free Form Surfaces in Automotive Manufacturing [C]. IEEE International Conference on Robotics and Automation，USA: Washington DC，2002: 450–455.

[30] Chen H P , Xi N, Sheng W H, Chen Y F.Optimal spray Gun Trajectory Planning With Variational Distribution for Forming process [C] . IEEE International Conference on Robotics and Automation, USA: New Orleans, 2004:51–56.

[31] Chen H P, Xi N, Sheng W H, et al. Optimizing Material Distribution for Tool Trajectory Generation in Surface Manufacturing [C] .Proceedings of the 2005 IEEE/ASME International Conference on Advanced Intelligent Mechatronics, 2005:1389–1394.

[32] Chen H P , Thomas Fuhlbrigge.Automated industrial Robot Path Planning for Spray Painting Process:A Review [C] .4th IEEE Conference on Automation Science and Engineering, 2008, USA:Washington DC:522–527.

[33] Sheng W H, Xi N, Song M, Chen Y.Automated CAD–guided Robot Path Planning for Spray Painting of Compound Surfaces [C] . IEEE/ RSJ International Conference on Intelligent Robots and Systems, Japan:Tankamutsa, 2000: 1918–1923.

[34] Sheng W H, Xi N.Graph–based surface Merging in CAD–guided Dimensional Inspection of Automotive Parts [C] . Proceedings of the 2001 IEEE International Conference on Robotices and Automation, Korea:Seoul, 2001:3127–3132.

[35] Sheng W H, Xi N, Chen H P.Suface partitioning in automated CAD CAD–Guided tool Planning for Additive Manufacturing [C] .IEEE/RSJ International Conference on Intelligent Robots and Systems, USA:Las Vegas, 2003: 2072–2077.

[36] Sheng W H, Chen H P, Xi N, Tan J D.Optimal Tool Path Planning for

Compound Surfaces in Spray Forming Processes [C] .IEEE International Conference on Robotics and Automation, USA: New Orleans, 2004:45–50.

[37] Zhao Shaoxing, Kazimierz Adamiak, G S Peter Castle.The Implementation of Poisson field Analysis Within FLUENT to Model Electrostatic Liquid spraying [C] . Electrical and Computer Engineering, 2007.Canadian Conference on 22–26 April 2007:1456–1459.

[38] Li Jia, Xiao Jie, Huang Yinlun.Integrated Process and Product Analysis:a Multiscale Approach to Paint Spray [J] .American Insititute of Chemical engineers journal, 2007, 53 (11) :2841–2857.

[39] Yu Shengrui, Cao Ligang.Modeling and prediction of Paint Film Deposition Rate for Robotic Spray Painting [C] .Proceedings of the 2011 IEEE international conference on Mechatronics and Automation, 2011, China, Beijing:1445–1450.

[40] Paul D.A.Jones, Stephen R.Duncan.Optimal Robot Path for Minimizing Thermal Variations in A Spray Deposition Process [J] .IEEE Transactions on Control Systems Technology, 2007, 15 (1) :1–11.

[41] Li Xiongzi, Oyvind A. Landsnes, Chen Heping.Automatic Trajectory Generation for Robotic Painting Application [C] . 41st International Symposium on Robotics and 2010 6th German Conference on Robotics, 2010, German, Berlin: 1–6.

[42] Alessandro Gasparetto.Automatic Path and Trajectory Planning for Robotic spray painting [C] . 7th German Conference on Robotics, 2012, German, Munich: 211–216.

[43] Li Fazhong，Zhao de–an，Xie guihua.Trajectory Optimization of Spray Painting Robot Based on Adapted Genetic Algorithm [C] . International Conference on Measuring Technology and Mechatronics Automation，ICMTMA 2009，China，Changsha: 907–910.

[44] Xia wei，Wei Chunhua，Liao xiaoping.Surface segmentation Based Intelligent Trajectory Planning and Control Modeling for Spray Painting [C] .Proceeding of the 2009 IEEE International Conference on mechatronics and automation，2009，China，Changchun:4958–4963.

[45] Pal Johan From，Johan Gunnar，Jan Tommy Gravdahl.Optimal Paint Gun Orientation in Spray Paint Applications—experimental Results [J] . IEEE Transaction on Automation Science and Engineering，2011，8（2）:438–442.

[46] Camelia Matei Ghimbeu，Robert C van Landschoot，Joop Schoonman，et al. Tungsten Trioxide Thin Films Prepared by Electrostatic Spray Deposition Technique[J].Thin Solid Films，2007，515(13):5498–5504.

[47] Toshiyuki Sugimoto，Noriyuki Shirahata，Yoshio Higashiyama.Surface potential of insulating plate coated by metallic paint spray [C] . Industry applications conference，2007:438–443.

[48] 王振滨，赵德安，王燚，等 . 喷漆机器人离线编程系统探讨 [J] . 江苏理工大学学报，2000（5）.

[49] 王燚，赵德安，王振滨，等 . 喷漆机器人喷枪最优轨迹规划的研究[J]. 江苏理工大学学报，2001（5）.

[50] 刁训娣，赵德安，李医民，等 . 喷漆机器人喷枪轨迹离线优化方法研究 [J] . 农机化研究，2004（1）.

[51] 刁训娣，赵德安，李医民，等 . 喷漆机器人喷枪轨迹设计及影响因

素研究［J］. 机械科学与技术，2004（1）.

［52］阙骋 . 喷漆机器人喷枪轨迹离线编程及仿真技术研究［D］. 镇江，江苏大学硕士论文，2005.

［53］赵德安，陈伟，汤养 . 面向复杂曲面的喷涂机器人喷枪轨迹优化［J］. 江苏大学学报（自然科学版），2007，28（5）:425-429.

［54］陈伟，赵德安，汤养 . 自由曲面喷漆机器人喷枪轨迹优化［J］. 农业机械学报，2008，39（1）: 147-150.

［55］李发忠，赵德安，姬伟，等 . 面向凹凸结构曲面的喷漆机器人轨迹优化研究［J］. 江苏科技大学学报（自然科学版），2008，22（4）: 64-67.

［56］Chen Wei，Zhao dean.Tool Trajectory Optimization of Robotic Spray Painting［C］. IEEE International Conference on Intelligent Computation Technology and Automation. China: Changsha，2009:419-422.

［57］李发忠，赵德安，张超，姬伟 . 基于 CAD 的喷涂机器人轨迹优化［J］. 农业机械学报，2010，41（5）:213-217.

［58］陈伟，赵德安，梁震 . 喷涂机器人喷枪轨迹优化设计与实验［J］. 中国机械工程，2011，17（9）:2104-2108.

［59］陈伟，赵德安，平向意 . 基于蚁群算法的喷涂机器人喷枪路径规划［J］. 机械设计与制造，2011，（7）:67-69.

［60］李发忠，赵德安，姬伟，等 . 喷涂机器人空间轨迹到关节轨迹的转换方法［J］. 农业机械学报，2010，41（11）:198-201.

［61］冯川，孙增圻 . 机器人喷涂过程中的喷炬建模及仿真研究［J］. 机器人，2003，25（4）:353-358.

［62］张永贵，黄玉美，高峰，等 . 喷漆机器人空气喷枪的新模型［J］. 机械工程学报，2006，42（11）:226-233.

[63] 张永贵，黄玉美，彭中波，等. 考虑动力学因素的喷漆机器人喷枪路径优化 [J]. 机械科学与技术，2006，25(8):993-996.

[64] 张永贵. 喷漆机器人若干关键技术研究 [D]. 西安，西安理工大学博士论文，2008.

[65] 曾勇，龚俊，陆保印. 面向复杂曲面的喷涂机器人喷枪路径的规划 [J]. 机械科学与技术，2010(5):675-679.

[66] 曾勇，龚俊. 面向自然二次曲面的喷涂机器人喷枪轨迹优化 [J]. 中国机械工程，2011，22(3):282-290.

[67] 曾勇，龚俊，陆保印. 面向直纹曲面的喷涂机器人喷枪轨迹优化 [J]. 中国机械工程，2010，21(17):2083-2089.

[68] 周春烨，曾勇. 面向球面的喷涂机器人经线喷涂轨迹优化 [J]. 机械设计与制造，2010(11):130-132.

[69] 李文强. 逆向工程中复杂曲面重构算法的研究与实现 [D]. 乌鲁木齐，新疆大学硕士论文，2005.

[70] 陈军，崔汉国，刘建军. 复杂船体曲面 NURBS 造型技术的研究与实现 [J]. 计算机工程，2005，31(1):201-202.

[71] 徐松，王剑英. 曲面的自适应三角网格剖分 [J]. 计算机辅助设计与图形学学报，2000，12(4):267-271.

[72] 孙殿柱，刘健，李延瑞，等. 三角网格曲面模型动态空间索引结构研究 [J]. 中国机械工程，2009，20(13):1542-1546.

[73] 王婷，高东强. 基于逆向工程的自由曲面模型重建技术 [J]. 陕西科技大学学报，2011，29(5):73-76.

[74] 郑继贵，郭磊，林佳睿，等. 大型空间复杂曲面无干扰精密测量方法 [J]. 光学学报，2010，30(12):3524-3529.

[75] 柯映林. 反求工程 CAD 建模理论、方法和系统 [M]. 北京：机械工

程出版社，2005:50–61.

[76] Bézier P.Example of an Existing System in the Motor Industry:The UNISURF System[J].Proc.Roy.Soc. of London，1971(A321):207–218.

[77] Rida T Farouki.The Bernstein polynomial basis: A centennial retrospective [J].Computer Aided Geometric Design，2012，29(6):379–419.

[78] 陈雁，邵君奕，张传清，等.喷涂机器人自动轨迹规划研究进展与展望[J].机械设计与制造，2010(2):149–152.

[79] Wesley H Huang.Optimal line–sweep–based Decompositions for Coverage Algorithms[C]. IEEE International Conference on Robotics and Autormation，Seoul，Korea，2001(1):27–32.

[80] G Farin.NURBS Curves and Surfaces: From Projective Geometry to Practical Use[M]. 2nd Edition，Wellesley，MA:AK Peters，1999:110–132.

[81] J Peña.Shape Preserving Representations for Trigonometric Polynomial Curves[J]. Computer Aided Geometric Design，1997(14):5–11.

[82] L Piegl.Interactive Data Interpolation by Rational Bézier Curves[J]. Computer Graphics and Applications，IEEE，1987，7(4):45–58.

[83] G Farin.Curves and Surfaces for CAGD[M].5th Edition，Morgan Kaufmann，2002:84–93.

[84] 王国瑾，汪国昭，郑建民.计算机辅助几何设计[M].北京：高等教育出版社，施普林格出版社，2001:102–132.

[85] 冯玉瑜，曾芳玲，邓建松.几何连续的多项式插值逼近与Hermite插值的比较[J].中国科学技术大学学报，2003(2):127–133.

[86] 朱心雄，等.自由曲线曲面造型技术[M].北京：科学出版社，2000:76–83.

[87] 施法中 . 计算机辅助几何设计与非均匀有理 B 样条 [M] . 北京 : 高等教育出版社，2001:115-145.

[88] 刘植，檀结庆，陈晓彦 . 关于三角曲面的保凸条件 [J] . 中国科学技术大学学报，2010，40（12）:1230-1233.

[89] 刘植 .CAGD 中基于 Bézier 方法的曲线曲面表示与逼近 [D] . 合肥，合肥工业大学博士论文，2009.

[90] 汤养，陈伟 . 指数平均 Bézier 曲线族 [J] . 纯粹数学与应用数学，2008，Vol.24 No.1: 75-81.

[91] Yang Linquan，Luo Zhongwen，Tang zhonghua.Path Planning Algorithm for Mobile Robot Obstacle Avoidance Adopting Bézier Curve Based on Genetic Algorithm [C] .2008 Chinese Control and Decision Conference，China，2008:3286-3291.

[92] Choi J，Curry R，Elkaim G. Path Planning Based on Bézier Curve for Autonomous Ground Vehicles [C] .World Congress on Engineering and Computer Science 2008，San Francisco，IEEE Xplore，2008:158-166.

[93] Jolly K G，Sreerama K R，Vijayakumar R.A Bézier Curve Based Path Planning in a Multi-agent Robot Soccer System Without Violating the Acceleration Limits [J] .Robotics and Autonomous Systems，2009，57（1）:23-33.

[94] Shunan Ren，Jinjiao Xie.Gait and Path Planning for MOS-2009 Humanoid Soccer Robot [C] .SICE Annual Conference，2010:1802-1807.

[95] Hashemi，E.，Jadidi，M.G.，Mohammadi，M.R.S.，Karimi，M.In-plane Path Planning for Biped Robots Based on Bézier Curve [C] .Advanced Intelligent Mechatronics（AIM），2011 IEEE/ASME International

Conference on DOI:10.1109/AIM.2011.6027102，2011:796–801.

[96] Sprunk，C.，Lau，B.，Pfaffz，P.，Burgard，W.Online Generation of Kinodynamic Trajectories for Non-circular Omnidirectional Robots [C] .Robotics and Automation（ICRA），2011 IEEE International Conference on DOI:10.1109/ICRA.2011.5980146，2011:72–77.

[97] Liljeback，P.，Pettersen，K.Y.，Stavdahl，O.，Gravdahl，J.T.A Control Framework for Snake Robot Locomotion Based on Shape Control Points Interconnected by Bézier Curves [C] .Intelligent Robots and Systems（IROS），2012 IEEE/RSJ International Conference on DOI:10.1109/IROS.2012.6386117，2012:3111–3118.

[98] Moctezuma，L.E.G.，Lobov，A.，Lastra，J.L.M.Free Paths in Industrial Robots [C] .IECON 2012 38th Annual Conference on IEEE industrial Electronics Society，DOI:10.1109/IECON.2012.6389296，2012:3739–3743.

[99] Chien–Chou Lin，Wei–Ju Chuang，Yan–Deng Liao.Path Planning Based on Bézier Curve for Robot Swarms [C] .Genetic and Evolutionary Computing（ICGEC），2012 Sixth International Conference on DOI:10.1109/ICGEC.2012.118，2012:253–256.

[100] Jile Jiao，Zhiqiang Cao，Peng Zhao，Xilong Liu，Min Tan. Bézier Curve Based Path Planning for a Mobile Manipulator in Unknown Environments [C] .Robotics and Biomimetics（ROBIO），2013 IEEE International Conference on DOI:10.1109/ROBIO.2013.6739739，2013:1864–1868.

[101] Boren Li，Zheng，Y.F.，Hemami，H.，Da Che.Human–like Robotic Handwriting and Drawing [C] .Robotics and Automation

（ICRA），2013 IEEE International Conference on DOI:10.1109/ICRA.2013.6631283，2013:4942–4947.

[102] 周苑 . 基于改进性遗传算法的 Bezier 曲线笛卡尔空间轨迹规划 [J]. 上海电机学院学报，2012，15（4）:237–240.

[103] 昝杰，蔡宗琰，梁虎，刘清涛 . 基于 Bézier 曲线的自主移动机器人最优路径规划 [J]. 兰州大学学报（自然科学版），2013，49（2）:249–254.

[104] Rida T Farouki.The Bernstein Polynomial basis: A centennial Retrospective [J].Computer Aided Geometric Design，2012，29（6）:379–419.

[105] 冯玉瑜，曾芳玲，邓建松 . 几何连续的多项式插值逼近与 Hermite 插值的比较 [J]. 中国科学技术大学学报，2003（2）:127–133.

[106] 朱心雄，等 . 自由曲线曲面造型技术 [M]. 北京 : 科学出版社，2000:76–83.

[107] Chen Heping，Sheng Wei Hua.Transformative Industrial Robot Programming in Surface Manufacturing [C].2011 IEEE International Conference on Robots and Automation，2011，China，Shanghai:6059–6064.

[108] 杜培林，屠长河，王文平 . 点云模型上测地线的计算 [J]. 计算机辅助设计与图形学学报，2006，18（3）: 438–442.

[109] 朱延娟，周来水，张丽艳 . 散乱点云数据配准算法 [J]. 计算机辅助设计与图形学学报，2006，18（4）: 475–481.

[110] 姜寿山，Peter Eberhard. 多边形和多面体顶点法矢的数值估计 [J]. 计算机辅助设计与图形学学报，2002，14（8）: 763–767.

[111] 夏薇，王科荣，廖小平，等 . 喷漆机器人虚拟示教系统中喷枪轨

迹插补点位姿的算法及应用研究[J].现代制造工程，2009，(10):11-16.

[112] Arikan M.A. Sahir and Tuna Balkan. Process Modeling，Simulation，and Paint Thickness Measurement for Robotic Spray Painting [J] Journal of Robotic System，2000，17(9):479-494.

[113] Hyötyiemi H.Minor moves—Global Results：Robot Trajectory Planning [C]. IEEE Conference on Decision and Control，USA: Honolulu，1990: 16-22.

[114] 杜群贵.三维实体有限元网格自动 Delaunay 剖分[J].华南理工大学学报(自然科学版)，1996，24(9):46-49.

[115] 徐景辉，苑伟政，谢建兵，Bézier，等.一种从器件三维实体到工艺版图的 MEMS CAD 技术[J].中国机械工程，2008，19(1):80-84.

[116] Goodman E D，Hoppensteradt L T W .A method for Accurate Simulation of Robotic Spray Application Using Empirical Parameterization [C]. In IEEE International Conference on Robotics and Automation，volume 2，Sacramento，USA，April 1991: 1357-1368.

[117] 黄红选，韩继业.数学规划[M].北京：清华大学出版社，2006.

[118] Cook C，Schoenefeld D A，Wainwright R L.Finding rural Postman Tours [C]. Proceedings of the 1998 ACM Symposium on Applied Computing，1998:318-326.

[119] Kang M，Han C.Solving the Rural Postman Problem Using a Genetic Algorithm With a Graph Transformation [C]. Proceedings of the 1998 ACM Symposium on Applied Computing，1998:356-360.

[120] 张文修，梁怡.遗传算法的数学基础[M].西安：西安交通大学出版社，2000:6-11.

［121］胡燕海，严隽琪，叶飞帆．基于遗传算法的混合流水车间构建方法［J］．中国机械工程，2005，16（10）:888-891.

［122］周明，孙树栋．遗传算法原理及应用［M］．北京：国防工业出版社，1999:150-151.

［123］段海滨．蚁群算法原理及其应用［M］．北京：科学出版社，2005:34-36.

［124］谭皓，王金岩，何亦征，等．一种基于子群杂交机制的粒子群算法求解旅行商问题［J］．系统工程，2005，23（4）:83-87.

［125］Blane M M，Lei Z，Civi H.The 3l Algorithm for Fitting Implicit Polynomial Curves and Surfaces to Data［C］.IEEE Transaction on Pattern Analysis and Machine Intelligence,March 2000,22(3):298-313.

［126］张福顺，张大卫．高速旋杯式静电喷涂雾化机理的研究［J］．涂装工业，2003，33（12）:21-23.

［127］李诚铭.2006版新编喷涂新工艺新技术及喷涂设备应用实务全书［M］．北京：中国知识出版社，2006:1011-1094.

［128］吴睿，张晓春，钱昱，等．汽车静电喷涂工艺的改造［J］．汽车工艺与材料，2012，（2）:34-38.

［129］阮宏慧，安艳松，张大卫．自动静电喷涂机喷雾图形搭接与运动设计［J］．天津大学学报，2008，41（8）:978-983.

［130］Shrimpton J.S，Watkins A.P，Yule A.J. A Turbulent，Transient Charged Spray Model［C］.Proceedings of the 7th International Conference on Liquid Atomization and Spray Systems，1997，Korea，Seoul:820 - 827.

［131］Kevin R.J.Ellwood，J.Braslaw.A finite Element Model for an Electrostatic Bell Spray［J］.Journal of Electrostatics，1998，45（1）:2-23.

[132] Hua Huang, Ming-Chai Lai. Simulation of Spray Transport from Rotary Cup Atomizer using KIVA-3V [C] . The 10th International KIVA user's group meeting, 2000, USA, Pasadena: 256-280.

[133] Kyoung-Su Im, Ming-Chia Lai.Spray Characteristics on The Electrostatic Rotating Bell Applicator [J] .KSME International Journal, 2003, 17 (12) :2053-2065.

[134] Steven A C.Numerical Simulations of Droplet Trajectories from an Electrostatic Rotary-bell Atomizer [D] .USA, Doctor of Philosophy of Drexel University, 2006.

[135] Wesley H Huang.Optimal Line-sweep-based Decompositions for Coverage Algorithms [C] . IEEE International Conference on Robotics and Autormation, Seoul, Korea, 2001 (1) :27-32.

[136] Taejung Kim, S E Sarma.Optimal sweeping paths on a 2-Manifold: A New Class of Optimization Problems Defined by Path Structures [J] . IEEE Transactions on Robotics and Automation, 2003, 19(4):613-636.

[137] 李发忠 . 静电喷涂机器人变量喷涂轨迹优化关键技术研究 [D] . 镇江，江苏大学博士论文，2012.

[138] Tait S Smith, Rida T Farouki, Mohammad al Kandari, et al.Optimal Slicing of Free-form Surfaces [J] .Computer Aided Geometric Design, 2002, 19:43-64.

[139] J A Thorpe. Elementary Topics in Differential Geometry [M] .Springer-Verlag, New York, 1979.

[140] 王育哲 . 喷漆机器人在汽车车身涂装中的应用 [J] . 中国涂料，2007 (4) :44-48.

[141] Y Yang, H T Loh, F Y H Fuh, et al.Equidistant Path Generation for

Improving Scanning Efficiency in Layered Manufacturing [J] .Rapid Prototyping Journal，2002，8（1）:30–37.

[142] L.Piegl.A Geometric Investigation of the Rational B é zier Scheme of Computer Aided Design [J] .Computers in Industry，1986，7（5）:401–410.

[143] 盛中平，崔凯 .n 元平均族理论 [C] . 第八届全国高等院校数学学术会议，山东 : 烟台，1997:81–88.

[144] Z Djuric，P S Grant.An Inverse Problem in Modelling Liquidmetal [J] . Applied Math. Modelling，2003，27（5）:379–396.

[145] S R Duncan，P E Wellstead.Processing Data from Scanning Gauges on Industrial web Processes [J] .Aulomalico，2004（40）:431–437.

[146] D M Henringer，A L Ames，J L Kuhlmann.Motion Planning for a Direct Metal Deposition Rapid Prototyping System [C] .In Proceedings IEEE International Conference on Robotics and Aulomolion，SanFransico，CA，2000.Fransico，CA，2000: 3095–3100.

[147] M Vincze，A Pichler，G Biegelbauer.Detection of Classes of Features for Automated Robot Programming [C] .In IEEE Int' l. Conf. On Robotics and Automation，volume 1，Taipei，Taiwan，September 2003: 151 - 156.

[148] David C Conner，Prasad N Atkar，Alfred A Rizzi，Howie Choset. Development of Deposition Models for Paint Application on Surfaces Embedded in for Use in Automated Path Planning [C] .Proceedings of the 2002 IEEE/RSJ intl. Conference on intelligent Robots and Systems EPFL，Lausanne，Switzerland，2002（10）:1844–1849.

[149] F Sharmene Ali，Terence E Base，Ion I Inculet.Mathematical Modeling

of Powder Paint Partical Trajectories in Electrostatic Painting [J] .IEEE Transactions on Industry Applications, 2000, 36 (4) :992–997.

[150] G Farin.Curves and Surfaces for CAGD [C] .5th Edition, Morgan Kaufmann, 2002.

[151] J Peña.Shape Preserving Representations for Trigonometric Polynomial Curves [J] . Computer Aided Geometric Design , 1997 (14) :5–11.

[152] J W Zhang.C–curves: An extension of Cubic Curves [J] .Computer Aided Geometric Design 1996, 13 (7) :199–217.

[153] J W Zhang.Two Different Forms of C–B–splines [J] . Computer Aided Geometric Design, 1997, 14 (7) :31–41.

[154] J S.nchez–Reyes. Harmonic rational Bézier Curves, p–Bézier Curves and Trigonometric Polynomials [J] . Computer Aided Geometric Design ,1998,15(8): 909 - 923.

[155] J M Carnicer, J M Peña. Shape Preserving Presentations and Optimality of the Bernstein basis [J] . Adv.Computer Math,1993 (1) :173–196.

[156] J M Carnicer, J M Peña. Shape Preserving Presentations and Optimality of the Bernstein basis [J] . Adv.Computer Math, 1993 (1) :173–196.

[157] E Mainar, J M Peña.A basis of C–B é zier Splines With Optimal Properties [J] .Computer Aided Geometric Design , 2002, 19 (10) :291–295.

[158] G Seemann.Approximating a Segment With a Rational B é zier Curve [J]. Computer Aided Geometric Design, 1997, 14 (7) :475 - 490.

[159] Rida T Farouki.The Bernstein Polynomial Basis: A centennial Retrospective [J] .Computer Aided Geometric Design, 2012 (6) :379–419.

[160] Mre Juhász，Ágoston Róth.A class of generalized B–spline curves [J]. Computer Aided Geometric Design，2013，30 (1) :85–115.

[161] Birbil S I，Fang S C.An Electromagnetism–like Mechanism for Gobal Optimization [J]. Journal of Global Optimization，2003，March，25 (3) :263–282.

[162] Javadian M，Alikhani M G ，Reza T M.A Discrete Binary Version of the Electromagnetism–like Heuristic for Solving Traveling Salesman Problem [J]. Lecture Notes in Computer Science，Advanced Intelligent Computing Theories and Applications with Aspects of Artificial Intelligence，2008：123–130.

[163] Godinho P，Branco F G. Adaptive Policies for Multi–mode Project Scheduling Under Uncertainty [J]. European Journal of Operation Research，2012，216 (3) : 553–562.

[164] Birbil S I，Fang S C.An Electromagnetism–like Mechanism for Global Optimization [J]. Journal of Global Optimization，2003，March，25 (3) :263–282.

[165] Javadian M，Alikhani M G ，Reza T M.A Discrete Version of the Electromagnetism–like Heuristic for Solving Traveling Salesman Problem [J]. Lecture Notes in Computer Science，Advanced Intelligent Computing Theories and Applications with Aspects of Artificial Intelligence，2008：123–130.

[166] Godinho P，Branco F G. Adaptive Policies for Multi–mode Project Scheduling Under Uncertainty [J]. European Journal of Operation Research，2012，216 (3) : 553–562.